高职高专"十二五"规划教材

国家骨干高职院校建设"冶金技术"项目成果

铸造合金及熔炼技术

主编 丰洪微

北 京

冶金工业出版社

2013

内 容 提 要

本书分为铸造合金原理、铸铁及熔炼技术、铸钢及熔炼技术、铸造有色合金及熔炼技术4个学习情境，主要讲述了铸铁、铸钢及铸造有色合金的结晶原理、组织及性能特点、化学成分的确定、熔制工艺及熔炼设备等方面的知识，与生产实际联系紧密。

本书可作为高职高专院校冶金技术专业的教学用书，也可供冶金企业的工程技术人员参考。

图书在版编目（CIP）数据

铸造合金及熔炼技术／丰洪微主编．—北京：冶金工业出版社，2013.12
高职高专"十二五"规划教材．国家骨干高职院校建设"冶金技术"项目成果
ISBN 978-7-5024-6546-9

Ⅰ．①铸…　Ⅱ．①丰…　Ⅲ．①铸造合金—熔炼—高等职业教育—教材　Ⅳ．①TG136

中国版本图书馆 CIP 数据核字（2014）第 030782 号

出 版 人　谭学余
地　　址　北京北河沿大街嵩祝院北巷 39 号，邮编 100009
电　　话　(010)64027926　电子信箱　yjcbs@cnmip.com.cn
责任编辑　王　优　美术编辑　杨　帆　版式设计　葛新霞
责任校对　王永欣　责任印制　牛晓波
ISBN 978-7-5024-6546-9
冶金工业出版社出版发行；各地新华书店经销；北京百善印刷厂印刷
2013 年 12 月第 1 版，2013 年 12 月第 1 次印刷
787mm×1092mm　1/16；18.25 印张；435 千字；273 页
38.00 元
冶金工业出版社投稿电话：(010)64027932　投稿信箱：**tougao@cnmip.com.cn**
冶金工业出版社发行部　电话：(010)64044283　传真：(010)64027893
冶金书店　地址：北京东四西大街 46 号(100010)　电话：(010)65289081(兼传真)
（本书如有印装质量问题，本社发行部负责退换）

序

2010年11月30日我院被国家教育部、财政部确定为"国家示范性高等职业院校"骨干高职院校立项建设单位。在骨干院校建设工作中,学院以校企合作体制机制创新为突破口,建立与市场需求联动的专业优化调整机制,形成了适应自治区能源、冶金产业结构升级需要的专业结构体系,构建了以职业素质和职业能力培养为核心的课程体系,校企合作完成专业核心课程的开发和建设任务。

学院冶金技术专业是骨干院校建设项目之一,是中央财政支持的重点建设专业。学院与内蒙古大唐国际再生资源开发有限公司共建"高铝资源学院",合作培养利用高铝粉煤灰的"铝冶金及加工"方向的高素质高级技能型专门人才;同时逐步形成了"校企共育,分向培养"的人才培养模式,带动了钢铁冶金、稀土冶金、材料成型等专业及其方向的建设。

冶金工业出版社集中出版的这套教材,是国家骨干高职院校建设"冶金技术"项目的成果之一。书目包括校企共同开发的"铝冶金及加工"方向的核心课程和改革课程,以及各专业方向的部分核心课程的工学结合教材。在教材编写过程中,面向职业岗位群任职要求,参照国家职业标准,引入相关企业生产案例,校企人员共同合作完成了课程开发和教材编写任务。我们希望这套教材的出版发行,对探索我国冶金职业教育改革的成功之路,对冶金行业高技能人才的培养,能够起到积极的推动作用。

这套教材的出版得到了国家骨干高职院校建设项目经费的资助,在此我们对教育部、财政部和内蒙古自治区教育厅、财政厅给予的资助和支持,对校企双方参与课程开发和教材编写的所有人员表示衷心的感谢!

内蒙古机电职业技术学院　院长　张美清

2013年10月

前　言

制造业是国民经济的基础，而铸造是现代制造业中获得成型毛坯应用最为广泛的方法。铸造合金成为最重要的工程材料之一，经熔炼后得到的铸件被大量应用于轻工业、重工业、石油化工、建筑工业、军工生产及公共设施等各个领域。若想获得一个高性能铸件，必须了解铸造合金的化学成分、熔炼及热处理等工艺因素、金相组织和性能之间的关系。编写本书的目的是使读者在掌握铸造合金及熔炼技术的同时，获得职业岗位技术应用的能力。

本书结合国家骨干高职院校建设"冶金技术"项目成果，秉承以培养应用型技术人才和管理人才为目标的高等职业教育理念，重点突出以下特点：

（1）实用性。以"必需、够用"为原则，着重讲述基本概念、基本原理和基本方法，尽可能避免繁琐的公式推导和大篇幅的理论分析。

（2）层次性。读者通过对本书的学习，不仅可以获得职业岗位技术的应用能力，还具有专业的理论知识，获得非技术职业素质。

（3）综合性。体现"以能力为本位"的培养模式，根据高职特点、培养目标，对教学内容进行整合，使本书内容适用面更广。

本书共设置4个学习情境：学习情境1为铸造合金原理；学习情境2为铸铁及熔炼技术；学习情境3为铸钢及熔炼技术；学习情境4为铸造有色合金及熔炼技术。每个学习情境又设置了若干任务，每个任务设有【任务描述】、【任务分析】和【知识准备】，任务的选取由简单到复杂、由单一到全面，基本知识由浅入深贯穿全书。

本书由内蒙古机电职业技术学院教师编写，由丰洪微担任主编。具体编写分工为：何晓敏编写任务1.1~1.3，孙志敏编写任务1.4~1.6，丰洪微编写学习情境2、3，云璐编写任务4.1~4.3，张顺编写任务4.4~4.7。

由于编者水平所限，书中不妥之处，希望读者批评指正。

编　者
2013 年 7 月

目　录

学习情境 1　铸造合金原理

【学习目标】

（1）了解铸造合金的液态结构、物理性质及结晶凝固特点。

（2）掌握影响铸件质量的工艺性能（也称为铸造性能，包括流动性、收缩性、偏析、气体及夹杂物等）。

任务 1.1　液态金属结构与性质分析

【任务描述】

在铸造生产过程中，铸件是由液态金属转变为固体金属的结晶过程而得到的。而液态金属冷却时会产生体积的变化，固相的析出、凝固过程中溶质的再分配，气体和夹杂物的析出等。这些变化都与铸件的母体即液态金属的结构与物理性质密切相关。

【任务分析】

了解液态金属的结构，可以控制其结晶过程，改善铸件的性能。

【知识准备】

1.1.1　液态金属的结构

由金属学原理可知，固态金属都是晶体，其中的原子都是在较大范围内按照特定的晶格类型呈现有规则的排列，我们把固态金属的这种结构特征称为"远程有序"结构。而当固态金属加热时，随着加热温度的提高，原子的热振动加剧，振幅增大，活化原子数增多，原子在点阵中频繁跳跃，点阵内的空位数增加；对于多晶体还可使晶界产生移动，从而使金属的体积膨胀。

由于原子在三维方向都有相邻的原子，彼此的振动方向又是随机的。因此，常常相互碰撞并传递能量，从而使有的原子能量增大或减小，使有的原子能量大于或远远大于原子的平均能量，有的小于或远远小于原子的平均能量。这种能量的不均匀性称为能量起伏。

当温度达到熔点时，多晶体晶粒之间的结合受到极大的破坏，晶粒之间更容易产生相对运动，使原有晶粒逐渐失去固有的形状和尺寸。为了使金属由固态转变为液体，还需要不断提供能量使原子间的结合进一步破坏，使晶粒进一步瓦解为小的原子集团，称为"近程有序"。这时外部提供的能量并不是使金属的温度进一步升高，而是使原子间的结合进一步破坏，我们把金属由固态转变为液态时所吸收的能量称为熔化潜热。几种金属的熔化潜热比较，见表 1-1。

表 1 - 1　几种金属的熔化潜热

金属名称	铝	铜	铁	锌	铬
熔化潜热/kJ·mol⁻¹	10.5	13.0	16.2	8.2	16.5

能量起伏理论是我们了解物质微观运动的一个重要概念。用此理论可以解释金属的熔化、蒸发、扩散、凝聚和固态相变等一系列物理、化学过程。

从微观上看，液态金属是由许多强烈游动的原子集团和空穴所组成，温度越高，原子集团越小，空穴越多，能量起伏越大，游动越快。所有的原子集团都处在瞬息万变状态，时而长大，时而变小，时而产生，时而消失，即时聚时散，时有时无。我们把金属的这种现象称为结构起伏。用此可以解释液态金属的流动性。只要在重力场的作用下，其外形就能随着铸型型腔而变化。

合金都是由两种或两种以上元素组成，不同元素间的原子结合力是不相同的，结合能力较强的原子容易聚集到一起而排斥别的原子。这就造成在游动的原子集团中有的 A 种原子多，有的 B 种原子多。我们把这种原子集团间成分不均匀现象称为浓度起伏，如图 1 - 1 所示。

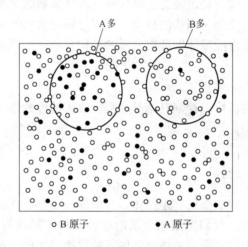

图 1 - 1　液态金属中浓度起伏示意图

1.1.2　液态金属的物理性质

液态金属的物理性质对金属的浇注、凝固过程及铸件质量都有很大的影响。

（1）熔点和熔化热。各种纯金属的熔点差别很大，如 K 为 63.7℃，Fe 为 1538℃，Al 为 660.37℃，Cu 为 1083℃。纯金属在一定的温度下熔化和结晶，而大部分合金（除共晶成分合金外）则有一个熔化或结晶温度区间，其大小取决于合金的种类和成分。

各种金属的熔化热差别也很大，如 Cu 为 54.5kJ/mol，Fe 为 16.2kJ/mol，Al 为 10.7kJ/mol，Zn 为 6.7kJ/mol，Sn 为 7.2kJ/mol 等。具有熔化温度区间的合金，熔化时所吸收的热量包括真正的熔化热和从固相线加热到液相线所吸收的热量。

（2）液态金属的热膨胀和凝固收缩。绝大多数金属的液态密度都比固态时小，如 Cu 为 7.93g/cm³，Al 为 2.35 g/cm³，Zn 为 6.92 g/cm³。原因是在液态时金属原子的热运动加剧，空位和空穴增多，体积也明显膨胀。同理，几乎所有金属（除 Bi、Sb、Si 外），凝固时体积都要缩小，如 Al 凝固时的体收缩为 6.6%，Cu 为 2.6%，Bi 为 −3.32%（膨胀为负）。金属的这一特性对铸件的形成过程十分重要，并且受到合金的种类、成分及合金中含气量的影响。

（3）液态金属的黏度。液体在层流运动时，各液层之间有摩擦力，称为液体的内摩擦，其妨碍着液体的流动。此种内摩擦阻力称为黏度，是液态金属的物理特性之一。

通常用动力黏度系数来表示液态金属黏度的大小。据实验测定：Al 在 800℃ 为 0.0014Pa·s，Cu 在 1145℃ 为 0.0034Pa·s，Pb 在 411℃ 为 0.0021，Fe 在 1540℃ 为 0.004Pa·s。

液态金属的黏度对金属在铸型中的流动性，金属中气体、夹杂物、熔渣等上浮，以至铸件的补缩均有明显的影响。液态金属的黏度大小与许多因素有关，如温度、压力、化学成分及杂质含量等。几乎所有金属的黏度都随温度的升高而降低，液态金属中固态杂质的数量愈多，黏度也愈大。同一合金的成分不同，黏度也有差别。如共晶成分的铁碳合金，在相同条件下，其黏度要比其他成分的低。

（4）液态金属的表面张力。由于液相表面的质点受到周围质点对它的作用力，并且不平衡。因此，产生一个欲把表面质点拉向液体内部的力，促使其表面积减小，此力称为表面张力。

液态金属表面张力的大小，对液态金属的充型及是否能获得轮廓清晰的健全铸件影响较大。相同条件下表面张力小的液态金属较表面张力大的有利于充型，在制定铸造工艺时要给以考虑。一般情况下，为了保证液态金属充满薄壁铸型，克服因表面张力而产生的附加压力，就需要适当加高压头。

任务 1.2　液态金属结晶过程分析

【任务描述】

我们所使用的各种铸件都是通过由液态转变为固态的结晶过程得到的，为了获得所需要的铸件组织和性能，就必须搞清楚金属结晶过程的基本规律，以便指导生产，控制铸件的铸态组织和性能。

【任务分析】

金属或合金的结晶过程，在温度起伏、结构起伏和浓度起伏的作用下，同样是由晶核的形成和晶体的长大这两个基本过程组成。

【知识准备】

1.2.1　液态金属中晶核的形成

图 1−2 是金属的实际冷却曲线，液态金属并不是冷却到理论结晶温度 T_0 后就立刻开始结晶的，而只有当液态金属的过冷度 ΔT 达到一定数值 ΔT_1 后才开始形成固体晶核。

由于结晶条件不同，可能会出现两种不同的形核方式：即自发形核和非自发形核。

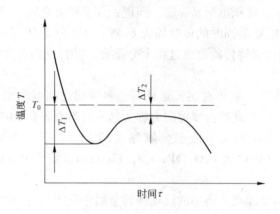

图 1 - 2　金属的实际冷却曲线

（1）自发形核。也称均质形核，它是液态金属中存在的此起彼伏的原子集团，当过冷到 ΔT_1 时，其中一部分就成为结晶的核心。过冷度愈大，形成的晶核也就愈多，晶粒也就愈细。实验指出，自发形核所需的过冷度较大，约为金属熔点的 20% 左右。因此，在铸造合金的实际结晶过程中，自发形核的可能性很小。

（2）非自发形核。也称非均质形核，它是以液态金属中的杂质、固体质点及其他外来表面为基础，当液态金属过冷到平衡结晶温度以下时，依附在这些表面上的某些原子集团就成为结晶核心。在实际液态金属中固体质点愈多，结晶过冷就愈大，形成的晶粒也就愈细。

实验还证明，非自发形核所需的过冷度远比自发形核小，仅为理论结晶温度的 2% 左右。因此，铸造合金结晶的形核方式多以非自发形核为主。

1.2.2　液态金属中晶体的长大

在液态金属中晶核形成以后，结晶条件及结晶速度不同对结晶后晶体的形状、大小以及性能都有很大的影响。

1.2.2.1　晶核长大的机理

晶核的长大机理与固 - 液相界面处的结构有关。晶核与液相界面有两种类型：即平整界面和粗糙界面。

（1）平整界面及侧面长大机理。固相界面上原子层的排列基本上是满的，如图 1 - 3 (a) 中，虚线以上只有少量的孤立原子 A，这些原子是不稳定的，时而脱离，时而长大，但界面总的来说是平整的。这种界面上的单原子和晶面的结合较弱，长大速度很慢，所需的过冷度也较大，我们称这种长大为侧面长大。而且这种界面多出现在非金属物质的结晶中。

（2）粗糙界面及垂直长大机理。如图 1 - 3 (b) 所示，固相表面最外几个原子层 A 约有 50% 的位置是空的。这种界面结构很容易把从液相迁移来的原子 B 联结起来。因此，长大的速度就很快，生长所需的过冷度也很小，这种长大称为垂直长大。大多数金属晶体的长大属于这种方式，也称这种界面为金属型界面。

1.2.2.2　晶体长大的形态

晶体长大的形态因结晶条件不同而不同。当过冷度很小时，液体内呈正的温度梯度，

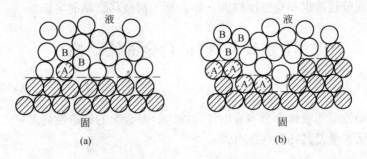

图 1-3　液-固界面的两种结构

（a）平整界面；（b）粗糙界面

如图 1-4（a）所示。从液—固界面起，沿晶体的长大方向，液体温度递增时，结晶潜热只能通过已经结晶的固体来散发，长大速度决定于固体的温度梯度和导热能力。这时固—液交界面（相界面）上的任何局部的凸出伸向温度高于熔点的液体内的凸出点必然会重新熔化。所以在相界面上，固相只能以平面向前推进，使晶体在长大的过程中保持比较规则的外形。

当结晶过程中释放出的大量结晶潜热使界面上的温度高于周围液态金属的温度时，会在相界面前沿的液体内造成所谓的负温度梯度，如图 1-4（b）所示，这时相界面上如果出现局部的凸出点，它将伸向过冷度较大的液体内，并以高于周围晶体的长大速度长大，这就破坏了平面长大的相界面。

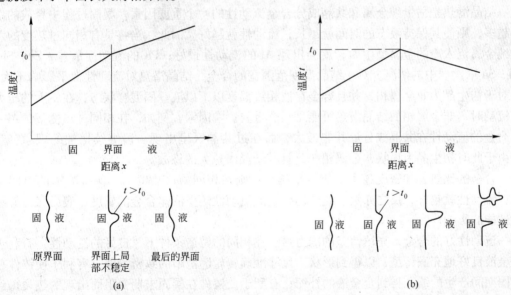

图 1-4　存在温度梯度时界面的推出方式

（a）正温度梯度时界面的变化；（b）负温度梯度时界面的变化

通常，这种局部凸出而又迅速生长所形成的晶体，又可以从侧面破坏，长出旁边的分枝，这就是所谓的树枝状成长。另外，由于合金凝固时，在界面前沿的液相中出现溶质元素富集和结晶温度的变化，改变了固—液界面前沿的过冷情况，使界面前沿的液相产生成分过冷现象。成分过冷也和负温度梯度一样有利于树枝状结晶的生长。

任务 1.3　铸造合金的流动性

【任务描述】

合金的流动性是指液体合金本身的流动能力，是合金的铸造性能之一，它与合金的成分、温度、杂质含量及其物理性能有关。

【任务分析】

影响合金流动性因素有：合金成分、结晶潜热、黏度、表面张力、熔制工艺等。

【知识准备】

纯金属和共晶成分合金在固定的温度下凝固，已凝固的固体层从铸件表面逐层向中心推进，与未凝固的液体之间界面分明，而且固体层内表面比较光滑，对液体的流动阻力小，直至析出较多的固相时，才停止流动，所以此类合金液流动时间较长，流动性好。对于具有较宽结晶温度范围的合金，其结晶温度范围越宽，铸件断面上存在的液—固两相区就越宽，枝晶也越发达，阻力越大，合金液停止流动就越早，流动性就越不好。通常，在铸造铝合金中，Al – Si 合金的流动性好；在铸造铜合金中，黄铜比锡青铜的流动性好，就是这个道理。

结晶潜热是估量纯金属和共晶成分合金流动性的一个重要因素。凝固过程中释放的潜热越多，则使其保持液态的时间就越长，流动性就越好。因此，当将具有相同过热度的六种纯金属浇入冷的金属型中时，就会出现 Al 的流动性最好，Pb 的流动性最差，Zn、Sb、Cd、Sn 依次居中的情况。对于结晶温度范围宽的合金，结晶潜热对流动性似乎影响不大，但对于初生晶为非金属相，并且合金在液相线温度以下以液—固混合状态，在不大的压力下流动时，非金属相的结晶潜热可能是一个重要影响因素。例如，在相同过热度下的 Al – Si 合金的流动性在共晶成分处并非最大，而在过共晶区里出现一段继续增加的现象，就是由于此时初生晶为块状非金属相 Si，且其结晶潜热大的缘故。

合金的比热容和密度越大，热导率越小，则在相同的过热度下，保持液态的时间越长，流动性就越好，反之亦然。此外，合金的流动性还受液体合金的黏度、表面张力等物理性能的影响。

流动性好的合金，充填铸型的能力强。在相同的铸造条件下，良好的流动性，有利于合金液良好地充满铸型，以得到形状、尺寸准确，轮廓清晰的致密铸件；有利于使铸件在凝固期间产生的缩孔得到合金液的补缩；有利于使铸件在凝固末期受阻而出现的热裂得到合金液的充填而弥合。因此，合金具有良好的流动性有利于防止浇不足、补缩不足及热裂等缺陷的产生。

当然，还应当指出，在实际生产中，当合金牌号一定（即合金液本身的流动能力一定）的情况下，除加强熔炼工艺控制（如加强去气除渣处理）外，采取改善铸型工艺和适当提高浇注温度的办法，可有效提高合金液充填铸型的能力。

在讨论合金液流动性时，常将合金液在凝固过程中（即凝固温度区间）停止流动的温度称为零流动性温度，将合金液加热至零流动性温度以上同一过热度时所测得的流动性称为真正流动性，将在同一浇注温度下所测得的流动性称为实际流动性，参见图 1 - 5。但在一般情况下，零流动性温度很难确定，故无特殊说明时，所说流动均指实际流动性。

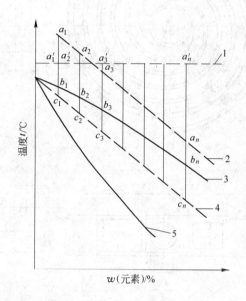

图 1 - 5　各种流动性的示意图

1—实际流动性的浇注温度线；2—真正流动性的浇注温度线（指过热度相同：
$a_1c_1 = a_2c_2 = \cdots = a_nc_n$）；3—液相线；4—零流动性线；5—固相线

　　测试铸造非铁合金的流动性方法很多，按试样的形状可以分为：螺旋试样、水平直棒试样、楔形试样和球形试样等。前两种是等截面试样，以合金液的流动长度表示其流动性；后两种是等体积试样，以合金液未充满的长度或面积表示其流动性。流动性试样所用的铸型分为：砂型和金属型。在对比某种合金和经常生产的合金的流动性时，应该明确规定测试条件，采取同样的浇注温度（或同样的过热度）和同样的铸型，否则对比就没有意义。

　　测定铸造非铁合的流动性时，最常采用的是螺旋试样法。此法可分为标准法和简易法。标准法采用同心三螺旋流动性测试装置，试样形状及尺寸如图 1 - 6 所示，铸型的合型图如图 1 - 7 所示；简易法采用单螺旋流动性测试装置，试样形状及尺寸如图 1 - 8 所示，铸型的合型图如图 1 - 9 所示。试样铸型的基本结构包括外浇道、直浇道和使合金液沿水平方向流动的具有倒梯形断面的螺旋线形沟槽。沟槽中每隔 50mm 有一个凹点，用以直接读出螺旋线的长度。

　　通常，试样采取湿型浇注，铸型为水平组合型，铸型的最小吃砂量应大于 20mm，铸型采用捣实造型方法成型，砂的紧实度控制在 1.6 ~ 1.8g/cm³ 铸型型腔表面应光滑完整，标距点应明显准确，铸型扎的排气孔不得穿透型腔。

　　在测试过程中，环境温度控制在 5 ~ 40℃，相对湿度控制在 30% ~ 85%，铸型应保持水平状态，并须避开磁场、振动等干扰因素的影响；铸型放置时间不应超过 1h；采用热电偶和二次仪表在浇包内测量浇注温度，并控制浇注温度在合金液相线以上 50 ~ 90℃

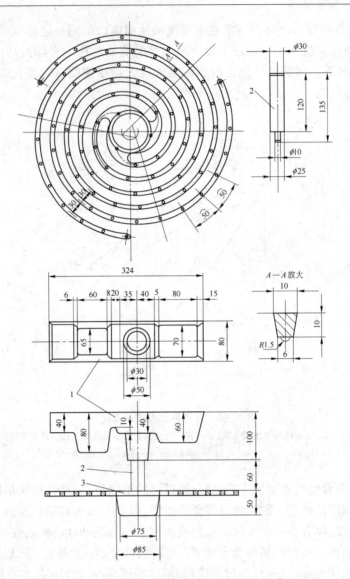

图1-6 同心三螺旋流动性试样形状尺寸

1—外浇道模样；2—直浇道模样；3—同心三螺旋模样

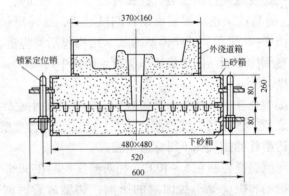

图1-7 标准法测试合金流动性的铸型合型图

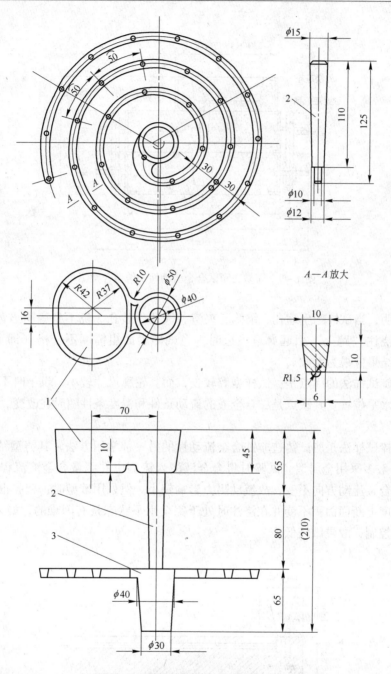

图 1-8　单螺旋流动性试样形状尺寸
1—外浇道模样；2—直浇道模样；3—单心螺旋模样

（熔点高的合金取上限，熔点低的合金取下限）；测温后立即浇注，浇注液流要平稳而无冲击；试样浇注后需经自然冷却半小时再打箱；清理后即知浇成的螺旋试样长度；最后，合金的流动性由螺旋线的流动长度（mm）和对应的浇注温度（℃）来判定。标准法以每次测试的三个同心螺旋线长度的算术平均值为测试结果；简易法以三次同种合金相同浇注温度下的单螺旋长度的算术平均值为测试结果。

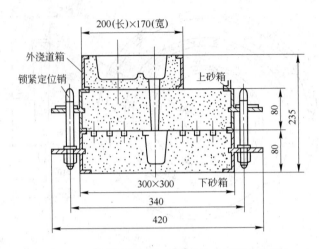

图 1-9　简易法测试合金流动性的铸型合型图

　　还须说明，当试样产生缩孔、缩陷、夹渣、气孔、砂孔、浇不到等明显铸造缺陷时；当试样由于浇注"跑火"引起严重飞边时；当试样表面粗糙度不合格（即 $Ra \geq 25\,\mu m$）时，其测试结果应视为无效。

　　采用螺旋试样法的优点是：试样型腔较长，而其轮廓尺寸较小，烘干时不易变形，浇注时易保持水平位置。其缺点是：合金液的流动条件和温度条件随时在改变，影响其测试之准确度。

　　水平直棒试样法是测试铸造非铁合金流动性的另一种常用方法，其铸型结构如图 1-10 所示，一般多采用金属型。试验时将合金液浇入铸型中并测量合金液流程的长度。采用此法时，合金流动方向不变，故流动阻力影响较小。但采用砂型时，型腔很长，要保持在很长的长度上断面面积不变并在浇注时处于完全水平状态是有困难的；如采用金属型，其型温难以控制，故灵敏较低。

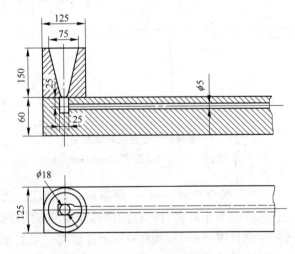

图 1-10　水平直棒试样法测试合金流动性的铸型合型图

任务 1.4　铸造合金自由线收缩的测定

【任务描述】

　　收缩不仅是铸造合金本身的物理性质，又是铸件中许多缺陷，如缩孔、缩松、热裂、应力、变形和裂纹等产生的基本原因，是合金的重要铸造性能之一。它对铸件质量（如获得符合要求的几何形状和尺寸，致密的优质铸件）有着很大的影响。

【任务分析】

　　合金的收缩经历三个相互联系的阶段：液态收缩阶级、凝固收缩阶段及固态收缩阶段。

【知识准备】

1.4.1　铸造合金的收缩性

1.4.1.1　收缩的基本概念

　　液态合金当温度下降而由液态转变为固态时，因为金属原子由近程有序逐渐转变为远程有序，以及空穴的减少或消失，一般都会发生体积减小。液态合金凝固后，随温度的继续下降，原子间的距离还要缩短，体积也进一步减小。铸造合金在液态、凝固态和固态冷却的过程中，由于温度的降低而发生的体积减小现象，称为铸造合金的收缩性。

　　铸造合金由液态到常温的收缩可用体积改变量来表示，称为体收缩。合金在固态时的收缩，除了用体积改变量表示外，还可用长度改变量来表示，称为线收缩。因为在设计和制造模样时，线收缩更有意义。

　　假设合金从温度 t_0 下降到 t_1 时，其体积和长度的变化如下：

$$V_1 = V_0 [1 - \alpha_V (t_0 - t_1)] \tag{1-1}$$

$$L_1 = L_0 [1 - \alpha_l (t_0 - t_1)] \tag{1-2}$$

式中　V_0，V_1——合金在 t_0 和 t_1 时的体积，m^3；

　　　L_0，L_1——合金在 t_0 和 t_1 时的长度，m；

　　　α_V，α_l——合金在 t_0 和 t_1 温度范围的体收缩系数和线收缩系数，1/℃，它是温度的函数（一般均取某一温度区间的平均值）。

　　在实际生产中，通常以单位体积或单位长度的相对变化量来表示合金的收缩量，称为收缩率（用 ε 表示）。当温度由 t_0 下降到 t_1 时，其体收缩率（ε_V）和线收缩率（ε_l）分别为：

$$\varepsilon_V = \frac{V_0 - V_1}{V_0} \times 100\% = \alpha_V (t_0 - t_1) \times 100\% \tag{1-3}$$

$$\varepsilon_l = \frac{L_0 - L_1}{L_0} \times 100\% = \alpha_l (t_0 - t_1) \times 100\% \tag{1-4}$$

　　线收缩率与体收缩率与之间的关系，在固态收缩时可近似表示为：$\varepsilon_V = \varepsilon_l$。

　　ε 是 α 与温度差的乘积，既与合金的性质有关，又与温度区间的大小有关。

　　铸造合金由液态冷却到常温，其体收缩率随温度的变化可用图 1-11 表示。从图中可

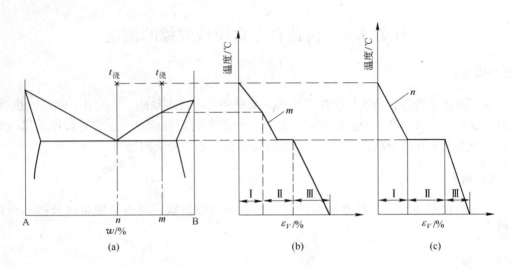

图 1-11　铸造合金收缩过程示意

（a）合金状态图；（b）具有结晶温度范围合金（m 成分）的收缩过程；

（c）共晶合金（n 成分）的收缩过程

见，合金的收缩经历三个相互联系的阶段：液态收缩阶级（Ⅰ）；凝固收缩阶段（Ⅱ）；固态收缩阶段（Ⅲ）。

铸造合金在不同阶段的收缩性是不同的，而且对铸件质量也有不同的影响。

A　液态收缩

当液态合金从浇注温度 $t_浇$ 冷却至开始凝固的液相线温度 $t_液$ 时的收缩，由于合金是处于液体状态，故称其为液态收缩，表现为型腔内液面的降低。液态收缩率 $\varepsilon_{V液}$ 可用下式表示：

$$\varepsilon_{V液} = \alpha_{V液}(t_浇 - t_液) \times 100\% \qquad (1-5)$$

式中　$\alpha_{V液}$——合金在 $t_浇$ 到 $t_液$ 温度范围内的液态体收缩系数，1/℃；

　　　$t_浇$——液态金属的浇注温度，℃；

　　　$t_液$——合金的液相线温度，℃。

从式中可以看出，提高浇注温度 $t_浇$，或因成分改变而降低 $t_液$，都会使 $\varepsilon_{V液}$ 增加；$\alpha_{V液}$（随着合金的化学成分和温度的不同而变化）增大，则 $\varepsilon_{V液}$ 也增大。

B　凝固收缩

对于具有一定结晶温度范围的合金，由液态/液转变为固态/固时，由于合金处于凝固状态，故称为凝固收缩。这类合金的凝固体收缩率主要包括温度降低（与合金的结晶范围有关）和状态改变（状态改变时的体积变化）两部分。

对于纯金属和共晶合金而言，凝固期间的体收缩率 $\varepsilon_{V液}$ 只有因状态的改变而引起的收缩，故一般是一个定值，见表 1-2。

表 1-2　各种金属的凝固体收缩率

金属种类	Al	Mg	Cu	Co	Fe	Zn	Ag	Sn	Pb	Sb	Bi
$\varepsilon_{V液}/\%$	6.24	4.83	4.8	4.8	4.44	4.35	4.09	2.79	2.69	0.93	3.1

对于少数合金及金属（例如 Bi、Si、Bi-Sb 合金和灰铸铁等）。因其凝固体收缩为负值，所以结晶时发生体积增大。

液态收缩和凝固收缩是铸件产生缩孔和缩松的基本原因。

C　固态收缩

当铸造合金从固相线温度 $t_固$ 冷到室温 $t_室$ 时的收缩，由于合金处于固体状态，故称为固态收缩。其固态收缩率表示如下：

$$\varepsilon_{V固} = \alpha_{V固}(t_固 - t_室) \times 100\% \tag{1-6}$$

式中　$\alpha_{V固}$——合金在 $t_固$ 到 $t_室$ 温度范围内的固态体收缩系数，$1/℃$；

　　　$t_固$——合金的固相线温度，℃；

　　　$t_室$——室温，℃。

但在实际生产中，由于固态收缩往往表现为铸件外形尺寸的减少，因此，一般采用线收缩来表示：

$$\varepsilon_1 = \alpha_1(t_固 - t_室) \times 100\% \tag{1-7}$$

如果合金的线收缩不受到铸型等外部条件的阻碍，称为自由线收缩；否则，为受阻线收缩。

铸造合金的线收缩不仅对铸件的尺寸精度有着直接的影响，而且是铸件中产生铸造应力、变形、裂纹的基本原因。表 1-3 列出了几种铁碳合金的自由线收缩率。

表 1-3　几种铁碳合金的自由线收缩率

材料名称	化学成分（质量分数)/%						总收缩率/%	浇注温度/℃
	C	Si	Mn	P	S	Mg		
碳钢	0.14	0.15	0.02	0.05	—	—	2.165	1530
白口铸铁	2.65	1.00	0.48	0.06	0.02	—	2.180	1300
灰口铸铁	3.30	3.14	0.66	0.10	0.26	—	1.08	1270
球墨铸铁	3.40	2.96	0.69	0.11	0.02	0.05	0.807	1250

1.4.1.2　铸造合金线收缩率大小的测试

测定铸造合金线收缩率的方法很多，图 1-12 是测定铸造合金自由线收缩的一种装置。

在实际生产中，铸件冷却时都要受到阻碍（收缩阻碍、热阻碍等）。其受阻线收缩率往往小于自由线收缩率。

1.4.1.3　铸件线收缩率

以上讨论的铸造合金收缩率只与合金的化学成分、收缩系数、温度变化以及相变时体积改变等因素有关。在进行铸件工艺设计时，考虑到收缩，需要将模样尺寸放大，模样尺寸 $L_模$ 与铸件尺寸 $L_铸件$ 之间存在如下关系：

$$\varepsilon = \frac{L_模 - L_铸件}{L_模} \times 100\% \tag{1-8}$$

式中　ε——铸件的收缩率，%；

　　　$L_模$——模样尺寸；

　　　$L_铸件$——铸件实际尺寸。

表 1-4 是常用铸造合金的铸件线收缩率。

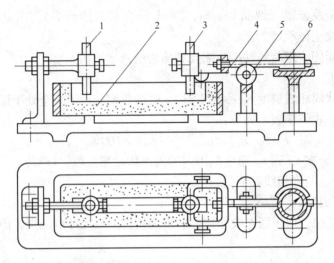

图 1 - 12　测定合金自由线收缩装置简图

1—固定端金属杆；2—砂型；3—自由端金属杆；4—滑杆；5—导轮；6—千分表

表 1 - 4　常用铸造合金的铸件线收缩率

合金类别	收缩率/%		合金类别	收缩率/%	
	自由收缩	受阻收缩		自由收缩	受阻收缩
灰铸铁：中小型与小型件	1.0	0.9	铸造碳钢和低合金钢	1.6 ~ 2.0	1.3 ~ 1.7
中、大型件	0.9	0.8	含铬高合金钢	1.3 ~ 1.7	1.0 ~ 1.4
圆筒形件：长度方向	0.9	0.8	铸造铝硅合金	1.0 ~ 1.2	0.8 ~ 1.0
直径方向	0.7	0.5	铸造铝镁合金	1.3	1.0
孕育铸铁	1.0 ~ 1.5	0.8 ~ 1.0	铝铜合金($w(Cu)$ =7% ~18%)	1.6	1.4
可锻铸铁	0.75 ~ 1.0	0.5 ~ 0.75	锡青铜	1.4	1.2
球墨铸铁	1.0	0.8	锌黄铜	1.8 ~ 2.0	1.5 ~ 1.7
白口铸铁	1.75	1.5			

铸件的铸造收缩率不仅与所用合金的因素有关，而且还与铸型工艺特点、铸件结构形状以及合金在熔炼过程中溶解的气体量等因素有关，表 1 - 4 中数据仅供参考，在应用中应根据生产实践加以修正。

1.4.2　铸件中的缩孔和缩松

1.4.2.1　缩孔、缩松的基本概念

铸件在冷却和凝固过程中，由于合金的液态收缩和凝固收缩，往往在铸件最后凝固的地方出现孔洞。容积大而且比较集中的孔洞称为缩孔；细小而且分散的孔洞称为缩松。缩松的形状不规则，表面粗糙，可以看到发达的树枝晶末梢，故可以明显地与气孔区别开来。

铸件中若有缩孔、缩松存在，一方面会使铸件有效承载面积减小，另一方面会引起应力集中，而且都会使铸件的力学性能明显降低。同时还降低铸件的气密性和物理化学性能。特别是对于耐压零件，则容易发生渗漏而使铸件报废。

缩孔和缩松是铸件中常见的缺陷之一，因此，在生产中必须设法防止。

1.4.2.2　缩孔的形成过程

缩孔的形成过程如图 1-13 所示。

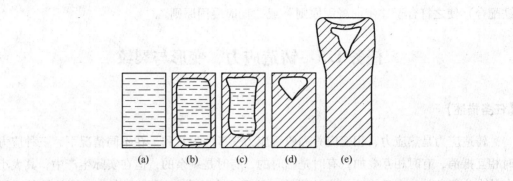

图 1-13　铸件中缩孔形成过程示意图

缩松形成的基本原因和缩孔一样，主要是由于合金的结晶温度范围较宽，树枝晶发达，合金液几乎同时凝固，液态和凝固收缩所形成的细小、分散孔洞得不到外部液态金属的补充而造成的。

铸件中形成缩孔和缩松的倾向与合金的成分之间有一定的规律性。定向凝固的合金倾向于产生集中缩孔；糊状凝固的合金倾向于产生缩松。对于给定成分的合金，其缩孔和缩松的数量可以相互转化，但他们的总容积基本保持不变，如图 1-14 所示。

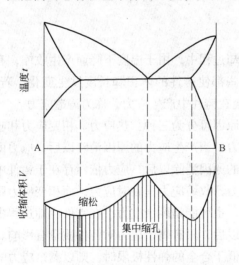

图 1-14　合金成分与缩孔、缩松形成的关系

1.4.2.3　影响缩孔、缩松大小的因素及防止措施

铸造合金的液态收缩愈大，则缩孔形成的倾向愈大；合金的结晶温度范围愈宽，凝固收缩愈大，则缩松形成的倾向愈大。凡能促使合金减小液态和凝固期间收缩的工艺措施（如调整化学成分，降低浇注温度和减慢浇注速度，增加铸型的激冷能力，增加在凝固过程中的补缩能力，对于灰口铸铁可促进凝固期间的石墨化等），都能有利于减小缩孔和缩松的形成。

针对合金的收缩和凝固特点制定正确的铸造工艺，使铸件在凝固过程中建立良好的补缩条件，尽可能地使缩松转化为缩孔，并使缩孔出现在铸件最后凝固的地方。要使铸件在凝固过程中建立良好的补缩条件，主要是通过控制铸件的凝固方式（采用设置冒口和冷铁配合）使之符合于"定向凝固原则"或"同时凝固原则"。

任务1.5　铸造应力、变形与裂纹

【任务描述】

铸造应力是热应力、相变应力和收缩应力三者的矢量和。在不同情况下，三种应力有时相互抵消，有时相互叠加；有时是临时的，有时是剩余的，但在实际生产中，其大小分布是十分复杂的。由于铸造应力的缘故，处于应力状态（不稳定状态）下的铸件，能够自发地发生变形以减少内应力而趋于稳定状态。

【任务分析】

铸造应力按其产生的原因可分为三种：热应力、相变应力和收缩应力。根据铸件裂纹产生的原因和温度范围，可将其分为热裂和冷裂两种。

【知识准备】

1.5.1　铸造应力

铸件在凝固以后的冷却过程中，由于温度下降而产生收缩，有些合金还会发生固态相变而引起膨胀或收缩，这些都使铸件的体积和长度发生变化，若这些变化受到阻碍（热阻碍、外力阻碍等），便会在铸件中产生应力，称为铸造应力。

铸造应力按其产生的原因可分为三种：热应力、相变应力和收缩应力。这些应力可能是拉应力，也可能是压应力。当产生应力的原因消除以后，应力即告消失，这种应力称为临时应力；如果产生应力的原因消除以后，应力依然存在于铸件中，称这种应力为剩余应力。通常热应力是剩余应力，收缩应力是临时应力，而相变应力则因发生相变的时间和程度不同，可能是临时应力，也可能是剩余应力。在铸件冷却过程中，两种应力可能同时起作用，冷却至常温并落砂以后，只有剩余应力对铸件质量有影响。

当铸件内的总应力值低于合金的弹性极限时，则以剩余应力的形式存在于铸件内；当总应力值超过合金的屈服点时，铸件将发生变形，使铸件的尺寸发生变化；当总应力值超过合金的抗拉强度时，铸件将产生裂纹。

铸造应力对铸件的质量影响甚大，尤其是在交变载荷作用下工作的零件，当载荷作用的方向与铸造应力方向一致时，则力的总和可能会超过材料的强度极限，引起铸件断裂。有剩余应力存在的铸件，经机械加工后，往往会发生变形或降低零件的精度。在腐蚀介质中，还会降低铸件的耐腐蚀性能，严重时会引起应力腐蚀开裂。因此，必须减小和消除铸件中的应力。本节重点介绍热应力的形成过程、影响因素、减小和消除应力的措施，以获得健全的铸件。

1.5.1.1　热应力

热应力是铸件在凝固和冷却过程中，不同部位由于不均衡的收缩而引起的应力。

A　热应力的形成过程

下面以厚度不同的 T 字形铸件为例（见图 1 – 15（a）），来讨论热应力的形成过程。

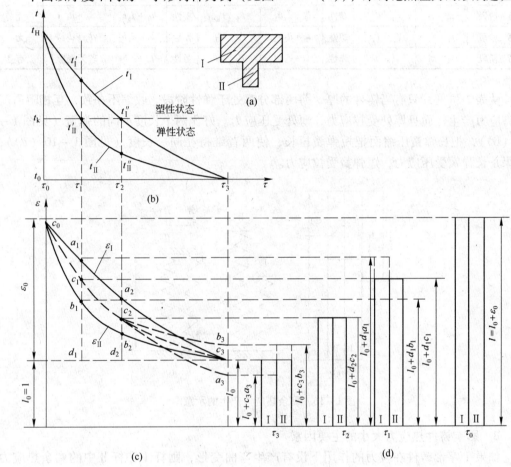

图 1 – 15　壁厚不同的 T 字形铸件热应力形成过程示意图

（a）T 字形铸件；（b）冷却曲线；（c）线收缩曲线；（d）铸件长度的变化情况

图中 T 字形铸件由厚杆 Ⅰ 和薄杆 Ⅱ 两部分组成。为了讨论简便，现作如下四点假设：

（1）杆 Ⅰ 和杆 Ⅱ 从同一温度 t_H 开始冷却，最后冷却到同一温度 t_0；

（2）该合金有一个临界转变温度 t_K，铸件温度在 t_K 以下，铸件处于弹性状态；温度在 t_K 以上，铸件处于塑性状态；

（3）该合金在冷却过程中不发生相变，而且铸件收缩时也不受铸型的阻碍；

（4）合金的膨胀（收缩）系数 α 和弹性模量 E 是一常数，且不随温度而变化，杆 Ⅰ 和杆 Ⅱ 之间也没有热交换。

两杆的冷却曲线（$t-\tau$）和相应的线收缩曲线（$\varepsilon-\tau$），如图 1 – 15（b）、（c）所示。根据杆 Ⅰ 和杆 Ⅱ 到达临界温度的时间不同，可以分为三个阶段来说明热应力的产生过程，并将其归纳到表 1 – 5 中。

表 1 – 5　由杆 I 和杆 II 组成的 T 字形铸件热应力形成过程

阶 段	时 间	杆 I			杆 II			杆总长度	应力
		温度/℃	状态	长度变化	温度/℃	状态	长度变化		
初始阶段	τ_0	t_H	塑性	$l_0 + \varepsilon_0$	t_H	塑性	$l_0 + \varepsilon_0$	$l_0 + \varepsilon_0$	无
第一阶段	τ_0　τ_1	t_H　t'_I	塑性	$l_0 + d_1 a_1$	t_H　t'_{II}	塑性	$l_0 + d_1 b_1$	$l_0 + d_1 c_1$	无
第二阶段	τ_1　τ_2	t'_I　t'_I	塑性	$l_0 + d_2 a_2$	t'_{II}　t''_{II}	弹性	$l_0 + d_2 b_2$	$l_0 + d_2 c_2$	无
第三阶段	τ_2　τ_3	t''_I　t_0	弹性	$l_0 + c_3 a_3$	t''_{II}　t_0	弹性	$l_0 + c_3 b_3$	若无变形 l	有

　　从表中可见，只有当铸件的厚、薄两部分都处于弹性阶段，收缩不一致，互相阻碍就会有应力产生。而且厚处受拉应力，薄处受压应力。好比两个长度不同的弹簧（见图 1 – 16（b）），把长弹簧压缩而把短弹簧拉长，使两者维持在同一长度（见图 1 – 16（c）），结果是长弹簧受压应力，短弹簧受拉应力。

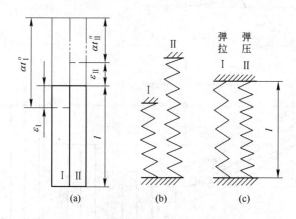

图 1 – 16　剩余热应力产生的示意图

B　影响铸件热应力大小的主要因素

　　如果 T 字形铸件在应力的作用下没有产生弯曲变形，则杆 I 和杆 II 中的剩余热应力与所产生的弹性变形量（ε_I 和 ε_{II}）有关。

　　杆 I 所受的拉应力为：　　　　　　　　$p_I = \sigma_I A_I$　　　　　　　　　　　　　　（1 – 9）

　　杆 II 所受的压应力为：　　　　　　　$p_{II} = -\sigma_{II} A_{II}$　　　　　　　　　　　（1 – 10）

式中　σ_I，σ_{II}——杆 I 和杆 II 所受的应力；

　　　A_I，A_{II}——杆 I 和杆 II 的截面积。

　　因没有发生弯曲变形，则杆系中各力均衡，$\sum p = 0$，p_{II} 与 p_I 大小相等，方向相反，即：

$$\sigma_I A_I = \sigma_{II} A_{II} \qquad\qquad (1 – 11)$$

假设铸件材料的拉伸和压缩弹性模量（E）相等，根据虎克定律：

$$\sigma_I = E\varepsilon_I \qquad\qquad (1 – 12)$$

$$\sigma_{II} = E\varepsilon_{II} \qquad\qquad (1 – 13)$$

将式（1 – 12）、式（1 – 13）代入式（1 – 11）得：

$$\frac{\varepsilon_I}{\varepsilon_{II}} = \frac{A_{II}}{A_I} \qquad\qquad (1 – 14)$$

或
$$\frac{\varepsilon_{\mathrm{I}}}{\varepsilon_{\mathrm{I}} + \varepsilon_{\mathrm{II}}} = \frac{A_{\mathrm{II}}}{A_{\mathrm{I}} + A_{\mathrm{II}}} \qquad (1-15)$$

由图 1-15 可见，$\varepsilon_{\mathrm{I}} + \varepsilon_{\mathrm{II}} = a_3 b_3$，即等于 T 字形铸件的总变形量，其值与两杆冷至 t_{K} 时的温度差（$t''_{\mathrm{I}} - t''_{\mathrm{II}}$）成正比，即：

$$\varepsilon_{\mathrm{I}} + \varepsilon_{\mathrm{II}} = \alpha(t''_{\mathrm{I}} - t''_{\mathrm{II}}) \qquad (1-16)$$

将式（1-16）代入式（1-15）中得：

$$\varepsilon_{\mathrm{I}} = \frac{A_{\mathrm{II}}}{A_{\mathrm{I}} + A_{\mathrm{II}}} \alpha(t''_{\mathrm{I}} - t''_{\mathrm{II}}) \qquad (1-17)$$

同理可得：

$$\varepsilon_{\mathrm{II}} = \frac{A_{\mathrm{I}}}{A_{\mathrm{I}} + A_{\mathrm{II}}} \alpha(t''_{\mathrm{I}} - t''_{\mathrm{II}}) \qquad (1-18)$$

分别将式（1-17）、式（1-18）代入式（1-12）、式（1-13）中得：

杆 I 中拉应力
$$\sigma_{\mathrm{I}} = E \frac{A_{\mathrm{II}}}{A_{\mathrm{I}} + A_{\mathrm{II}}} \alpha(t''_{\mathrm{I}} - t''_{\mathrm{II}}) \qquad (1-19)$$

杆 II 中压应力
$$\sigma_{\mathrm{II}} = -E \frac{A_{\mathrm{I}}}{A_{\mathrm{I}} + A_{\mathrm{II}}} \alpha(t''_{\mathrm{I}} - t''_{\mathrm{II}}) \qquad (1-20)$$

由式（1-19）、式（1-20）可以看出，影响热应力大小的因素如下：

（1）铸件中热应力的大小与合金的弹性模量 E 成正比，E 值越大，热应力也越大。如铸钢和球墨铸铁的热应力就比灰铸铁大。常用铸造合金的弹性模量值见表 1-6。

表 1-6　常用铸造合金的弹性模量

铸造合金种类	铸钢	白口铸铁	球墨铸铁	灰铸铁	铸造铜合金	铸造铝合金
弹性模量 E/GPa	190~210	170	135~186	75~110	110~134	65~85

（2）合金的线收缩（膨胀）系数 α 越大，则热应力也越大。

（3）铸件的壁厚差越大，冷却时厚薄两部分温差（$t''_{\mathrm{I}} - t''_{\mathrm{II}}$）也就越大；合金的导热性能越小，$t''_{\mathrm{I}} - t''_{\mathrm{II}}$ 就越大（如合金钢就比碳钢的导热性能差）；铸型的蓄热系数越大，或降低浇注温度，铸件的冷却速度就越快，引起的温差（$t''_{\mathrm{I}} - t''_{\mathrm{II}}$）也就越大，产生的热应力也越大；相反，产生的热应力就越小。

1.5.1.2　相变应力

铸件由于固态相变，各部分体积发生不均衡变化而引起的应力，如铸铁的共析转变，由奥氏体转变为珠光体或铁素体加石墨，及钢的共析转变，都会使铸件的体积膨胀。相变应力的方向可能与热应力方向相同，也可能相反，前者使应力叠加，加剧应力对铸件质量的不利影响，后者则减轻其不利影响。相变应力可以是临时应力，也可能是剩余应力。

1.5.1.3　收缩应力

铸件固态收缩时，因受到铸型、型芯、浇冒口、箱带等外力的阻碍而产生的应力称为收缩应力。收缩应力通常表现为拉应力和切应力。铸件落砂后即形成应力的原因消除，应力也随之基本消失。因此，收缩应力是一种临时应力。但若在落砂前与剩余应力方向相同时，两种应力相互叠加，有时会使铸件产生冷裂。若与剩余应力方向相反，则可相互抵消。

从以上讨论可知，铸造应力是热应力、相变应力和收缩应力三者的矢量和。在不同情况下，三种应力有时相互抵消，有时相互叠加；有时是临时的，有时是剩余的，具体见表

1 – 7。但在实际生产中，对于不同形状的铸件，其铸造应力的大小分布是十分复杂的。

表 1 – 7　铸件中各种应力与产生部位的关系

铸件部位	热应力	相变应力		机械阻碍应力	
		共析转变	石墨析出	落砂前	落砂后
厚处或中心处	+	–	–	+	0（或 +）
薄处或外层处	–	+	+	+	0（或 +）

注："+"表示受拉应力，"–"表示受压应力。

1.5.1.4　减小和消除铸造应力的方法

A　减小铸造应力的方法

综上所述，铸造应力的产生，主要是由于铸件各部分温差不同，冷却速度不一致，以及铸型、型芯、芯骨、浇注系统等阻碍收缩的结果。因此，为了减小铸件中形成的铸造应力，主要应采取各种措施减小铸件冷却过程中各部分的温差，以及改善铸型和型芯的退让性。具体方法如下：

（1）首先是减小铸件各部分的温差。工艺上采取冒口、冷铁配合使用，加快厚大部分的冷却，尽量让铸件形成同时凝固；在满足使用要求的前提下，减小铸件的壁厚差，分散或减小热节；提高铸型温度，以减小各部分的温差，此法广泛用于金属型和熔模铸造。

（2）改善铸型和型芯的退让性。可以采用控制合适的型、芯紧实度，加入退让性比较好的材料（如木屑等），铸件提早打箱或松砂，以减小收缩时的阻力等措施。

（3）在满足铸件使用性能的前提下，选择弹性模量 E 和收缩系数 α 小的铸造合金。

B　消除铸造应力的方法

即使采用上述措施，也不可能使铸件中的应力彻底消除，铸件中仍然有剩余应力存在，可通过下列方法加以消除。

（1）人工时效。这种方法是将铸件重新加热到合金的临界温度 t_K 以上，即使铸件处于塑性状态的温度范围。在此温度下保温一定时间，使铸件各部分的温度均匀，让应力充分消失，然后随炉缓慢冷却以免重新形成新的应力，通常将此法称为人工时效（也叫热时效、消除内应力退火等）。

人工时效的加热速度、加热温度、保温时间和冷却速度等一系列工艺参数，要根据合金的性质、铸件的结构以及冷却条件等因素来确定。

这种方法的特点是：去除应力彻底、周期短、占地少，生产中广泛应用；其缺点是燃料消耗大、易产生氧化皮和尺寸变化、费用较高。

（2）自然时效。此法是将具有剩余应力的铸件露天放置数个月乃至一年多时间，随着长时间自然温度的变化，使铸件发生非常缓慢的变形，从而使剩余应力消除。

这种方法的特点是：费用低，但时间较长、占地面积大、生产效率低、去除应力也不彻底。因此，在现代生产中较少应用。

（3）振动时效。这种方法是将铸件在共振条件下（振动频率在 400 ~ 6000Hz）振动 10 ~ 60min，以达到消除剩余应力的目的。

此法的特点是：时间短、设备费用低、结构轻便，铸件无氧化皮和尺寸变化、不受铸件尺寸的限制，节省人力和燃料，便于生产的机械化和自动化。目前已为发达国家普遍采用。

1.5.1.5　铸造应力大小的测定

铸件中剩余应力测定的方法很多（有机械电测法、应力框、开口圆环和半圆环等），但其基本原理都是一样的，即把试样内拉、压两种相互平衡的应力加以破坏，（或试样产生变形），然后测量变形量求得剩余应力的大小。

通常试验中多采用应力框，应力框的结构有三种，如图 1 – 17 所示。

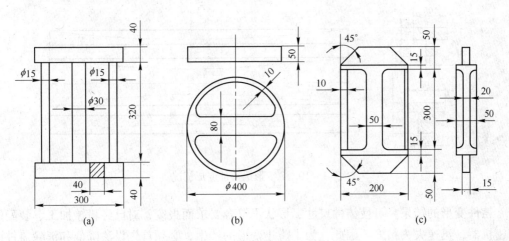

(a)　　　　　　　　(b)　　　　　　　　(c)

图 1 – 17　应力框的结构

具体的方法是在砂型中浇铸出试样，切断中间杆以后，测量其伸长量，近似地计算出中间杆内应力的大小：

$$\sigma = E \frac{e_1 - e_2}{l} \cdot \frac{f_2}{f_1 + f_2} \tag{1 – 21}$$

式中　　σ——铸造应力，MPa；

$e_1 - e_2$——绝对变形量，即中间杆切断前后两测定点的距离差，mm；

　　E——金属的弹性模量，MPa；

　　l——试样杆长度，mm；

　　f_1——中间杆的断面积，mm^2；

　　f_2——两侧杆的断面积之和，mm^2。

上式计算较为简便、直观，但误差较大。

此外，以应力框为基础制造的动态应力测试仪，其结构如图 1 – 18 所示。用拉、压传感器作为测定应力的一次元件，配以二次仪表函数记录仪，可直接绘出应力框中两杆铸造应力动态曲线。此法测定应力比较准确、简便。

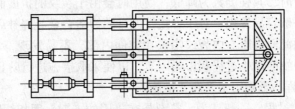

图 1 – 18　铸造应力动态测试仪结构示意图

1.5.2　铸铁的变形

由于铸造应力的缘故，处于应力状态（不稳定状态）下的铸件，能够自发地发生变形以减少内应力而趋于稳定状态，如图 1 – 19 所示。

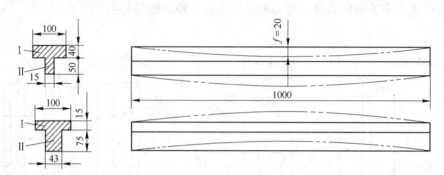

图 1 – 19　T 字形梁铸件变形情况

铸件变形的结果，可使铸件尺寸、形状不符合要求而报废；对已经机械加工、装配的精密机器，迅速失去精度。因此，为了防止变形的产生，必须首先设法降低和消除铸件内的剩余应力或从工艺上采取措施（如大型铸件采用反变形法；具有一定塑性的薄壁铸件可进行校直，设拉肋等），以减少变形。

1.5.3　铸件的裂纹

根据铸件裂纹产生的原因和温度范围，可将其分为热裂和冷裂两种。

1.5.3.1　热裂

A　热裂的特征

热裂是铸钢件、可锻铸铁坯件和一些非铁合金铸件中最常见的铸造缺陷。其特征是：断面严重氧化，无金属光泽，裂口沿晶粒边界产生和发展，外观形状曲折而不规则（铸钢件裂口表面近似黑色，铝合金则呈暗灰色）。

B　热裂的分类及危害

热裂又可分为外裂纹和内裂纹。在铸件表面可以看见的裂纹称为外裂纹。裂口常从铸件的拐角处、截面厚度有改变处或局部冷却缓慢容易产生应力集中的地方开始，主要是拉应力引起的。内裂纹通常产生在铸件内部最后凝固的部位，有时会出现在缩孔附近或尾部。

铸件有裂纹存在时，其强度大为降低，使用时会由于裂纹的扩展而使铸件断裂，以致发生事故。外裂纹一般容易发现，对于焊接性能好的铸造合金经焊补后仍可使用；若焊接性能差，铸件往往因此而报废。内裂纹隐藏在铸件内部，不易发现，它的危害性就更大。因此，必须了解热裂纹的产生过程和影响因素，以便采取措施进行防止。

C　热裂产生过程、影响因素及防止措施

（1）热裂的产生过程。一般认为，热裂是在凝固的末期，固相线附近出现的。此时，由于铸件中结晶的骨架已经形成并开始收缩，但晶粒间还有一定量的液相存在，且这时铸件强度和塑性极低，收缩稍受阻碍即可开裂。

（2）影响热裂倾向的因素。热裂的形成与铸造合金本身的性质，铸型性质、铸件结构、浇注条件有关。合金凝固温度范围宽和结晶时形成粗大树枝晶易产生热裂，凡是扩大合金凝固温度范围和加大合金绝对收缩量的元素（如钢中的 S、P 等）都促使热裂产生；铸件凝固收缩时受型、芯的阻力愈大，产生应力的倾向也愈大，且易开裂；浇冒口布置不合理，使铸件在浇冒口部位，因温度高，冷却慢易产生裂纹；浇注温度和浇注速度对热裂形成的影响比较复杂，要综合考虑；铸件结构设计不合理（如两截面相交处成直角，十字交叉截面等）也是产生热裂纹的原因之一。

（3）防止热裂的措施。由上述分析可知，影响铸件形成热裂的因素很多，生产中应根据具体合金铸件分析其产生热裂的主要原因，并采取相应的措施。

（4）热裂倾向的测量。热裂形成倾向的大小可用铸造合金热裂试验仪进行测量（见图 1 - 20）。试样是一个具有不同直径的圆柱体，在测试仪的砂箱 1 内，制出试样型腔，型腔一端与砂箱固定块 2 相连，另一端接拉杆和框架 3，通过框架上的调节螺钉 4 与拉力传感器连结，并接 x - y 函数记录仪。合金浇注后，试样收缩，带动传感器在记录仪上绘出合金的抗力曲线，直到热裂的发生。根据试验曲线，可测出该合金的热裂形成温度及热裂抗力。

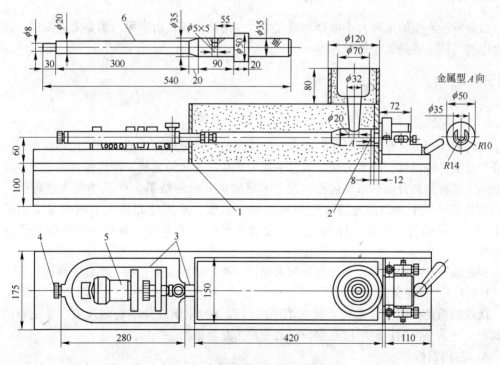

图 1 - 20　铸造合金热裂试验仪简图

1.5.3.2　冷裂

A　冷裂的特征

冷裂是铸件处于弹性状态时，铸造应力超过合金的强度极限时而产生的。其特征是：外形呈连续直线状或圆滑曲线，而且常常是穿过晶粒延伸到整个断面，裂口处表面干净，具有金属光泽或呈轻微氧化色。这说明是在较低温度下形成的，故称为冷裂。

B　冷裂产生的原因及影响因素

冷裂往往出现在铸件受拉伸的部位，特别是应力集中的地方。因此，铸件产生冷裂的倾向与铸件形成应力的大小密切相关。

合金的化学成分（如钢中的 C、Cr、Ni 等元素，虽提高合金的强度，但降低钢的热导率，含量高时，冷裂倾向增大）和杂质状况（如 P 含量高时，冷脆性增加；S 及其他夹杂物富集在晶粒边界，易产生冷裂）对冷裂的形成影响很大，降低合金的塑性和冲击韧性，使形成冷裂的倾向增大。影响冷裂的因素与影响铸造应力的因素基本一致。

任务 1.6　铸造合金中的偏析、气体和夹杂物

【任务描述】

在铸造条件下，由于是结晶速度大于溶质的扩散速度，从而使先析出的固相与液相的成分不同，先结晶与后结晶晶体的化学成分也不相同，甚至同一晶粒内各部分的成分也不一样。各种铸造合金经熔炼后都含有一定量的气体，并且直接影响到铸件的质量。

【任务分析】

根据偏析产生的范围大小可分为两大类：一类是微观偏析；另一类是宏观偏析。铸造合金中的气体主要是氢、氧和氮等。

【知识准备】

1.6.1　铸造合金中的偏析

在铸造生产中，要想获得化学成分完全均匀的铸件是很困难的。我们把铸件截面上不同部位乃至晶粒内部，产生的化学成分不均匀现象，称之为偏析。产生偏析现象的主要原因是由于各种铸造合金在结晶过程中发生了溶质再分配的结果。在晶体长大过程中，由于是在铸造条件下，结晶速度大于溶质的扩散速度，从而使先析出的固相与液相的成分不同，先结晶与后结晶晶体的化学成分也不相同，甚至同一晶粒内各部分的成分也不一样。

根据偏析产生的范围大小可分为两大类：一类是微观偏析；另一类是宏观偏析。

1.6.1.1　微观偏析

微观偏析是指微小（晶粒）尺寸范围内各部分的化学成分不均匀现象。常见有两种形式：一种为晶内偏析也叫枝晶偏析；另一种为晶界偏析。

A　晶内偏析

对于有结晶温度范围，并且能够形成固溶体的合金，在铸造条件下结晶时，晶粒内先结晶的和后结晶的部分的成分不同。这主要是因为冷却较快，固态溶质来不及扩散均匀而造成的。

晶内偏析多发生在铸造非铁合金中，如 Cu-Sn、Cu-Ni 合金。在铸钢组织中，初生奥氏体枝晶的枝干中心含碳量较低，后结晶的枝晶外围和多次分枝部分则含碳量较高，树枝

晶中这种化学成分不均匀的现象，称为枝晶偏析。因枝晶偏析是一个晶粒范围内的成分不均匀，所以也称为晶内偏析。图 1-21 为用电子探针所测定的低合金钢溶液中生成的树枝晶各截面成分的等浓度线，清楚地显示了晶内偏析情况。

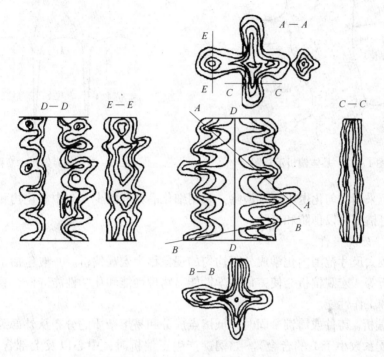

图 1-21　树枝晶偏析示意图

产生晶内偏析的程度取决于合金的冷却速度、偏析元素的扩散能力和受液相和固相线间隔所支配的溶质的平衡分配系数。在其他条件相同时，冷却速度愈大，偏析元素的扩散能力愈小，平衡分配系数愈小，晶内偏析愈严重。但冷却速度增大时，晶粒可以细化，晶内偏析程度反而可以减轻。当冷却速度达 $10^6 \sim 10^7 ℃/s$ 时，偏析来不及发生，可得到成分均匀的非晶态组织。

晶内偏析使晶粒内的物理和化学性能不均匀，从而使合金的强度、塑性及抗腐蚀性能下降。

晶内偏析在热力学上是不稳定的。生产上为了消除晶内偏析，一般是将铸件加热到低于固相线 100~200℃，并进行长时间的保温，使偏析元素进行充分扩散，以达到成分均匀的目的。这种方法叫扩散退火或均匀化退火。

B　晶界偏析

晶界偏析是微观偏析的另一种形式。铸件在结晶过程中，低熔点物质被排除在固—液界面。当两个晶粒相对生长，相互接近，并相遇时，在最后凝固的晶界上将有较多的溶质或其他低熔点物质。图 1-22 所示为晶粒相遇形成的晶间偏析。图 1-23 为晶界位置与晶粒生长方向平行形成的晶界偏析。

铸造合金的晶界偏析对合金的性能危害很大，使合金的高温性能降低，促使铸件在凝固过程中产生热裂。

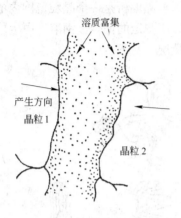

图 1 - 22　晶体偏析示意图

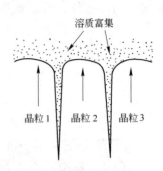

图 1 - 23　晶界偏析示意图

晶界偏析采用均匀化退火很难消除，采用细化晶粒和减少合金中氧化物和硫化物以及某些碳化物等措施可以预防和消除。

1.6.1.2　宏观偏析

在铸件较大尺寸范围内化学成分不均匀的现象称为宏观偏析。一般包括正偏析、逆偏析、重力偏析等。宏观偏析会使铸件力学性能、物理性能和化学性能降低，直接影响铸件的使用寿命和工作性能。

（1）正偏析。铸件或铸锭凝固时，低熔点成分和易熔杂质的分布从外部到中心逐渐增多（溶质分配系数小于 1 的合金）。如钢锭产生正偏析时，中心以及上部含 C、S、P 较高，特别是 S、P 的偏析会显著地降低钢的质量，并为以后压力加工造成困难。偏析一般对铸件质量是有害的，但利用凝固中溶质形成正偏析的规律可以达到金属提纯的目的，如区域熔炼。

（2）逆偏析。逆偏析（也称反偏析）与正偏析相反，它使易熔物质富集在铸件表面上。这种偏析多发生在结晶范围较大的固溶体型合金中。树枝晶愈发达，铸件凝固速度愈慢，合金在凝固过程中析出的气体愈多，形成的压力愈大，则易产生反偏析。如锡青铜铸件表面出现的"锡汗"就是比较典型的逆偏析，它使青铜的切削加工性能变差。

（3）重力偏析。重力偏析（也叫比重偏析），常发生在组成合金的元素密度差别较大或液体与固体之间存在着较大密度差时，一般产生在金属凝固前或刚刚开始凝固之际。比较典型的如 Cu - Pb 合金（Cu 的密度为 8.24g/cm³，而 Pb 的密度为 10.4g/cm³）凝固后的铸件上部富 Cu，而下部富 Pb。由于 Pb 的分布不均匀，使耐磨性能变差。球墨铸铁中的石墨漂浮及锡锑轴承合金中的 Sb 富集在铸件上部，都是重力偏析。减轻或者防止重力偏析的方法有：在浇注时充分搅拌合金液；在合金液中加入阻碍初晶浮沉的元素，使其在结晶过程中形成骨架；降低浇注温度，加快凝固速度等。

1.6.2　铸造合金中的气体

各种铸造合金经熔炼后都含有一定量的气体，并且直接影响到铸件的质量。这些气体主要是氢、氧和氮等，只有了解铸造合金中这些气体的来源、存在形式及对铸件带来的危害，才能有针对性地采取措施减少和防止这些危害，提高铸件的质量。

1.6.2.1　气体的来源

A　来源于熔炼过程

铸造合金在熔炼过程中气体主要是来自各种炉料锈蚀、周围气氛中的水分，有 N_2、CO、O_2、CO_2、SO_2、H_2 及有机物燃烧产生的碳氢化合物等，见表 1 – 8。

表 1 – 8　熔炼过程中气体的主要来源

气体种类	气 体 来 源
H_2	1. 炉料的水分，氢氧化合物、有机物； 2. 炉气中的水分，氢气； 3. 炉前附加物（孕育剂等）中的氢、水分及有机物等； 4. 炉衬及炉前工具中的水分； 5. 出炉时周围气氛中的水分
O_2	1. 炉料中的氧化物； 2. 熔炼时使用的氧化剂； 3. 炉气及出炉时周围气氛中的水气和氧； 4. 炉衬及熔炼用工具的潮气
N_2	1. 炉料中的氧； 2. 炉气及出炉时周围气氛中的氮气

B　铸型

即使烘干的铸型，浇注前也会吸收水分，且其中的黏土在金属液的热作用下结晶水还会分解，有机物的燃烧也能产生大量的气体。

当浇包未烘干、浇注系统设计不当、铸型透气性差、浇注速度控制不当、型腔内的气体不能及时排出时，由于温度急剧升高，气体体积膨胀而使压力增大，从而使气体进入合金液，都会使合金中的气体含量增高，见表 1 – 9。

表 1 – 9　铸型中气体的主要来源

气体种类	气 体 来 源
H_2	1. 混砂时加入的水分； 2. 各种有机黏结剂及附加剂的分解； 3. 黏土砂中的结晶水； 4. 铸型返潮
O_2	1. 黏土砂中加入碳酸盐等的分解； 2. 各种有机黏结剂及附加剂的分解； 3. 型砂空隙中的氧气； 4. 型砂中的水分
N_2	含氮的各种树脂黏结剂

1.6.2.2　气体的存在形式

铸造合金中的气体常以下列三种形式存在：

（1）以溶解状态存在。氢的原子半径很小（0.037nm），几乎能溶到各种铸造合金中。氧的原子半径也比较小（仅 0.066nm），但它是一个极为活泼的元素，能和许多种金属形成化合物，只有氧化性较差的金属及合金能溶入一定量的氧。氮的原子半径比较大

（0.08nm），在铸钢和铸铁中有一定的溶解量，但在铜合金和铝合金中几乎不溶。

在一定的温度和压力条件下，合金吸收气体的饱和浓度，称为该条件下气体的溶解度。气体在铸造合金中的溶解度与压力、温度、合金成分及气体种类等因素有关。对于给定成分的合金，主要是温度和压力影响气体的溶解度。气体在合金中的溶解度一般是随温度的升高和该气体的分压力增大而增大。

气体在合金中的溶解度常用每千克合金含有气体在标准状态下的体积（即 cm^3/kg）来表示，有时也用合金中气体的体积分数来表示。这两者之间的换算关系如下（以氢、氧、氮为例）：

氢：$1cm^3/kg$，相当于体积分数为 0.000009%；

氧：$1cm^3/kg$，相当于体积分数为 0.000143%；

氮：$1cm^3/kg$，相当于体积分数为 0.000125%。

（2）以化合状态存在。合金中的气体，若与合金中某元素之间的亲和力大于气体本身所具有的亲和力，则气体就与该元素形成化合物存在于合金中。如氧在铁液中，可形成 SiO_2、Al_2O_3、MnO 等化合物，也可形成易分解的化合物如 FeO 等。合金液在大气中，随时都有被氧化的可能，产生氧化夹渣。

（3）以气泡形式存在。当合金中的气体含量超过其溶解度时，或浸入的气体不被溶解时，则以分子状态（即气泡形式）存在于合金液中，若凝固前气泡来不及排出，就会在铸件中产生气孔。

1.6.2.3　气体的存在对铸件质量的影响

铸造合金中存在的气体对铸件质量危害较大。气孔不仅能减小铸件的有效承载面积，而且能够引起应力集中，成为零件断裂的裂纹源，使合金的力学性能降低，造成铸件报废；若气体以溶解状态存在，虽危害较小，但也会降低铸件的韧性。对于要求承受液压和气压的铸件，气孔的存在能够明显地降低其气密性。合金中含有气体同时也会影响到铸造性能，使铸件凝固时的反压力增大，阻碍合金液的补缩，造成晶间疏松，降低合金的流动性，使铸件产生缺陷。

1.6.2.4　减少合金中气体及防止气孔产生的措施

根据气体的来源，在生产中应采取措施减小或防止铸造合金的吸气，合金熔化时的过热温度不宜过高，与气体接触的时间也不宜过长。对于易吸气的合金，熔炼时要注意采取措施（如覆盖等）防止吸气。即使这样，合金中还是不可避免的有气体存在。因而，在浇注之前对合金液采取除气处理（如采用浮游去气、真空去气、氧化去气、冷凝去气等），或阻止气体的析出（如提高铸件冷却速度，提高铸件凝固时的外压等），都可防止和减小气孔的产生。

1.6.3　铸造合金中的夹杂物

铸件内或表面上存在的和基体金属成分不同的质点称为夹杂物。夹杂物具有不同的类型和形态，它们对合金的铸造性能和铸件的质量有着不同程度的影响。

1.6.3.1　夹杂物的类型

（1）按夹杂物的组成可分为单一化合物和复杂化合物等。单一化合物有：氧化物、硫化物、硼化物、硅酸盐、氮化物、碳化物等；复杂化合物有：固溶体、共晶体或复合物，如铁与锰的氧化物共晶体（FeO-MnO）、三元磷共晶体（Fe_3C-Fe_3P-αFe）和玻璃体夹杂物（$nFeO \cdot mMnOp \cdot SiO_2$）等。

（2）按夹杂物的来源可分为内在夹杂物和外在夹杂物。内在夹杂物，是指合金液本身各成分发生化学反应而产生的夹杂物，如铁碳合金中形成的 FeS、MnS、Fe_3P 等夹杂物；外来夹杂物是合金液受污染或与外界物质接触发生相互作用而产生的，如金属炉料表面黏砂、黏土、锈蚀，焦炭中的灰分熔化后变成熔渣，金属液与炉衬、浇包中的耐火材料、炉气或大气接触，以及合金液与铸型的相互作用等所产生的夹杂物。

（3）按夹杂物的形成阶段可分为一次夹杂物和二次夹杂物。一次夹杂物是在浇注之前，即合金在熔化和炉前处理时形成的。二次夹杂物是在铸造过程中，即在浇注和凝固时形成的。

此外，还可根据夹杂物的分布、大小分为宏观和微观夹杂物；按熔点高低可分为难熔和易熔夹杂物；按形状可分为球形、多面体、不规则多角形、条形和板形夹杂物等。

1.6.3.2　杂物对铸件质量的影响

宏观夹杂物可直接使铸件产生渣孔、夹渣、黑斑等缺陷，引起铸件力学性能和表面质量的降低。

微观夹杂物，特别是那些分布在晶粒边界上的不规则多角形夹杂物对性能影响更大。如在铸钢晶界上的硫化物、磷化物，使铸件的塑性和强度显著降低。有尖角形的夹杂物还可造成应力集中，成为疲劳断裂的裂纹源，降低铸件的使用寿命。若将铝镁合金经陶瓷过滤网过滤后，可使铸件的强度提高50%以上，同时，塑性也有很大的提高。

合金液中含有悬浮状的难熔固体夹杂物将显著降低它的流动性。易熔的夹杂物（如FeS）分布在晶界上，易使铸件产生热裂。

但也有些夹杂物对铸件质量能够起到好的作用，如钢中的氮化物、碳化物、铸铁中的磷共晶等，有时可提高材料的硬度和耐磨性能。有的还可成为非自发结晶的核心，细化晶粒，提高性能。

1.6.3.3　防止和减少夹杂物的措施

（1）严格控制合金中形成夹杂物的元素含量。熔炼时尽量减少炉料中的杂质；采用含 S、P 低的金属炉料等。另外，生产中还可通过加入某些合金元素，来改善夹杂物的组成、形状和分布。如铸铁中的硫，常形成尖角薄膜状的二元或三元硫共晶夹杂物，加入锰可形成高熔点的块状 MnS，甚至加入比锰亲和力更大的微量元素如镁、稀土元素，则可形成熔点更高的硫化物，这些硫化物以球状或多面体微小质点分布在晶间，可有效地减弱硫化物的危害。

（2）液态合金中的一次夹杂物在浇注之前应尽量排除，如将铁液、钢液在浇包内进行高温静置，有利于夹杂物的上浮和排除；在浇注过程中使用过滤网，效果比较好，目前已广泛应用于各种铸造合金的铸造生产上。

（3）防止合金在浇注和充填过程中产生二次夹杂物。据统计，钢液中的二次夹杂物占铸件夹杂总量的40%～70%。应采用合理设计的浇注系统，增强浇注系统控制氧化物和夹杂物的作用，尽量避免合金液表面氧化膜破裂后污染合金。严格控制铸型中的水分，避免在铸型中形成过强的氧化性气氛。对于质量要求高的铸件可以在真空或保护性气氛下进行熔炼和浇注。

【自我评估】

1-1　液态金属的结构与固态金属相比具有什么特征?

1-2　金属及合金的结晶包括哪两个基本过程, 什么是均质形核和非均质形核, 在实际铸造生产中, 铸造合金结晶时以哪种形核为主, 为什么?

1-3　铸造合金流动性的好坏对铸件质量有何影响, 影响铸造合金流动性的主要因素有哪些? 生产中如何采取措施提高铸造合金的流动性?

1-4　铸造合金由液态冷却到室温时要经过哪三个收缩阶段, 收缩对铸件质量有什么影响?

1-5　什么是铸造应力, 其生产中常采取哪些措施来防止和减小应力对铸件的危害?

1-6　什么是铸造合金的偏析, 其对铸件质量有什么影响?

1-7　铸造合金中的气体主要来源于哪些方面, 其对铸件质量有什么影响?

1-8　铸造合金中的夹杂物是如何分类的, 如何防止和减小其对铸件的危害?

学习情境2　铸铁及熔炼技术

【学习目标】

(1) 了解工业生产中铸铁的种类、名称代号、金相组织及性能特点。
(2) 理解铸铁化学成分的选择、熔制工艺及熔炼用炉。

任务2.1　灰　铸　铁

【任务描述】

　　灰铸铁在所有铸铁材料总量中占80%以上,是目前生产中应用最为广泛的一种铸铁。它在工农业生产及国民经济建设中起着极为重要的作用,广泛应用于各行各业来制造零件。如可用灰铸铁制造机床的机座、机架;发动机的缸体、缸套、缸盖;液压缸、泵体、阀体;铸管、齿轮等。

【任务分析】

　　灰铸铁的牌号、化学成分、铸造性能及应用。

【知识准备】

2.1.1　灰铸铁的牌号

　　国家标准根据直径 $\phi 30mm$ 单铸试棒的抗拉强度值,将灰铸铁分为六个牌号,见表2-1。

表2-1　灰铸铁牌号及力学性能

牌　号	抗拉强度/MPa（≥）	牌　号	抗拉强度/MPa（≥）
HT100	100	HT250	250
HT150	150	HT300	300
HT200	200	HT350	350

　　牌号中"HT"是"灰铁"二字汉语拼音的第一个大写正体字母,其后的数字表示该牌号灰铸铁的最小抗拉强度。如

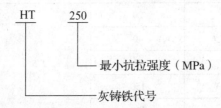

灰铸铁的抗拉强度与铸件壁厚有关，同一牌号的灰铸铁不同壁厚处会得到不同的抗拉强度。为了便于设计和使用，表 2 - 2 给出了各牌号不同壁厚的铸铁件能达到的抗拉强度的参考值。当供需双方协商同意时，也可用从铸件上切下的试块加工成试样来测定铸件材质的性能，应符合表 2 - 2 的规定。

表 2 - 2　灰铸铁件的抗拉强度（GB/T 9439—2010）

牌　号	铸件壁厚/mm		最小抗拉强度 R_m（强制性值）（min）	
	>	≤	单铸试棒/MPa	附铸试棒或试块/MPa
HT100	5	40	100	—
HT150	5	10	150	—
	10	20		—
	20	40		120
	40	80		110
	80	150		100
	150	300		*90*
HT200	5	10	200	—
	10	20		—
	20	40		170
	40	80		150
	80	150		140
	150	300		*130*
HT225	5	10	225	—
	10	20		—
	20	40		190
	40	80		170
	80	150		155
	150	300		*145*
HT250	5	10	250	—
	10	20		—
	20	40		210
	40	80		190
	80	150		170
	150	300		*160*
HT275	10	20	275	—
	20	40		230
	40	80		205
	80	150		190
	150	300		*175*

牌 号	铸件壁厚/mm		最小抗拉强度 R_m（强制性值）（min）	
	>	≤	单铸试棒/MPa	附铸试棒或试块/MPa
HT300	10	20	300	—
	20	40		250
	40	80		220
	80	150		210
	150	300		*190*
HT350	10	20	350	—
	20	40		290
	40	80		260
	80	150		230
	150	300		*210*

注：1. 当铸件壁厚超过 300mm 时，其力学性能由供需双方商定。

2. 当某牌号的铁液浇注壁厚均匀、形状简单的铸件时，壁厚变化引起抗拉强度的变化，可从本表查出参考数据。当铸件壁厚不均匀或有型芯时，此表只能给出不同壁厚处大致的抗拉强度值，铸件的设计应根据关键部位的实测值进行。

3. 表中斜体字数值表示指导值，其余抗拉强度值均为强制性值，铸件本体预期抗拉强度值不作为强制性值。

2.1.2 化学成分

化学成分对灰铸铁的组织有很大影响。各牌号灰铸铁的化学成分与铸件壁厚有关。表 2-3 中数据供参考。

表 2-3 灰铸铁的化学成分（质量分数） （%）

牌 号	铸件壁厚/mm	C	Si	Mn	P（≤）	S（≤）
HT100	<10	3.6~3.8	2.3~2.6	0.4~0.6	0.40	0.15
	10~30	3.5~3.7	2.2~2.5			
	>30	3.4~3.6	2.1~2.4			
HT150	<20	3.5~3.7	2.2~2.4	0.4~0.6	0.40	0.15
	20~30	3.4~3.6	2.0~2.3			
	>30	3.3~3.5	1.8~2.2			
HT200	<20	3.3~3.5	1.9~2.3	0.6~0.8	0.30	0.12
	20~40	3.2~3.4	1.8~2.2			
	>40	3.1~3.3	1.6~1.9			

牌　号	铸件壁厚/mm	C	Si	Mn	P（≤）	S（≤）
HT250	<20	3.2～3.4	1.7～2.0	0.7～0.9	0.25	0.12
	20～40	3.1～3.3	1.6～1.8			
	>40	3.0～3.2	1.4～1.6			
HT300	>15	3.0～3.2	1.4～1.7	0.7～0.9	0.20	0.10
HT350	>20	2.9～3.1	1.2～1.6	0.8～1.0	0.15	0.10

注：高于 HT250 的牌号，是通过孕育处理得到的。

2.1.3　铸造性能

灰铸铁具有良好的铸造性能：

（1）流动性。灰铸铁的熔点较低，结晶温度范围较小，在适宜的浇注温度下，具有良好的流动性，容易充填形状复杂的薄壁铸件，且不易产生气孔、浇不足、冷隔等缺陷。

（2）收缩性。灰铸铁的浇注温度较低，凝固中发生共析石墨化转变，使其线收缩小，产生的铸造应力也较小，所以铸件出现挠曲变形和开裂的倾向以及形成缩孔、缩松的倾向都较小。

2.1.4　应用

灰铸铁件的特性及应用见表 2 - 4。

表 2 - 4　灰铸铁件的特性及应用举例

牌　号	特　　性	应　用　举　例
HT100	铸造性能好，工艺简便，铸造应力小，不用人工时效处理，减振性优良	适用于负荷小，对摩擦、磨损无特殊要求的零件。如盖、外罩、油盘、手轮、支架、底板、重锤等
HT150	特性与 HT100 基本相同，但有一定的机械强度	适用于承受中等应力（抗拉强度小于 19.8MPa），摩擦面间单位压力小于 0.49MPa 下受磨损的零件，以及在弱腐蚀介质中工作的零件。如机床上的支柱、底座、齿轮箱、刀架、床身轴承座、工作台，圆周速度 6～12m/s 的带轮工作压力不大的管件和壁厚小于 30mm 的耐磨轴套，以及在纯碱或染料介质中工作的化工容器、泵壳、法兰等
HT200 HT250	强度较高，耐磨、耐热性较好，减振性良好，铸造性较好，但需人工时效处理	适用于承受较大的应力（抗拉强度小于 29.42MPa），摩擦面间单位压力大于 0.49MPa（大于 10t 的大型铸件可大于 1.47MPa）和要求一定气密性或耐腐蚀的零件。如一般机械制造中较为重要的铸件（如气缸、齿轮、机座、机床床身和立柱）；汽车拖拉机的气缸体、气缸盖、活塞、刹车轮、联轴器盘等，具有测量平面的检验工件（如划线平板、V 形铁、平尺、水平仪框架等）；承受压力小于 7.85MPa 的液压缸、泵体、阀体、圆周速度 12～20m/s 的带轮，要求有一定耐蚀能力和较高强度的化工容器、泵壳、塔器等
HT300 HT350	这是属于高强度、高耐磨性一级的灰铸铁。其强度和耐磨性均优于以上各牌号铸铁，但白口倾向大，铸造性能差，铸后需进行人工时效处理	适用于承受高应力（抗拉强度小于 49MPa），摩擦面间单位压力大于等于 1.96MPa，要求保持高度气密性的零件。如机械制造中某些重要的铸件，如剪床、压力机、自动车床和其他重型机床的床身、机座、机架及受力较大的齿轮、凸轮、衬套；大型发动机的曲轴、气缸体、缸套、气缸盖等；高压的液缸、水缸、泵体、阀体、镦模和热锻锻模，冷冲模，圆周速度大于 20～25m/s 的带轮等

任务 2.2 球 墨 铸 铁

【任务描述】

20 世纪 40 年代 H. Morrogh 和 W. J. Williams 研制成功球墨铸铁，使铸铁进入一个新的发展时期，这引起人们极大的重视，球墨铸铁从此得到迅速发展与推广。现在我国生产的球墨铸铁普遍采用稀土硅铁镁合金作为球化剂，所以也称稀土镁墨铸铁。

【任务分析】

球墨铸铁的性能、组织及热处理。

【知识准备】

2.2.1 球墨铸铁的组织

球墨铸铁由金属基体和球状石墨所组成。主要的金属基体有珠光体、珠光体 + 铁素体、铁素体三种，经过合金化和热处理，也可获得贝氏体、马氏体、托氏体、索氏体或奥氏体 – 贝氏体的基体。由于球状石墨对基体的削弱作用大大减弱，基体强度的利用率可高达 70%。

球化率是指单位面积上球状石墨数目占全部石墨数目的百分数。它对强度、塑性、韧性以及疲劳强度都有显著的影响。试验结果表明，对于同一金属基体，冲击韧性和抗拉强度随球化率的提高而提高，塑脆性转变温度随球化率的提高而降低。因此，控制球化率对球墨铸铁的性能有特别重要的意义。

2.2.2 球墨铸铁的性能

GB/T 1348—2009 为球墨铸铁国家标准（见表 2 – 5），从中可以看出，球墨铸铁的力学性能远远大于灰铸铁的力学性能。图 2 – 1 为不同基体的球墨铸铁的抗拉强度和断后伸

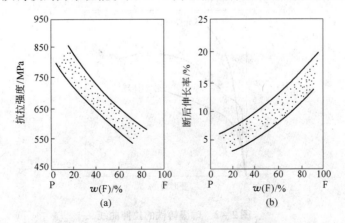

图 2 – 1 球墨铸铁基体量与力学性能的关系

（a）基体量与抗拉强度的关系；（b）基体量与伸长率的关系

长率，由图可见珠光体球墨铸铁的抗拉强度比铁素体球墨铸铁高 50% 以上，而铁素体球墨铸铁的断后伸长率又几乎是珠光体球墨铸铁的 3~5 倍。图 2-2 为球墨铸铁和正火 45 钢的拉伸图比较，它表明铁素体球墨铸铁的拉伸图和正火 45 钢很相似，有明显的屈服现象，有良好的塑性；珠光体球墨铸铁的拉伸和正火 45 钢差别很大，无屈服和缩颈现象，塑性较差，抗拉强度较高。

表 2-5　球墨铸铁牌号（GB/T 1348—2009）

材料牌号	抗拉强度 R_m /MPa（min）	屈服强度 $R_{p,0.2}$ /MPa（min）	伸长率 A/%（min）	布氏硬度（HBW）	主要基体组织
QT350-22L	350	220	22	≤160	铁素体
QT350-22R	350	220	22	≤160	铁素体
QT350-22	350	220	22	≤160	铁素体
QT400-18L	400	240	18	120~175	铁素体
QT400-18R	400	250	18	120~175	铁素体
QT400-18	400	250	18	120~175	铁素体
QT400-15	400	250	15	120~180	铁素体
QT450-10	450	310	10	160~210	铁素体
QT500-7	500	320	7	170~230	铁素体+珠光体
QT550-5	550	350	5	180~250	铁素体+珠光体
QT600-3	600	370	3	190~270	珠光体+铁素体
QT700-2	700	420	2	225~305	珠光体
QT800-2	800	480	2	245~335	珠光体或索氏体
QT900-2	900	600	2	280~360	回火马氏体或屈氏体+索氏体

注：1. 字母"L"表示该牌号有低温（-20℃或-40℃）下的冲击性能要求；字母"R"表示该牌号在室温（23℃）下的冲击性能要求。

2. 伸长率是从原始标距 $L_0 = 5d$ 上测得的，d 是试样上原始标距处的直径。

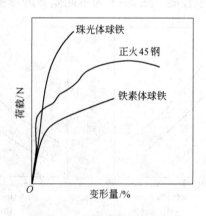

图 2-2　球墨铸铁的拉伸曲线

球化率及金属基体对球墨铸铁的疲劳强度有很大的影响。对于同一金属基体，高球化率将有更高的疲劳强度。例如，全珠光体球墨铸铁，球化率为 98% 和 50% 时相应的无缺口疲劳强度分别为 278MPa 和 208MPa。而球化率相同、基体量不同时，其疲劳强度也不同，如珠光体铁素体基体球墨铸铁的无缺口疲劳强为 276MPa，而回火马氏体球墨铸铁的无缺口疲劳强度为 338MPa，可见提高强度和提高疲劳寿命有直接关系。由于合金化、热处理对于显微组织和常规性能影响很大，因此也影响到球墨铸铁的疲劳强度。此外，表面滚压、喷射硬化、表面淬火等技术也对提高疲劳强度有重要作用。

2.2.3　铸态球墨铸铁

铸态球墨铸铁是指不经热处理而直接铸出合乎性能要求的铸件。由于不需要热处理，因而带来一系列好处，如节约能源、缩短生产周期、减少废品率、降低生产成本等。

（1）铸态铁素体球铁。我国生产的球墨铸铁中，铁素体基体球铁有 QT400 - 10、QT400 - 18，要求较高的韧性。为了提高伸长率，必须提高基体中的铁素体量。试验发现，只有当铁素体含量大于 85%，才有可能使伸长率得到 17%。

国内外已在铸态高韧性铁素体球墨铁的生产方面取得了不少经验。主要有：严格选择化学成分，如选高的碳当量（质量分数分别为 $w(C)$ 3.6% ~ 4.0%、$w(Si)$ 2.4% ~ 2.8%），限制锰、磷及硫的含量（$w(Mn) < 0.4\%$、$w(P) < 0.08\%$、$w(S) < 0.06\%$），防止在炉料中带入铬、钨、钼、铜、锡、锑等合金元素；限制球化剂中稀土元素的含量及防止球化元素过高；加强孕育处理，细化石墨球等，并强调采用瞬时孕育处理增加石墨球数是极为有利的措施。

（2）铸态珠光体球铁。QT600 - 2、QT700 - 2、QT800 - 2 都属珠光体球墨铸铁，要求基体中珠光体含量大于 80%，即共晶反应完全按稳定系结晶，共析反应全部按亚稳定系进行。这就要求铁液成分应有中等石墨化能力，有条件地使用稳定化元素，基体成分可为 $w(C) = 3.6\% \sim 3.9\%$、$w(Si) = 2.0\% \sim 2.4\%$、$w(Mn) = 0.5\% \sim 0.8\%$、$w(P) < 0.075\%$、$w(S) < 0.03\%$，合金元素选用能促进和稳定珠光体的形成、但不形成共晶碳化物的稳定化元素，如 Cu、Sn、Sb 等，它们的质量分数分别为 0.6% ~ 1.0%、0.03% ~ 0.12%、0.03% ~ 0.08%，上限用于厚件，下限用于薄壁小件。

Sn 和 Sb 都是强稳定化元素，用量范围窄，过量有发生晶间偏析、降低韧性的危险。为避免这个缺点，尤其是厚大件，宁可用 Cu、Sn 或 Cu、Sb 代替单一的合金元素。Sn 和 Sb 也可以作为孕育剂组元带入铁液中。

用复合孕育剂代替合金是近年发展的一项新技术，例如 SPI 孕育剂（$w(Si) < 50\%$，$w(RE) = 2\% \sim 10\%$，$w(Al) = 2\% \sim 10\%$，$w(Ca) = 2\% \sim 10\%$，$w(Sb) = 5\% \sim 20\%$）兼有孕育和微合金化两种功能，结合低稀土镁球化剂和随流孕育技术，加入的质量分数为 0.08% ~ 0.2% 就能完全抑制共晶碳化物，实现基体珠光体化，增加石墨球数，改善石墨圆整度，铸态性能达到 QT700 - 2 标准。

（3）铸态奥氏体 - 贝氏体球墨铸铁。近年来国内外对铸态奥氏体 - 贝氏体球墨铸铁进行了大量研究工作，合金化是其主要手段之一。一般采用低锰成分并适量添加镍、钼等有助于贝氏体转变的元素，并添加促进石墨化元素，以谋求石墨细化和被镍、硅强化的基体组织。有关铸态奥氏体 - 贝氏体球墨铸铁，目前尚无成熟的生产经验，主要以实验室工作为主，而且要达到和热处理态奥氏体－贝氏体球墨铸铁相同的性能水平还尚不可能，这有待于今后进一步努力。

2.2.4　球墨铸铁的热处理

2.2.4.1　球墨铸铁的正火处理

正火处理的目的在于增加金属基体中珠光体的含量和提高珠光体的分散度。当铸态存在自由渗碳体时，在正火前必须进行高温石墨化退火，以消除自由渗碳体，此时的退火温度应比铁素体球墨铸铁的退火温度高约 10～20℃。这种差别的原因在于珠光体球墨铸铁的含锰量较铁素体球墨铸铁高，因而铸态组织中的渗碳体较难分解。

根据正火温度的不同，可分为高温完全奥氏体化正火以及部分奥氏体化正火。前者是以获得尽可能多的珠光体组织为目的。这种球墨铸铁的强度、硬度较高，但塑性、韧性一般较低。后者因加热温度处于奥氏体、铁素体和石墨三相共存区域，仅有部分基体转变成奥氏体，而剩下的部分铁素体则以分散形式分布，故称为部分奥氏体化正火。转变成奥氏体的部分在随后的冷却过程中转变成珠光体。因此，正火后的组织特征为：铁素体被珠光体分割呈分散状或破碎状。这种铸铁组织使球墨铸铁在具有良好强度性能的同时，具有较高的伸长率和韧性。为了获得珠光体基体，还可采用淬火高温回火的调质处理，得到回火索氏体组织。这种基体组织使球墨铸铁具有高的强度及良好的韧性。其热处理通常为加热到完全奥氏体化温度后油淬，然后再加热到620℃左右回火。

2.2.4.2　球墨铸铁的等温淬火处理

经等温淬火处理的球墨铸铁在国际上称为 Austempeered Ductile Iron（ADI），在我国称为奥氏体－贝氏体球墨铸铁（简称奥贝球铁）。奥贝球铁与普通铁相比，伸长率相当，但抗拉强度提高了一倍，弯曲疲劳强度提高了近80%；当其基体为下贝氏体时，抗拉强度可高达 1300～1600MPa，断伸长率为2%～4%，当基体为上贝氏体时，强度和韧性较高，抗拉强度为 900～1200MPa，断伸长率为6%～13%，其疲劳极限与锻钢大致相当，达300～400MPa，且还有良好的耐磨性。因此奥贝球铁的研制成功被誉为是铸铁冶金领域内的一个重大成就，也是20世纪70年代以来在球墨铸铁强韧化方面的一个重大突破。

A　等温淬火工艺

典型的等温淬火工艺如图 2-3 所示。奥氏体化后淬入盐浴或油池进行等温转变。当等温温度高于330～350℃时，基体组织主要为羽毛状铁素体＋残余奥氏体（上贝氏体）；当等温温度低于300～350℃时，基体组织为针状铁素体＋残余奥氏体（下贝氏体）。

球墨铸铁的等温转变分为如下两个阶段：

第一阶段：$\gamma \rightarrow \alpha + \gamma_{HC}$

第二阶段：$\gamma_{HC} \rightarrow \alpha + 碳化物$

首先，铁素体（α）从奥氏体（γ）中形核和生长，由于铁素体的析出使未转变奥氏体含碳量增加，形成高碳奥氏体（γ_{HC}）。铸铁中硅含量较

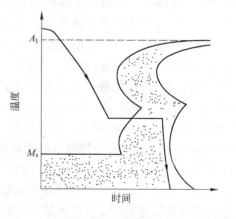

图 2-3　球墨铸铁等温淬火
工艺示意图

高, 抑制了碳化物的析出, 随着等温反应的进行, 奥氏体中的含碳量逐渐增加, 最大可达 2%。奥氏体因碳的饱和而变得十分稳定, 马氏体点降至 −89 ~ 100℃。因此, 奥贝球铁基体组织中含有较多的残余奥氏体。

但是, 碳饱和奥氏体在等温转变过程中是不稳定的, 长时间保温时则分解为铁素体和碳化物, 即第二阶段反应。由于碳化物的析出和残余奥氏体量的减少, 大大降低了奥贝球铁的韧性。

B　奥贝球铁的性能

图 2 − 4 为等温淬火时间对奥贝球铁力学性能的影响, 图中点 A 为第一阶段反应结束点, 点 B 为第二阶段反应的开始点。图示结果可知, 为了获得较好的韧性, 等温淬火时间必须控制在点 A 到点 B 的范围内, 如果等温时间低于点 A, 则奥氏体将因固溶碳量不足而变得不稳定, 冷却过程中将转变为马氏体, 只有少量的残余奥氏体保留到室温; 如果等温时间超过点 B, 则发生第二阶段反应, 析出碳化物, 韧性降低。工业上把点 A 到点 B 的时间段称为 "工艺窗口 (Process Window)"。

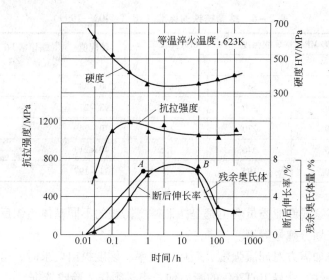

图 2 − 4　等温淬火时间对 ADI 性能的影响

为了获得最佳性能, "工艺窗口" 越长, 对于热处理的控制越方便, 在非合金球墨铸铁的条件下, 这一时间间隔较短, 这在实际生产上是难控制的。特别是对于壁较厚的铸件, 要达到铸件的均热, 需要一个较长的时间, 因此拓宽等温处理的时间范围是很重要的, 而解决问题的关键在于推迟或完全抑制从奥氏体中析出碳化物的过程。在铸铁化学成分中加入适量钼、镍和铜, 不仅能为等温淬火创造条件, 而且可有效地抑制析出碳化物的过程, 从而显著拓宽 "工艺窗口" 的范围。这三个元素的配合使用通常效果更好。它们的具体加入量视铸件的具体情况 (主要为壁厚) 而定。

任务 2.3　蠕 墨 铸 铁

【任务描述】

伴随着球墨铸铁的生产, 人们发现铸铁中存在着蠕虫状石墨。蠕墨铸铁是近十几年来很受国内外铸造工作者关注的一种新型高强度铸铁材料，可用于代替部分合金铸铁、可锻铸铁和球墨铸铁，以生产大马力柴油机缸盖、排气管、钢锭模、内燃机齿轮、阀体等铸件。

【任务分析】

蠕墨铸铁的牌号、化学成分、金相组织及铸造性能。

【知识准备】

2.3.1　蠕墨铸铁的牌号

按蠕墨铸铁件标准 JB/T 4403—1999，蠕墨铸铁系根据单铸试块的抗拉强度，分为5种牌号，见表2-6。

表2-6　蠕墨铸铁的标准（JB/T 4403—1999）

牌　号	抗拉强度/MPa	屈服强度/MPa	断后伸长率/%	硬度值 (HBS)	蠕化率 VG (≥) /%	主要基体组织
	≥					
RuT420	420	335	0.75	200~280		珠光体
RuT380	380	300	0.75	193~274		珠光体
RuT340	340	270	1.0	170~249	50	珠光体+铁素体
RuT300	300	240	1.5	140~217		铁素体+珠光体
RuT260	260	195	3	121~197		铁素体

国际上许多国家或专业委员会也都是按照蠕墨铸铁的不同基体组织反映的力学性能而不是根据蠕化率来划分牌号等级。

除抗拉强度外如需方对屈服强度、断后伸长率、硬度提出要求时，可按表2-6验收，或协商另订技术条件。牌号 RuT260 的断后伸长率必须作为验收依据。

铸件金相组织中的蠕化率按表中规定的验收。根据铸件不同用途和特点，也可协商另订。

蠕墨铸铁件的力学性能和基体可经热处理达到，对热处理有特殊要求的蠕墨铸铁件，可由供需双方商定。

2.3.2　蠕墨铸铁的化学成分

蠕墨铸铁化学成分是决定蠕虫状石墨的大小、形态及基体形态的重要因素，同时它还影响到蠕墨的力学性能和其他性能。

蠕墨铸铁化学成分的组成与球墨铸相似，具有高碳、高硅、低硫磷的特点。蠕化元素也是蠕墨铸铁所不可缺少的重要元素。

蠕墨铸铁五大化学元素的选择见表2-7。

蠕墨铸铁合金元素选用见表2-8。

典型蠕墨铸铁件化学成分及力学性能见表2-9，蠕墨铸铁生产实例见表2-10。

表 2-7　蠕墨铸铁化学元素的选择与控制

元素	控制及选择范围
碳当量	碳当量控制在共晶点附近。铸件壁厚小于 12mm,碳当量为 4.6% ~ 4.7%;壁厚大于 50mm,碳当量为 4.3% ~ 4.4%
碳	1. 一般选择 3.6% ~ 4.1%,厚大件取下限; 2. 炉料中可少配或不配废钢;蠕化处理后原铁水降碳 0.1% ~ 0.2%
硅	原铁水配硅 <1.8%;蠕化处理后硅量为 2.0% ~ 3.0%(包括孕育硅量),厚大件取下限
锰	1. 根据基体要求选择锰含量,铁素体基体,选 < 0.3% 的锰;珠光体基体,锰含量一般取 0.6% ~ 1.0%; 2. 锰还可作为合金元素加入,含量 <2.7% 时,可稳定珠光体、强化基体,对蠕化率无影响
磷	有害元素,越低越好,一般 < 0.06%
硫	影响蠕化率的关键元素,硫低于 0.02%,蠕化率提高;大于 0.02%,蠕化率降低,甚至不蠕化,强度降低

表 2-8　蠕墨铸铁常用合金元素选用

元素	含量/%	作　用　与　特　点
铜	0.5 ~ 1.5	增加珠光体,降低白口倾向,提高强度、硬度、耐磨性
镍	1 ~ 1.5	增加、细化珠光体,减少白口倾向,提高强度、硬度、耐磨性
锰	1 ~ 2.4	增加、细化珠光体,白口倾向大,提高强度、硬度、耐磨性
铬	0.2 ~ 0.4	增加、细化、稳定珠光体,白口倾向大,提高强度、硬度、耐磨性,并提高耐热性
钼	0.3 ~ 0.5	有效增加、细化、稳定珠光体,提高强度、硬度、耐磨性,且有效提高耐热性
钒	0.2 ~ 0.4	有效增加、细化、稳定珠光体,有效提高耐热性,增大白口倾向,常用 V - Ti 生铁
钛	0.1 ~ 0.2	提高耐磨性,与碳氮形成化合物,呈硬质点弥散分布
硼	0.02 ~ 0.04	提高硬度、耐磨性,形成硼碳化合物呈硬质点
锑	0.03 ~ 0.07	增加珠光体含量作用强,提高硬度、耐磨性
锡	0.05 ~ 0.10	增加、细化珠光体,提高硬度、耐磨性
铝	0.025 ~ 0.3	稳定蠕化率元素,少量使用

表 2-9　典型蠕墨铸铁件化学成分(质量分数,%)及力学性能

名　称	C	Si	Mn	P	S	Mg/RE	其他	力学性能 R_m,A
12V240 柴油机缸盖	3.6 ~ 3.8	原铁水 <1.5 终铁水 2.5 ~ 2.8	0.7 ~ 0.9	<0.1	≤0.02	/0.040 ~ 0.055		R_m 300 ~ 400MPa A 1% ~ 4%
柴油机零件	3.3 ~ 4.0	2.0 ~ 3.0	0.5 ~ 1.2	<0.1	<0.01	/0.010 ~ 0.015		R_m 380MPa A 1.5%
液压件	3.7 ~ 4.1	2.2 ~ 3.0	0.3 ~ 0.9	<0.1	<0.02	/ >0.035	Ga0.002	R_m 350 ~ 400MPa
机床中、大件	3.5 ~ 3.8	2.3 ~ 2.6	0.9 ~ 1.5	<0.1	<0.02	/0.06 ~ 0.1		
钢锭模	3.5 ~ 3.8	2.5 ~ 2.8	0.5 ~ 0.8	≤0.06	≤0.03	0.015 ~ 0.040/ 0.0076 ~ 0.018	Al 0.02 ~ 0.04	
玻璃模具	3.2 ~ 3.6	2.5 ~ 3.5	0.6 ~ 0.8	0.07 ~ 0.1	Gr 0.3 ~ 0.4	Sh 0.03 ~ 0.07 (加入量)		

注:Gr 表示石墨烯,Sh 表示氢硫基。

表2-10　蠕墨铸铁生产实例(化学成分、金相组织、力学性能)

处理方法	合金名称	化学成分(质量分数)/%								金相组织	力学性能				
		C	Si	Mn	P	S	Mg	RE	其他		抗拉强度/MPa	屈服强度/MPa	断后伸长率/%	硬度(HB)	弹性模量/MPa
镁处理法	Mg-Ce-Ti复合处理	3.2~3.6	2.0~2.5	0.1~0.6	—	—	0.015~0.04	0.004~0.01	Ti 0.15~0.35	60%~90%蠕虫状石墨铁素体基体	295~390	245~340	1.5~7.5	130~180	130390~157840
	Mg-Ti-Si-Fe-Al-Ca	约3.6	约2.6	约0.30	≤0.05	≤0.008	—	—	Ti 约0.1 Al 约0.1	铁素体基体	353	—	2	200	—
	Ti-Ce-Ca-Mg-Fe-Si	3.7	1.7	0.3	—	—	0.015~0.035	Ce 0.002	Ti 0.06~0.13	铁素体基体	196~390	225~285	3~5	—	—
稀土处理法	混合稀土合金	3.5~3.8	2~3	0.04~0.2	—	—	—	Ce 0.02	—	60%~90%蠕虫状石墨铁素体基体	373	304	7.8	135~170	156862
	混合稀土合金	3.31~3.47	2.37~2.58	0.13~0.15	0.06~0.08	0.05	—	Ce 0.016~0.025	—	30%~95%蠕虫状石墨铁素体基体	370	273	7.2	138~156	—
	钇硅稀土合金	3.5~3.6	2.4~2.6	0.6~0.8	0.02~0.06	<0.01	—	Y 0.1~0.15	—	>70%蠕虫状石墨,珠光体-铁素体基体	314~490	265~412	2~8	143~241	137255~166667
	钇硅稀土合金	3.64	2.68	1.10	<0.07	0.07	—	Y 0.13	—	80%蠕虫状石墨,80%铁素体	430	—	3.5	160~228	—
	稀土钙合金(Ca>15%)	3.8~4.1	2.2~2.9	0.3~0.95	<0.07	<0.02	—	0.04~0.06	Ca 0.0017~0.0029	蠕虫状+球状珠光体+50%铁素体	340~382	—	—	158~185	—
	稀土硅铁合金(1号合金)	3.5~3.9	2.0~2.9	0.7~1.2	<0.07	<0.03	—	0.05~0.08	—	蠕虫状,少量球状,20%~70%铁素体	340~440	抗弯 686~960	挠度 3~4	170~250	—

2.3.3 蠕墨铸铁的金相组织

蠕墨铸铁的石墨形态、蠕化率、珠光体数量、磷共晶类型及数量、碳化物类型及数量等见表 2-11 ~ 表 2-15。

表 2-11 蠕墨铸铁的石墨形态（JB/T 3829—1999）

名　　称	特　　征
蠕虫状石墨	大部分表现为彼此孤立、两侧不甚平整、端部圆钝的石墨
蠕虫状石墨共晶团	在共晶团内蠕虫状石墨分枝生长而又联系在一起
蠕虫状石墨部分分枝	光学显微镜下观察到的部分圆形石墨与蠕虫状石墨联系在一起，是蠕虫状石墨的一部分
蠕虫状石墨分枝端部	端部圆钝，通常呈螺旋生长特征
蠕虫状石墨分枝侧面	侧面呈层叠状特征
卷曲状石墨	石墨呈卷曲形，端部尖锐，有时呈枝晶间分布，属片状石墨
卷曲状石墨三维形态	石墨呈卷曲形，端部尖锐，共晶团内石墨之间互相联系，分枝频繁
珊瑚状石墨	石墨细小，端部平钝，有时呈枝晶间分布
珊瑚状石墨三维形态	共晶团内石墨之间互相联系，分枝频繁，呈棒状特征，端部平钝

表 2-12 蠕化率分级（JB/T 3829—1999）

蠕化率级别	蠕虫状石墨数量/%
蠕 95	>90
蠕 85	>80 ~ 90
蠕 75	>70 ~ 80
蠕 65	>60 ~ 70
蠕 55	>50 ~ 60
蠕 45	>40 ~ 50
蠕 35	>30 ~ 40
蠕 25	>20 ~ 30
蠕 15	>10 ~ 20

表 2-13 蠕墨铸铁的珠光体数量分级（JB/T 3829—1999）

名　　称	珠光体数量/%
珠 95	>90
珠 85	>80 ~ 90
珠 75	>70 ~ 80
珠 65	>60 ~ 70
珠 55	>50 ~ 60
珠 45	>40 ~ 50
珠 35	>30 ~ 40
珠 25	>20 ~ 30
珠 15	>10 ~ 20
珠 5	≤10

表 2-14 蠕墨铸铁磷共晶分级（JB/T 3829—1999）

名　　称	磷共晶数量/%
磷 0.5	≈0.5
磷 1	≈1
磷 2	≈2
磷 3	≈3
磷 5	≈5

表 2-15 蠕墨铸铁碳化物数量分级（JB/T 3829—1999）

名　　称	特　　征
莱氏体型碳化物	呈骨骼状
块状碳化物	呈块状
条状碳化物	呈条状

2.3.4　蠕墨铸铁的铸造性能、铸造工艺及热处理特点

2.3.4.1　蠕墨铸铁的铸造性能特点

A　流动性

由于蠕墨铸铁碳当量高（$w(C)_{eq} = 4.3\% \sim 4.6\%$），加上经蠕化处理去硫、去氧，使铁液净化。因此在相同浇注温度下就具有良好的流动性。表 2 - 16 列出了湿型浇注条件下，测出的几种铸铁的流动性。

表 2 - 16　几种铸铁的流动性比较

铸铁种类	化学成分（质量分数）/%											浇注温度/℃	螺旋线长度/mm
	C	Si	Mn	P	S	RE	Mg	Ti	Cr	Cu	Mo		
蠕墨铸铁	3.36	2.43	0.6	0.06	0.028	0.024	0.014	0.13	—	—	—	1330	960
球墨铸铁	3.45	2.62	0.51	0.07	0.027	0.024	0.04	—	—	—	—	1315	870
合金灰铸铁	2.95	1.85	0.89	0.07	0.044	—	—	—	0.35	0.95	0.92	1340	445

从表中可以看出，即使在蠕墨铸铁比合金铸铁的浇注温度略低的条件下，其流动性也比合金铸铁好得多；与球墨铸铁的流动性相近。

B　收缩性

由表 2 - 17 可见，蠕墨铸铁的缩前膨胀大于灰铸铁，介于灰铸铁和球墨铸铁之间，在共晶转变过程中具有较大的膨胀力，获得无内、外缩孔的致密铸件比球墨铸铁容易。

蠕墨铸铁的体收缩率与蠕化率有关，蠕化率越低，体收缩率就越大，最终接近球墨铸铁；反之，蠕化率越高，体收率也越小，当蠕化率 >50% 时而最终接近灰铸铁。

C　铸造应力

蠕墨铸铁的铸造应力比合金铸铁大，但比球墨铸铁小。表 2 - 18 所列为采用圆形断面应力框测定的各种铸铁的铸造应力比较。由此可见，在用蠕墨铸铁生产气缸盖等复杂铸件时，应和合金铸铁一样要进行消除应力的退火处理。

表 2 - 17　蠕墨铸铁和灰铸铁的收缩性能比较

铸铁种类	缩前膨胀	线收缩率	体收缩率
蠕墨铸铁	0.3 ~ 0.6	0.9 ~ 1.1	1 ~ 5
灰铸铁	0.05 ~ 0.25	1.0 ~ 1.2	1 ~ 3

表 2 - 18　各种铸铁的铸造应力比较

材　质	灰铸铁	合金铸铁	蠕墨铸铁	球墨铸铁
铸造应力/MPa	51.25	104.2	119 ~ 134	176.4
伸长量 ΔL/mm	0.26	0.34	0.32 ~ 0.36	0.4

注：ΔL 为应力框粗杆锯开后的伸长量，mm。

D　白口倾向

蠕墨铸铁在薄壁铸件中产生白口的倾向比灰铸铁大，但比球墨铸铁小。增加碳当量和

加强孕育可减轻白口倾向。因此，在生产薄壁蠕墨铸铁时，应选用白口倾向小的蠕化剂，并加强孕育处理，可以消除白口倾向。

2.3.4.2　蠕墨铸铁的铸造工艺特点

由于蠕墨铸铁具有良好的流动性，收缩特性接近灰铸铁。因此，当由灰铸铁件改为蠕墨铸铁件时，一般不需要重新设计木模和浇注系统。对于形状复杂和工艺性能差的铸件要按照定向凝固的原则，常采用和高强度灰铸铁一样的补缩措施。对于一些致密性要求较高的、壁厚相差较大的复杂件，采用类似球墨铸铁的浇注和补缩系统，提高铸型的刚度，如将湿型改为 CO_2 水玻璃砂或自硬砂型，避免不必要的过高浇注温度，采取共晶成分等都可改善其铸件的致密性。

由此可见，蠕墨铸铁具有铸造工艺简便、生产成品率高的特点。

2.3.4.3　蠕墨铸铁的热处理

A　热处理特点

蠕墨铸铁的热处理主要是为了改善基体组织和力学性能，使其符合技术要求。对于相当复杂的或有特殊要求的铸件，还必须进行消除铸造应力的热处理。

由于蠕墨铸铁是一种新型工程材料，其应用还在不断的扩展，像球墨铸铁那样通过不同的热处理措施来改变蠕墨铸铁性能的潜力尚有待于进一步发挥。

B　热处理工艺

（1）退火。目的是为了获得 85% 以上的铁素体基体或消除局部白口。铁素体化退火工艺如图 2-5 所示，而消除渗碳体退火如图 2-6 所示。

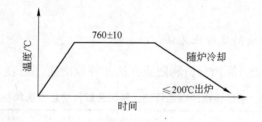

图 2-5　铁素体化退火

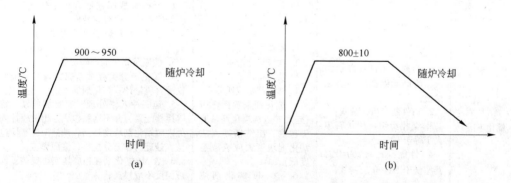

（a）　　　　　　　　　　　　　　（b）

图 2-6　消除渗碳体退火

（a）用于渗碳体较多时；（b）用于渗碳体较少时

（2）正火。目的是为了增加基体中的珠光体数量，提高强度和耐磨性。受蠕虫状石墨及蠕墨铸铁本身化学成分和组织特点的影响，经正火后的基体组织很难获得 90% 以上的珠光体，因此强度提高不大，但耐磨性能可提高近一倍。常用的正火工艺如图2-7和图2-8所示。

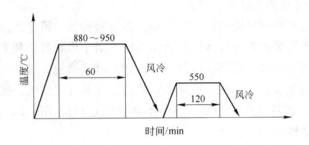

图2-7　全奥氏体化正火

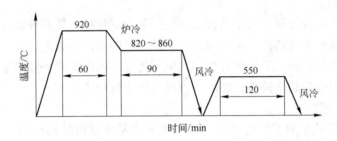

图2-8　两阶段低碳奥氏体化正火

2.3.5　蠕墨铸铁的缺陷及防止方法

蠕墨铸铁的缺陷特征，原因分析和防止方法及补救措施，见表2-19。

表2-19　蠕墨铸铁的缺陷特征、原因分析及防止方法和补救措施

缺　陷	特　征	原因分析	防止方法及补救措施
蠕化不成	1. 炉前三角试样断口暗灰，两侧无缩凹，中心无缩松； 2. 铸件断口粗，暗灰； 3. 金相组织：片状石墨大于等于10%； 4. 性能：$\sigma_b < 260\,\mathrm{MPa}$，甚至低于 HT150 灰铸铁； 5. 敲击声哑，如灰铸铁	1. 原铁液硫高； 2. 铁液氧化严重； 3. 铁液量过多； 4. 蠕化剂少或质差； 5. 蠕化剂未发挥作用（包底冲入法蠕化剂粘熔于包底；出铁槽冲入法蠕化剂块度大或铁液温度低）； 6. 含 Mg 蠕化剂烧损大； 7. 干扰元素过多	1. 严格掌握原铁液含硫量使之稳定，用低硫生铁或作脱硫处理； 2. 调整冲天炉送风制度；防止铁液氧化； 3. 铁液及蠕化剂准确定量； 4. 蠕化剂分类存放，成分清楚，按原铁液含硫量计算蠕化剂加入量； 5. 包底冲入法处理时有足够的镁、锌等搅拌元素，并不熔粘包底；出铁槽冲入处理时蠕化剂块度适当，铁液温度不应过低，处理时作充分搅拌，液面覆盖； 6. 含 Mg 蠕化剂在包底压实、覆盖；铁液温度不应过高； 7. 防止或减少干扰元素混入。 　　补救措施：若发现炉前三角试样异常，判断为蠕化不成，立即扒渣，补加蠕化剂（一般为加入量的 1/3～1/2）及孕育剂，搅拌，取样，正常后浇注

缺　陷	特　征	原 因 分 析	防止方法及补救措施
蠕化率低，（球化率高）	1. 炉前三角试样断口组织较细，呈银灰色； 2. 两侧缩凹或中心缩松严重（特点与球墨铸铁相同或接近）； 3. 铸件金相组织：球墨大于等于60%； 4. 铸件缩松、缩孔多	处理过头，蠕化剂过多或铁液量少	1. 蠕化剂及铁液定量要准确； 2. 掌握并稳定原铁液含硫量； 3. 严格掌握蠕化剂成分并妥善管理。 补救措施：若炉前判断为处理过头，可补加原铁液，根据三角试样白口宽度决定孕育与否及孕育剂加入量
蠕化衰退	1. 处理后炉前三角试样较正常，浇注中、后期三角试样有蠕化不良的现象； 2. 铸件断口暗灰； 3. 金相组织：片状石墨大于10%； 4. 敲击声哑，如灰铸铁； 5. 性能：$\sigma_b < 260MPa$，甚至低于HT150灰铸铁	1. 处理后浇注时间过长； 2. 处理后覆盖不好，氧化严重（特别是使用Mg蠕化剂时）； 3. 铸件壁厚大，冷却过慢	1. 操作迅速准确，处理后及时浇注； 2. 处理后覆盖好； 3. 厚大蠕墨铸铁要适当过量蠕化处理并在厚壁部位采取速冷工艺措施。 补救措施：浇注后期再取三角试样复检，若发现衰退，如铁液较多，温度较高，可补加蠕化剂及孕育剂，按常规炉前三角试样检验合格后浇注。如果温度低，铁液不多则停止浇注并倾出
白口过大、铸件局部白口、反白口	1. 三角试样白口宽度过大甚至全白口； 2. 铸件边角甚至心部存在莱氏体； 3. 机加工困难； 4. 强度低	1. 孕育量不足； 2. 加孕育剂后搅拌不充分； 3. 蠕化剂过量； 4. 原铁液成分不合适。如C、Si量低，Mn或反石墨化元素过高、产生偏析	1. 孕育足够；采用瞬时孕育（特别是薄铸件）； 2. 搅拌充分； 3. 蠕化处理不过量； 4. 严格控制原铁液化学成分。 补救措施为： 1. 若发现白口过宽，补加孕育剂，充分搅拌； 2. 如发现全白口，大部分因蠕化剂过量，要补加铁液及孕育剂搅拌、取样，合格后浇注； 3. 已铸成的白口件进行高温退火
孕育衰退	1. 炉前三角试样正常，随着时间延长，白口宽度增加； 2. 铸件边角有渗碳体并随浇注时间延长，白口增厚	1. 孕育量不够充分； 2. 孕育剂吸收差； 3. 孕育后停留时间长	1. 充分孕育； 2. 孕育剂块度适当，并有足够高的铁液温度； 3. 采取浮硅孕育等瞬时孕育方法
石墨漂浮	1. 多发生在蠕墨铸铁件上表面； 2. 宏观断口有黑斑； 3. 金相组织，有开花状石墨； 4. 局部强度低	1. 碳当量高； 2. 构件壁厚，冷却速度低； 3. 浇注温度高	1. 控制碳当量； 2. 控制铸件冷却速度； 3. 控制浇注温度

缺 陷	特 征	原 因 分 析	防止方法及补救措施
表面片状石墨层	1. 铸件表层断口有黑边； 2. 金相显微镜下有片状石墨	1. 铸型表面的硫化物与铁液接触时，部分镁、稀土被消耗掉； 2. 铸型表面气相如 O_2、N_2、CO、H_2 等作用于 Mg、稀土，使之消耗； 3. 铸型材料 SiO_2 与镁及稀土发生反应； 4. 铁液中残余镁及稀土量居下限； 5. 镁钛合金处理比稀土硅铁合金处理更易出现片状石墨层； 6. 浇注温度高，冷却速度低易出片状石墨层； 7. 浇注系统过于集中处易出现片状石墨层	1. 刷涂料，使铸型表面含硫量低； 2. 铁液中有足够的残余 Mg 及稀土量； 3. 对表面层要求强度高或不加工表面多的铸件，尽量少用或不用含 Mg 蠕化剂； 4. 控制浇注温度； 5. 工艺上合理安排浇注系统及提高冷却速度
夹渣	1. 铸件上表面处有熔渣层，其周围石墨为片状； 2. 铸件中有夹渣	1. 查中硫、氧等与蠕化剂作用，降低了蠕化剂残余量； 2. 铁液温度低，杂质不易上浮，并流入铸型； 3. 铁液中裹入氧等气体与稀土、镁等作用形成微粒状夹渣	1. 降低原铁液中硫、氧含量； 2. 提高铁液浇注温度； 3. 浇注系统合理，采取挡渣过滤措施

任务 2.4　可 锻 铸 铁

【任务描述】

　　可锻铸铁因其塑性较好，广泛应用于水、气管接头、电力线路器材、汽车拖拉机及农机具、纺织机械、建筑机件等大批量生产的薄壁中小铸件。随着交通、能源、建筑等工程的迅速发展，可锻铸铁件将会大量增加。

【任务分析】

　　可锻铸铁的牌号、组织特征与性能、化学成分、铸造性能、热处理、铸造缺陷及防止方法。

【知识准备】

　　2.4.1　可锻铸铁牌号分级和应用

　　由白口铸坯经过可锻化退火而得到的铸铁即为可锻铸铁。又称马铁或玛钢。可锻铸铁根据不同的热处理方法，可获得石墨化退火可锻铸铁和脱碳退火可锻铸铁两种不同基体组织的可锻铸铁，见表 2 – 20。

表 2 – 20 可锻铸铁的分类

分类		退火特点	金相组织	应用
石墨化退火可锻铸铁	铁素体可锻铸铁（黑心）	白口铸坯在非氧化性介质中进行石墨化退火，莱氏体、珠光体都被分解，退火后坯件韧性高	铁素体 + 团絮状石墨	国内大部分厂家的产品以黑心可锻铸铁为主，主要应用于汽车、拖拉机、农机、铁路、建筑构件、水暖管件、线路金具等
	珠光体可锻铸铁	白口铸坯在非氧化性介质中进行石墨化退火，快速通过共析区只有莱氏体分解，退火后坯件强度高	珠光体（为主）+ 团絮状石墨	用得较少，国外用作汽车发动机曲轴、连杆等零件
脱碳退火可锻铸铁	白心可锻铸铁	白口铸坯在氧化性介质中退火，使渗碳体分解出的碳随时氧化、脱碳、焊接性好	外缘铁素体，中心脱碳不全，有少量珠光体 + 团絮状石墨	国内用得很少，国外用作水暖管件

根据国家标准，黑心可锻铸铁和珠光体可锻铸铁可分八个牌号。白心可锻铸铁分四个牌号。分别见表 2 – 21 和表 2 – 22。

表 2 – 21 黑心可锻铸铁和珠光体可锻铸铁的牌号及力学性能 （GB/T 9440—2010）

牌 号	试样直径 d/mm	抗拉强度 R_m/MPa（min）	0.2% 屈服强度 $R_{p,0.2}$/MPa（min）	伸长度 A/%（min）（$L_0 = 3d$）	布氏硬度（HBW）
KTH275 – 05	12 或 15	275	—	5	≤150
KTH300 – 06	12 或 15	300	—	6	
KTH330 – 08	12 或 15	330	—	8	
KTH350 – 10	12 或 15	350	200	10	
KTH370 – 12	12 或 15	370	—	12	
KTZ450 – 06	12 或 15	450	270	6	150 ~ 200
KTZ500 – 05	12 或 15	500	300	5	165 ~ 215
KTZ550 – 04	12 或 15	550	340	4	180 ~ 230
KTZ600 – 03	12 或 15	600	390	3	195 ~ 245
KTZ650 – 02	12 或 15	650	430	2	210 ~ 260
KTZ700 – 02	12 或 15	700	530	2	240 ~ 290
KTZ800 – 01	12 或 15	800	600	1	270 ~ 320

2.4.2 可锻铸铁的组织特征与性能的关系

金相组织与力学性能的关系见表 2 – 23。

表 2 - 22　白心可锻铸铁的牌号及力学性能（GB/T 9440—2010）

牌　号	试样直径 d/mm	抗拉强度 R_{m}/MPa（min）	0.2% 屈服强度 $R_{\mathrm{p,0.2}}$/MPa（min）	伸长率 A/% （min）（$L_0 = 3d$）	布氏硬度 （HBW）（max）
KTB350 - 04	6	270	—	10	230
	9	310	—	5	
	12	350	—	4	
	15	360	—	3	
KTB360 - 12	6	280	—	16	200
	9	320	170	15	
	12	360	190	12	
	15	370	200	7	
KTB400 - 05	6	300	—	12	220
	9	360	200	8	
	12	400	220	5	
	15	420	230	4	
KTB450 - 07	6	330	—	12	220
	9	400	230	10	
	12	450	260	7	
	15	480	280	4	
KTB550 - 04	5	—	—	—	250
	9	490	310	5	
	12	550	340	4	
	15	570	350	3	

注：1. 所有级别的白心可锻铸铁均可以焊接。

　　2. 对于小尺寸的试样，很难判断其屈服强度，屈服强度的检测方法和数值由供需双方在签订订单时商定。

表 2 - 23　金相组织与力学性能的关系

金相组织及要求	处 理 方 法
石墨形状： 紧密，坚实圆整。 球状石墨，团、球状石墨能获得较好的力学性能；团絮状石墨最常见，能满足一般性能要求；絮状石墨，聚虫状、枝晶状石墨对性能有不良的影响	用稀土、镁处理及采用低温预处理退火可使石墨圆整；Si 量过高，升温过快，第一阶段石墨化温度过高，会使石墨形状恶化，所以 Si 量及第一阶段退火温度不宜过高，一般分别以 Si1.8% 及 980℃ 为限
石墨数量： 100~150 粒/mm^2 为好，综合力学性能较好。 石墨颗粒数对抗拉强度的影响较小，对伸长率的影响较大	Si 高、薄壁、金属型铸造、退火前淬火、孕育处理、低温预处理等皆可增加石墨颗粒数。 加热过快，退火温度过高，铸件壁厚则使石墨粗大，颗粒少
石墨分析： 要求均匀，无方向性分布	孕育剂要适量，孕育剂量太多（如 Bi > 0.01%，Al > 0.01%）会使石墨成串状分布
石墨大小：一般以 0.02~0.07mm 直径较好	与对颗粒数的控制相同

金相组织及要求	处理方法
铁素体基体： 要求大部分或全部为铁素体；并可根据牌号要求保留适当球光体。残留渗碳体不能超标；如能获得粒状珠光体，则可得到较好的综合力学性能及切削加工性能	主要根据化学成分、性能要求控制退火工艺，从而保证珠光体或渗碳体完全分解
晶粒大小： 一般要求 60～250 个/mm²，太粗会使力学性能降低	孕育处理能使石墨细化，从而细化铁素体晶粒

铁素体可锻铸铁中珠光体残留量见表 2－24。铁素体可锻铸铁金相组织与牌号的关系见表 2－25。

表 2－24　铁素体可锻铸铁中珠光体残留量　　　　　　　　　　　　　（%）

类　别 　　　　牌　号	KTH300－06	KTH330－08	KTH350－10	KTH370－12
片状珠光体/%	<30	<20	<15	<10
粒状珠光体/%	<50	<40	<30	<20

表 2－25　铁素体可锻铸铁金相组织与牌号的关系

组　织		要　　求	对应的牌号
石墨形状	1 级	石墨大部分呈球状，允许有不大于 15% 的团絮状等石墨存在，但不允许有枝晶状石墨	KTH370－12
	2 级	石墨大部分呈现团球状、团絮状，允许有不大于 15% 的絮状等石墨存在，但不允许有枝晶状石墨存在	KTH350－10
	3 级	石墨大部分呈团絮状、絮状，允许有不大于 15% 的聚虫状及小于试样截面积 1% 的枝晶状石墨存在	KTH330－08
	4 级	聚虫状石墨大于 15%，枝晶状石墨小于试样截面积的 1%	KTH300－06
	5 级	枝晶状石墨大于或等于试样截面积的 1%	级外
珠光体残余量	1 级	珠光体残余量 ≤10%	KTH370－12 KTH350－10
	2 级	珠光体残余量 >10%～20%	KTH350－10 KTH330－08
	3 级	珠光体残余量 >20%～30%	KTH300－06
	4 级	珠光体残余量 >30%～40%	级外
	5 级	珠光体残余量 >40%	级外
渗碳体残余量	1 级	渗碳体残余量 ≤2%	合格
	2 级	渗碳体残余量 >2%	不合格

续表 2 - 25

组　织		要　　求	对应的牌号
表皮层厚度	1 级	表皮厚度 ≤1.0mm	合格
	2 级	表皮厚度 >1.0~1.5mm	尚合格
	3 级	表皮厚度 >1.5~2.0mm	不合格
	4 级	表皮厚度 >2.0mm	不合格
其　他		石墨分布应均匀、无方向性，石墨颗粒数一般在 100 颗/mm² 以上为好	

注：珠光体残余量多时，强度提高，但塑性下降。在确定牌号时，以其中低的一项指标为准，故珠光体残余量多，牌号就低。

2.4.3　可锻铸铁的化学成分

2.4.3.1　化学成分的选定原则

（1）保证铸件任一截面在铸态时全白口，不出现麻点，否则会显著降低力学性能。

（2）有利于较快的石墨化过程，以保证短时间内完成石墨化退火，缩短生产周期。

（3）有利于提高力学性能。

（4）在不影响力学性能的情况下，兼顾铸造性能，从而提高产品的合格率。

2.4.3.2　化学成分选择

根据国家标准，可锻铸铁的化学成分可分三类，即铁素体可锻铸铁化学成分，珠光体可锻铸铁化学成分，白心可锻铸铁化学成分。推荐数值见表 2 - 26。

黑心可锻铸铁牌号与化学成分见表 2 - 27。我国部分工厂实际使用的可锻铸铁化学成分见表 2 - 28。化学成分对力学性能的影响见表 2 - 29。

表 2 - 26　可锻铸铁化学成分（质量分数）　　　（%）

元素　名称	C	Si	Mn	P	S
铁素体可锻铸铁	2.4~2.8	1.2~1.8	0.3~0.6	<0.1	<0.2
珠光体可锻铸铁	2.3~2.8	1.3~2.0	0.4~0.65	<0.1	<0.2
白心可锻铸铁	2.8~3.4	0.7~1.1	0.4~0.7	<0.2	<0.2

表 2 - 27　黑心铁素体可锻铸铁牌号与化学成分（质量分数,%）的关系

牌　号	一　般　工　艺					采用 Al，Bi 孕育处理				
	C	Si	Mn	P[①]	S	C	Si	Mn	P[①]	S
KTH300 - 05	2.7~3.1	0.7~1.1	0.3~0.6	<0.2	0.18	2.75~2.95	1.25~1.45	0.35~0.65	<0.12	≤0.25
KTH330 - 08	2.5~2.9	0.8~1.2	0.3~0.6	<0.2	0.18	2.65~2.85	1.35~1.55	0.35~0.65	<0.12	≤0.2
KTH350 - 10	2.4~2.8	0.9~1.4	0.3~0.6	<0.2	0.12	2.45~2.65	1.45~1.65	0.35~0.65	<0.12	≤0.15
KTH370 - 12	2.2~2.5	1.0~1.5	0.3~0.6	<0.2	0.12	2.35~2.55	1.55~1.75	0.35~0.65	<0.12	≤0.10

① 尽可能控制 $w(P) \leq 0.1\%$。

表 2 - 28　国内部分工厂实际使用的铁素体可锻铸铁化学成分（质量分数）　（%）

产品名称	牌　号	化 学 成 分						孕育剂加入量			
		C	Si	Mn	P	S	Cr	Bi	Al	B	其他
水暖件	KTH330 - 08	2.6 ~ 2.8	1.5 ~ 1.8	0.55 ~ 0.70	<0.12	<0.25	<0.05	0.01	0.01	—	—
农机配件	KTH330 - 08	2.5 ~ 2.8	1.4 ~ 1.8	0.5 ~ 0.7	<0.1	<0.25	<0.06	0.005	0.009	—	—
汽车零件	KTH350 - 10	2.6 ~ 2.8	1.4 ~ 1.6	0.4 ~ 0.6	<0.07	0.15 ~ 0.30	<0.06	0.01	0.01	0.002	—
瓷瓶钢帽	KTH350 - 10	2.4 ~ 2.7	1.3 ~ 1.7	0.4 ~ 0.6	<0.07	0.15 ~ 0.30	<0.06	0.005 ~ 0.01	0.007 ~ 0.01	—	—
阀门	KTH350 - 10	2.3 ~ 2.8	1.4 ~ 1.9	0.5 ~ 0.8	<0.05	0.15 ~ 0.20	<0.05	0.04	—	—	Si 0.3
汽车零件	KTH350 - 10	2.4 ~ 2.7	1.2 ~ 1.6	0.4 ~ 0.6	<0.07	0.12 ~ 0.15	<0.06	0.005 ~ 0.012	0.005 ~ 0.01	—	1 号合金 0.2 ~ 0.4
铁道配件	KTH350 - 10	2.5 ~ 2.7	1.5 ~ 1.8	0.4 ~ 0.5	0.06 ~ 0.08	0.15 ~ 0.20	<0.06	0.003 ~ 0.005	<0.01	—	—

表 2 - 29　化学元素对力学性能的影响

元　素	对力学性能的影响
C	增高碳量会使石墨数量及尺寸增加，使强度、伸长率下降
Si	硅能增高可锻铸铁的强度及伸长率，但 $w(Si) > 1.8\%$ 有可能恶化石墨形态，导致力学性能下降。当 Si、P 两元素同处高水平数量时，则易引起回火脆性及低温脆性，并使脆性转化温度上升
P	磷量 >0.1% 时，易偏析，出现磷共晶，导致伸长率下降、脆性增高
Mn、S	锰、硫超过规定值，会因退火时间不足而在铸件中残留渗碳体及珠光体，使伸长率不合格
Cr	应限制在 0.06% 以下，否则易使残留渗碳体超标，导致伸长率下降

2.4.4　可锻铸铁的铸造性能、铸造工艺特点

2.4.4.1　可锻铸铁的铸造性能特点

（1）流动性较差。可锻铸铁由于 C、Si 量较低，废钢加入量较大，铁液流动性较差。因此，要求铁液具有较高的出炉温度和浇注温度（高于 1360℃），以防止出现冷隔、浇不足及夹渣等缺陷。

（2）液态收缩大、铸造应力大。由于可锻铸铁铸态为全白口组织，凝固时无石墨析出，使其收缩较灰铸铁大（体收缩一般为 5.3% ~ 6.0%，线收缩约为 1.8%）。因此，易产生缩孔、缩松；应力大，易产生变形和开裂等缺陷。

（3）含气量较大。随铁液过热温度的提高，含气量增加。相同条件下比灰铸铁含气量高，从而铸件易产生气孔，特别是易产生皮下气孔。

2.4.4.2　可锻铸铁的铸造工艺特点

由于可锻铸铁的铸造性能比灰铸铁差，因此在制定铸造工艺时应注意一下几个方面：

（1）采取使铁液经直浇道、横浇道、暗冒口然后再进入铸件的浇注系统，浇道的截面积应较大些（比灰铸铁约大 20% 左右）。浇注时快浇，在横浇道上设置集渣包，以增强挡渣能力，其典型浇注系统如图 2 - 9 所示，各部分的尺寸参考数据为：

$$F_直 : F_横 : F_{最小} : F_内 = 1.5 \sim 2.5 : 1.5 \sim 2.0 : 1 : 1.5 \sim 2.0$$

（2）冒口习惯上采用暗冒口，工艺设计特别注意冒口和冷铁的结合使用，以增强补缩能力。要求铸型和型芯具有较好的退让性。

（3）与灰铸铁相比铸型中的水分含量要少，要有足够的透气性，以防产生皮下气孔。

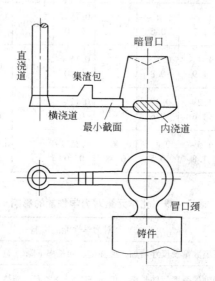

图 2 - 9　可锻铸铁典型浇注系统示意图

2.4.5　可锻铸铁的退火热处理

2.4.5.1　可锻铸铁的石墨化退火原理

（1）黑心可锻铸铁的石墨化原理。可锻铸铁的固态石墨化过程，实际上就是白口铸铁毛坯件在高温下依据 $Fe_3C = 3Fe + C_石墨$，使组织中的渗碳体（Fe_3C）分解而析出团絮状石墨的过程。一般认为，石墨化过程是渗碳体逐步固溶于奥氏体中，然后再通过奥氏体，在界面上析出石墨核心，并逐渐长大成团絮状石墨。

将白口毛坯件加热到共析临界温度范围 Ac_1 以上（900 ~ 950℃）进行保温，促使自由渗碳体分解，这称之为第一阶段石墨化（也称高温石墨化）。然后随炉冷却至共析临界温度范围 Ar_1 以下（约 700 ~ 750℃）进行保温或缓慢通过共析临界温度范围，使珠光体中的渗碳体发生分解，这称其为第二阶段石墨化（也称低温石墨化）。

在固态下的石墨化过程中，有两个因素起着主要的作用：一是析出石墨的核心数量的多少。析出石墨核心数量愈多，碳原子的扩散距离也就愈短，一、二阶段的石墨化速度也就愈快。这可通过细化初晶组织、孕育处理或其他方法得以实现，使奥氏体和渗碳体相界面增多，使石墨核心数量增加，以达到缩短石墨化退火周期的目的。二是碳原子的扩散速度，碳原子的扩散速度愈快，一、二阶段的石墨化时间就愈短。这可通过提高退火温度，使碳原子的扩散速度加快，但温度过高，易使石墨形状恶化；同时还可通过提高铸铁中促进石墨化元素的含量，以加快石墨化退火的速度，但应注意必须保证铸态全白口组织。

（2）白心可锻铸铁的脱碳退火原理。将白口毛坯在氧化性气氛中进行退火处理，高温时表层 Fe_3C 分解出的 C 被炉气氧化成 CO 和 CO_2，表层脱碳，在铸件的断面上形成碳的浓度梯度，使 C 不断由里向表扩散，促使白口毛坯中的 Fe_3C 不断向 A 中溶解，而扩散出的碳不断地被氧化。其基本反应为 $C + O_2 = CO_2$，$C + CO_2 = CO$。在脱碳的同时也发生着石墨化过程。

脱碳过程的实质是一个碳的氧化过程，炉内的氧化组成和温度对脱碳过程影响较大。生产中一般有固体（固体氧化介质主要是氧化铁皮、铁矿石等，粒度在 3 ~ 9mm，退火温度一般为 950 ~ 1050℃）脱碳法和气体（空气、水蒸气等，退火温度一般为 950 ~ 1050℃）脱碳法两种。我国通常采用固体脱碳方法。

2.4.5.2　可锻铸铁的退火

A　退火炉

用于黑心可锻铸铁石墨化退火的加热炉种类很多。按其所用的热源分有电炉、油炉、煤气炉、天然气炉、煤粉炉及块煤炉；按操作制度分有连续式和周期式加热炉；按炉底活动方式分有炉底固定式、炉底升降式和台车式加热炉等。我国目前生产中使用较多的是以块煤或煤粉作燃料的台车式室状退火炉。有些专业化大厂则使用连续作业式退火炉或炉底升降式电炉。

B　退火箱及装炉

为了防止铸件在退火过程中被炉气氧化侵蚀，一般均将铸件装在退火箱中，用泥土或耐火泥把退火箱密封后进行退火。

退火箱有圆形和长方形，用白口铸铁铸成。也有用高铬耐热铸铁浇注的，虽成本高，但其使用寿命是白口铸铁退火箱的数倍。其规格大小可视各厂的产品种类、形状及炉型而定。圆形退火箱直径 $\phi500 ~ 700mm$，高 400 ~ 600mm；方形退火箱为 500mm × 500mm ~ 1000mm × 1000mm，高 400 ~ 600mm。

铸件装箱时，一般不用填料。因此应注意防止铸件在高温作用下的变形。用台车式退火炉，装炉时应注意将下层退火箱用耐火砖垫起，各退火箱之间应有一定的距离（100 ~ 200mm），以保证炉气顺利流通和升温均匀，一般厚大件放在高温处，薄小件放在低温处。

C　退火过程的控制与检查

控制与检查包括温度和试样两个方面。用热电偶测温，按退火工艺曲线要求进行控制和调节燃烧过程，使炉内温度符合退火要求。

通常在退火过程中试样要检查两次：第一次是第一阶段石墨化保温结束，断口应呈灰色，组织为珠光体 + 团絮状石墨，若断口中夹有亮白色斑点或条块，则表示渗碳体未分解完全，应适当延长保温时间；第二次是在第二阶段石墨化保温结束，此时断口呈黑绒状，边缘有一脱碳层，组织为铁素体 + 团絮状石墨，如果断口仍有白色颗粒（亮点），说明尚有珠光体未分解完，应继续保温。当第二阶段石墨化完成后即可进行降温，使铸件随炉冷至 650℃ 出炉空冷，以防止缓冷脆性的产生。

试样尺寸根据铸件壁厚大小而定，用同一炉铁液单铸或附铸均可，试样应装在小箱内，放在能反映退火炉内全炉情况的取样孔处。

　　D　典型可锻铸铁退火工艺

　　a　铁素体可锻铸铁的退火工艺

　　如图 2 - 10 为铁素体可锻铸铁的退火曲线及组织变化示意图，其过程可分为如下五个阶段：

　　升温阶段（0～1）。此阶段使白口毛坯件由室温 0 点升到 950℃左右（或稍高一点），此时铸铁的组织由珠光体 + 渗碳体转变成奥氏体 + 渗碳体。在此升温阶段，也可在 400℃左右稍加停留，即低温预处理，经低温预处理后可以增加石墨核心，缩短退火时间。

　　第一阶段石墨化（1～2）。在此阶段进行保温，自由渗碳体不断溶入奥氏体而逐渐消失，团絮状石墨逐渐形成，到第一阶段石墨化快要结束的 2 点，铸铁组织已由原来的奥氏体 + 莱氏体转变为奥氏体 + 团絮状石墨。这个阶段所需的时间长短以自由渗碳体能全部分解完为准，且保温时间不能过长。

　　中间阶段（2～3）。指从高温冷却到稍低于共析温度（710～730℃）的阶段。随着温度的降低，奥氏体中的碳逐渐脱溶，依附在已生成的团絮状石墨上，使石墨长大。到 3 点其组织转变为珠光体 + 团絮状石墨。此阶段要注意控制冷却速度，过快会出现二次渗碳体，过慢又会使退火周期延长。

　　第二阶段石墨化（3～4）。在 710～730℃处保温，可使共析珠光体逐渐分解成铁素体 + 石墨，石墨继续向已有的团絮状石墨上附着生长，到 4 点时组织转变为铁素体 + 团絮状石墨。此阶段所需时间由珠光体能否分解完毕而定。在此阶段也可采用从 2 点到 4 点以 3～5℃/h 的缓慢速度通过共析区，这样奥氏体可直接转变为铁素体 + 石墨。使石墨化速度加快。

　　冷却阶段（4～室温）。到 4 点以后，再继续保温并不发生组织转变，这时可用较快的冷却速度冷却，以防止回火脆性的产生，当冷至 500～600℃时可出炉空冷直到室温。

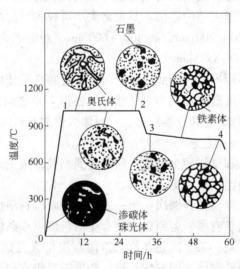

图 2 - 10　退火曲线及组织变化示意图

　　b　珠光体可锻铸铁的退火工艺

　　珠光体可锻铸铁的退火工艺与铁素体可锻铸铁的第一阶段石墨化相同，只是没有第二阶段石墨化。在第一阶段石墨化终了后降温至 850~870℃以较快的冷却速度(出炉空冷)通过共析转变温度区,从而得到珠光体(团絮状石墨的组织)。其退火工艺如图 2-11 所示。

为了进一步提高珠光体可锻铸铁的力学性能,可以采取以下几个方面的措施:

适当提高和加入稳定珠光体的元素。生产珠光体可锻铸铁时常将 Mn 量提高到 $w(Mn)=0.8\%~1.2\%$;加入 $w(Sn)=0.1\%$ 可以稳定和细化珠光体,提高其硬度和强度,并能加速第一阶段的石墨化;加入 $w(Cu)=1.2\%~1.5\%$,也有明显的效果;除此之外,还有加入 Sb、V、B 等合金元素。

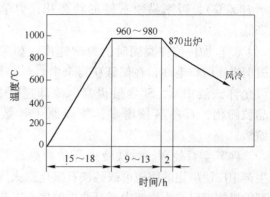

图 2-11 珠光体可锻铸铁退火工艺曲线

适当调整热处理退火工艺。随炉加热至 910℃,经 10~15h 缓慢升温至 950℃,然后强制冷却(鼓风或喷雾),冷却速度应大于 30℃/min,可得细片状珠光体;第一阶段石墨化后,随炉降温至 800℃,出炉空冷,冷却速度大于 30℃/min,可得混合基体的珠光体可锻铸铁;第一阶段石墨化后,再进行油淬和高温回火,可得到具有良好综合力学性能和切削性能的粒状珠光体可锻铸铁。

c 白心可锻铁的退火工艺

白心可锻铸铁的脱碳时间可用经验公式进行计算:

$$t = AL(w(C)_0 - w(C)_t)^m \qquad (2-1)$$

式中 A, m——温度系数,其值见表 2-30;

L——铸件壁厚之半;

$w(C)_0$——铸件脱碳前的含碳量;

$w(C)_t$——铸件脱碳后的平均含碳量。

表 2-30 系数 A 和 m 值

温度/℃	975	1000	1025	1050
A	1.12	0.88	0.64	0.48
m	2.50	2.75	3.0	3.25

白心可锻铸铁退火工艺曲线见图 2-12。

2.4.5.3 缩短可锻铸铁石墨化退火周期的主要措施

在可锻铸铁生产中,石墨化退火时间长是制约可锻铸铁发展的一个很重要因素。因此,如何缩短石墨化退火周期已成为可锻铸铁生产中的一个重要环节,主要措施如下:

(1)正确合理地选择铁液化学成分。在保证铸态获得全白口的前提下,适当提高 C、Si 量(特别是 Si 量不宜过低),降低 Mn、S 量($w(Mn)$、$w(S)<0.12\%$)及 Cr 量($w(Cr)<0.06\%$)和氧、氢、氮含量。

(2)适当提高退火温度。适当提高退火温度既可加快碳原子的扩散,又可增加石墨晶核的数量，缩短退火时间。但温度不宜过高（低于1000℃），否则易使石墨形状恶化，力学性能降低。

（3）加快铸件凝固时的冷却速度。如采用金属型浇注白口毛坯，在保证获得全白口的条件下，可允许铁液中C、Si含量提高，冷却速度加快，晶粒细化，石墨晶核增多，使碳原子扩散距离缩短。

（4）孕育处理。对铁液进行孕育处理是目前生产中广泛应用的缩短可锻铸铁石墨化退火周期的有效措施，已成为生产中不可缺少的生产工艺。

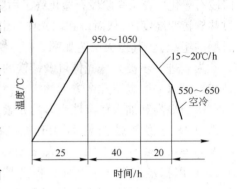

图2-12 白心可锻铸铁
退火工艺曲线

有的厂在铁液中加入 $w(B) = 0.001\%$ ~ 0.002%，$w(Bi) = 0.006\%$ 在电炉进行退火，其平均退火周期可缩短30h。

有的厂采用低温时效和加Al、Bi孕育。在炉前加入 $w(Al) = 0.01\%$ ~ 0.015% 和 $w(Bi) = 0.006\%$ ~ 0.02% 进行孕育，处理后在热处理时先将其在300~500℃内保温4~5h，然后再继续升温进行一、二阶段石墨化，可使退火时间缩短15%~20%。

还有的厂在生产高压输电线路铁帽时采用在液体介质中退火。将可锻铸铁件放入盐液中，使第一阶段石墨化仅需30min，第二阶级石墨化只需40min即可。

也可采用Al-B-Bi，Re-Bi，Al-Te，B-Te等复合孕育剂进行孕育处理。

（5）正确设计和选用、操作退火炉。要求使铸件均匀、迅速加热和冷却。

2.4.6 可锻铸铁的缺陷及防止方法

2.4.6.1 铸造缺陷

可锻铸铁坯件为亚共晶白口铁，它的碳、硅量低，浇注温度高，因而容易产生铸造缺陷。与可锻铸铁材质有关的铸造缺陷及防止方法见表2-31。

表2-31 可锻铸铁的铸造缺陷及防止方法

缺陷名称	特 征	产 生 原 因	防 止 方 法
浇不到	铸件外形残缺，边角圆滑，多见于薄壁部位	1. 铁液氧化严重，碳、硅量低，硫量偏高； 2. 浇注温度低，浇速慢或断续浇注	1. 检查风量是否过大； 2. 加接力焦，调整底焦高度； 3. 提高浇注温度和浇注速度，浇注中不得断流
缩孔、缩松	孔穴表面粗糙不平，带有树枝状结晶，孔洞集中的为缩孔，细小分散的为缩松，多见于热节部位	1. 碳硅量过低，收缩大，冒口补缩不足； 2. 浇注温度过高，收缩大； 3. 冒口颈过长，断面过小； 4. 浇注温度过低，铁液流动性差，影响补缩； 5. 孕育不当，凝固为板条状白口组织，不易补缩	1. 控制铁液化学成分，防止碳、硅量偏低； 2. 严格掌握浇注温度； 3. 合理设计冒口，必要时辅以冷铁，确保顺序凝固； 4. 适当增加铋的加入量

缺陷名称	特 征	产 生 原 因	防 止 方 法
热裂、冷裂	热裂为高温沿晶界断裂,形状曲折,呈氧化色,内部热裂纹常与缩孔并存;冷裂在较低温时产生,穿晶断裂,形状平直,表面有金属光泽或有轻微氧化色	1. 凝固过程收缩受阻; 2. 铁液中碳量过低,硫量高、浇注温度过高; 3. 铁液含气量大; 4. 复杂件打箱过早	1. 改善型、芯的退让性; 2. 碳的质量分数不宜低于2.3%; 3. 控制硫量; 4. 冲天炉要充分烘炉,风量不能过大; 5. 避免浇注温度过高,并提高冷却速度,以细化晶粒; 6. 控制打箱温度
枝状疏松、针孔	铸件断口表面有针形树枝状疏松,向内部伸展,呈黑灰氧化色,多见于皮下、缓冷部位和两壁交接处	1. 炉前加铝过量; 2. 炉后错用了含铝的废机件; 3. 型砂水分过多; 4. 补缩不足	1. 控制加铝量,厚铸件可不加铝; 2. 使用合格炉料; 3. 降低型砂水分,防止反应性氢导致针孔; 4. 提高浇注温度,并加强补缩
灰点、灰口	铸件断口上有小黑点,或断口呈灰黑色;金相观察有片状石墨	1. 铁液碳、硅量过高; 2. 铋量不足,或包内投铋过早造成铋的过多烧损; 3. 较大铸件,浇口过于集中	1. 根据铸件壁厚,调整碳、硅量; 2. 严格控制加铋工艺; 3. 分散内浇道,防止浇道处因过热而产生灰点
反白口	铸件边缘部位出现灰口,而中心部位为白口	1. 铁液碳、硅量过高,导致含氢量偏高; 2. 铬等碳化物形成元素的偏析	1. 控制碳、硅量在规定范围之内,并注意烘炉、烘包; 2. 认真挑拣废钢,并控制废钢尺寸

2.4.6.2 退火缺陷

可锻铸铁的退火缺陷及防止方法见表2-32。

表2-32 可锻铸铁的退火缺陷及防止方法

缺陷名称	特 征	产 生 原 因	防 止 方 法
退火不足（硬品）	力学性能不合要求:断后伸长率低,硬而脆;金相组织中有过量珠光体和渗碳体;黑心可锻铸铁断口出现亮白点	1. 铁液硅低,或硫高,锰硫比不当; 2. 铁液铬高或氧、氢、氮量超限; 3. 第一阶段退火温度低、时间不足;第二阶段退火时间短,或保温温度偏高; 4. 脱碳退火温度过低,或退火气氛控制不当; 5. 退火炉温差大; 6. 测温仪不准,不能指导生产; 7. 退火箱上煤粉过度堆积,影响传热	1. 调整和控制好铁液化学成分; 2. 当发现成分不当时,应提高第一阶段退火温度,延长退火时间; 3. 改进退火炉、减少温差; 4. 提高退火炉保温能力,以避免第二阶段退火时重新添加燃料的退火操作,同时应保证第二阶段退火能有足够缓慢的降温速度; 5. 注意煤粉粒度和加煤量,以免煤粉在炉内堆积; 6. 定期检修测温仪; 7. 厚铸件应装在炉内高温部位
变形	铸件翘曲、不圆,尺寸、形位不准	1. 铸件装箱不当,受压受挤,或长件缺少依托; 2. 铸坯缩尺不准,未确切考虑到铸件在退火过程中的石墨化膨胀; 3. 第一阶段退火温度过高	1. 合理装箱,长而大的铸件应放在隔板上,注意隔板间距,必要时要加填料或撑杆; 2. 退火温度不宜过高; 3. 已发生变形的铸件,可整形矫正

续表 2 - 32

缺陷名称	特　征	产生原因	防止方法
表面严重氧化	表面有紫黑色氧化皮层，白心可锻铸铁甚至易出现起壳掉皮	1. 退火箱密封不严，或泥封脱落； 2. 第一阶段退火温度过高、时间过长； 3. 炉气氧化性过强； 4. 煤粉喷火口不是正对火道，而是直喷退火箱，烧毁退火箱导致铸件氧化	1. 重视泥封工序，封箱泥不能过稀，否则容易受热开裂； 2. 控制第一阶段温度不要过高； 3. 煤粉炉过剩空气不能大； 4. 必要时，在白心可锻铸铁氧化填料中掺加黄砂； 5. 放置退火箱时，要使喷火口对着火道； 6. 采用高铬钢退火箱
过　烧	铸件表面粗糙，边缘熔化，晶粒粗，石墨粗大呈鸡爪状；表层有白亮珠光体区，硬度高，影响切削加工，严重时有铸件黏结现象	1. 第一阶段退火温度过高，时间过长； 2. 退火炉温差大，致使局部区域炉温太高； 3. 测温仪失灵，指示温度偏低	1. 第一阶段退火温度不要超过980℃； 2. 改进退火炉，均匀炉温； 3. 定期校修测温仪
石墨形态分布不良	石墨松散、分叉，甚至有鸡爪状，或有枝晶状石墨，或石墨成串分布	1. 铁液硅量过高； 2. 碳、硅量与壁厚配合不当，铸坯中有 D 型石墨； 3. 晶界低熔点磷、硫共晶物多； 4. 第一阶段退火温度高； 5. 孕育不当	1. 硅的质量分数不宜超过 2.1%； 2. 正确控制碳、硅量； 3. 控制磷、硫量； 4. 第一阶段退火温度严加控制； 5. 孕育加硼的质量分数不超过0.004%，加铝的质量分数不超过0.02%
表皮层过厚	观察断口，边缘白色圈深度超过1.5mm；影响切削加工	1. 第一阶段退火温度偏高； 2. 退火箱泥封不严； 3. 炉氧化性较强	1. 控制第一阶段退火温度，一般在950℃以下时表皮层不大； 2. 认真封箱； 3. 不得把潮湿铸件装箱； 4. 控制退火炉供风量
回火脆性（白脆）	冲击韧性和断后伸长率很低、断口呈白色，沿晶界断裂；但光学显微镜下观察，无异常，仍为铁素体＋团絮状石墨	1. 出炉温度偏，因而通过550～400℃时冷却太慢，在铁素体晶界析出了碳化物、磷化物、氮化物； 2. 铸铁磷高，加上硅高时，更易发生回火脆性	1. 应在 650～600℃出炉快冷； 2. 控制铁液中磷、硅、氮量； 3. 铁液中加稀土硅铁，在一定程度上有利于防范回火脆性； 4. 已发生回火脆性时，可重新加热到 650～700℃保温后，随即出炉快冷，脆性即可消失

2.4.6.3　热镀锌缺陷

可锻铸铁产品中的电力线路金具和管路连接件等都要进行热镀锌，以提高耐腐蚀能力和增加美感。热镀锌工艺多采用烘干熔剂法。热镀锌包括前处理、热镀和后处理，其工艺过程如下：

退火件先进行抛丸清理和酸洗处理，清除表面黏附物和氧化皮。然后入氯化锌熔剂或氯化锌、氯化铵混合熔剂中进行助镀处理，在铸件表面形成一层熔剂膜，既防止再氧化，又活化表面，以提高表面对锌液的润湿能力，增加镀层对铸件的结合力。之后进行烘干预热，随即浸入锌池热镀，锌液中加有少量铝以减少锌的氧化（即减少锌灰），并使镀层光亮。镀锌温度目前多在580～620℃，若能实现450～470℃低温镀锌，则镀层结构、性能更好，生产更为经济。镀后，应迅速甩去铸件上的余锌，入氯化铵溶液中进行钝化处理，再转到流动的热水中浸抖，趁热取出在空气中干燥，完成全部操作。

可锻铸铁的热镀锌缺陷及防止方法，见表2－33。

表2－33　可锻铸铁的热镀锌缺陷及防止方法

缺陷名称	特 性	产生原因	防止方法
漏镀（漏铁）	表面局部露铁，或有焦斑，或粘有黄色锌灰及砂粒、杂物等	1. 铸件在熔剂中未浸匀； 2. 铸件相互碰撞黏附； 3. 烘干时间过长、温度过高，造成表面烧焦； 4. 烘板不干净或有漏火； 5. 铸件出入锌液时，被锌灰、浮渣污染。浸镀时，铸件翻动不够； 6. 铸件原有粘砂、毛刺、气孔、氧化皮未清理干净； 7. 熔剂内有积污或熔剂浓度过高或已经失效； 8. 退火后的铸件上漏出皮下气孔或缩松，酸洗时渗酸渗氢，致使漏镀	1. 浸透熔剂； 2. 铸件出锌液后，趁热使彼此分离，不碰撞黏附； 3. 烘件时勤翻动，使受热均匀； 4. 清扫烘板，检查有无漏火； 5. 铸件出入锌液前要将锌灰、浮渣刮净，浸镀时要勤翻动； 6. 抛丸清理后应认真检查表面质量； 7. 定时清除熔剂内积污，保持熔剂浓度； 8. 烘板温度不超过300℃，铸件表面温度在80～100℃； 9. 漏镀件可作回镀处理
皱皮	表面有高低不平的条形皱纹	1. 熔剂温度过低； 2. 浸水时，入水速度过快； 3. 锌液温度偏高，冷却水温度偏低	1. 熔剂温度在80℃左右； 2. 接触水面时，入水速度要放慢； 3. 调整锌液温度与水流量
锌疙瘩	表面有米粒状疙瘩	1. 锌液加铝过多； 2. 锌液温度过低，流动性差； 3. 冷却水温度过高； 4. 铸件下水速度过快	1. 当多余铝液浮于锌液表面时，可加锌灰，一起将其与浮铝刮除；加入锌锭； 2. 调整锌液温度； 3. 调整冷却水流量，放慢下水速度； 4. 有疙瘩件可作回镀处理
表面粗糙（硬锌粒）	有粒状粗糙面，有锌刺，无光泽	1. 锌液温度过高，锌渣泛起，含铁量增高； 2. 氯化铵溶液浓度、温度不够； 3. 镀池底锌渣受到搅动	1. 降温后捞锌渣。补锌锭，降低含铁量； 2. 提高氯化铵溶液浓度、温度； 3. 镀池底放架子板，减少底部锌渣搅动； 4. 采用矾土水泥为镀锌池
表面发黑	表面全部呈黑色	接触氯化铵溶液的时间过长	1. 控制接触氯化铵溶液的时间； 2. 水冷时洗净氯化铵残液
表面发白、发黄	表面全部或局部发白、发黄、无光泽	1. 铸件出锌液后停放时间过长，或浸水后出水温度高，表面会发白； 2. 锌液温度过高； 3. 锌液含铝量过低，冷却水中含有氯化铵或杂质，表面会发黄	1. 铸件从锌液取出后，应立即进入后继工序； 2. 调整锌液温度； 3. 适当加铝； 4. 流动的冷却水，不应含有泥土、杂物、有机物等； 5. 铸件出水温度应控制在80～100℃

缺陷名称	特　性	产 生 原 因	防 止 方 法
白斑、灰斑	表面有白斑、灰斑，有时当日出现，有时次日才出现	1. 铸件表面氯化铵残余未清洗干净，又受水气侵蚀，出现白斑； 2. 使用了含铅、镉多的低质锌锭，使镀层富含铅、镉，在水气作用下因电化学腐蚀而生灰斑； 3. 镀层上有凝结水，在氧、二氧化碳、硫化氢、烟灰、尘土等作用下，腐蚀产生粉状白斑，俗称白锈	1. 氯化铵质量分数不宜过高，以 10% ~ 15% 为宜； 2. 铸件在冷却水中清洗要晃动，要浸没在水中； 3. 出水温度应在 80 ~ 100℃，以使铸件能借自身热量干燥； 4. 锌锭含铅、镉的质量分数均应小于 0.05%； 5. 镀件应存放于干燥处； 6. 白锈处可先用水洗擦干，再蘸滑石粉加苛性钠浆液刷除；对灰暗的白锈用醋酸、草酸等弱酸清洗，再用热水浸泡后自干
过酸洗	表面有凹凸不平的斑点或局部穿透，常发生在硫酸酸洗条件时	1. 洗液中硫酸浓度过高； 2. 酸洗时间过长	1. 控制硫酸浓度； 2. 酸洗液中加缓蚀剂； 3. 控制酸洗时间； 4. 切勿将铸件遗忘在酸洗槽中
回火脆性	镀件发脆，断口呈白色	镀锌温度不当，正好在 400 ~ 550℃ 的白脆形成区，而且铸件又掉在镀池底时间长。若为正常的浸镀时间，一般不会出现回火脆性现象	1. 按规定的浸镀温度和浸镀时间操作； 2. 当已发生白脆现象时，可在 580 ~ 620℃ 下作回镀处理

　　镀层厚度、表面色泽及镀锌缺陷与锌液中的含铁量密切相关。在高温镀锌（580 ~ 620℃）条件下，锌、铁反应较为活跃，锌液中的铁量会随着工作时间的延长而逐渐增加，致使锌液黏度提高。生产中为了保证浸镀性，不得不逐步提高镀锌温度来改善锌液的流动性，这样又加剧了锌、铁反应。锌、铁化合物沉到镀池底为锌渣。如果受到机械搅动或热对流作用，锌渣泛起，更危及镀件表面质量。因此，为了减少铁损、减少锌耗、确保镀件质量，应采取以下措施：

　　（1）以铸铁为镀池时，应采用较耐锌、铁反应的专用铸铁锅，并废除底加热方式，另设燃烧室，利用热气流对锅的侧壁供热（少部分热气流加热镀池底）。

　　（2）用矾土水泥作镀池，采取反射式上加热法，或采用插入电热器的内加热法，杜绝镀锌池的增铁问题。

任务2.5　耐 热 铸 铁

【任务描述】

　　耐热铸铁必须具有一定的室温和高温力学性能，还必须在高温具有良好的抗氧化和抗生长性。在工程上耐热铸铁被用于高温下工作，如加热炉的炉底板和炉栅、热风管、熔化用铸铁坩埚、退火箱、锅炉配件等。

【任务分析】

　　耐热铸铁一般分为四类：镍系铸铁，铬系铸铁，中硅铸铁，铝系铸铁。

【知识准备】

当铸铁在某温度下 150h 的氧化增质（重）速度≤0.5g/(m² · h)，生长率≤0.2%时，该温度称为该铸铁的耐热温度或工作温度。本节将上述二参数分别称为抗氧化性良好和抗生长性良好的指标。

2.5.1 耐热铸铁的牌号

GB/T 9437—2009《耐热铸铁件》规定了在 1100℃以下工作的耐热铸铁的牌号、化学成分、性能，见表 2-34。适用于砂型或导热性相当于砂型铸造的铸件。

表 2-34 耐热铸铁的成分、室温和高温抗拉强度、使用条件和应用举例（GB/T 9437—2009）

铸铁牌号	化学成分（质量分数）/%						
	C	Si	Mn	P	S	Cr	Al
			不大于				
HTRCr	3.0~3.8	1.5~2.5	1.0	0.10	0.08	0.50~1.00	—
HTRCr2	3.0~3.8	2.0~3.0	1.0	0.10	0.08	1.00~2.00	—
HTRCr16	1.6~2.4	1.5~2.2	1.0	0.10	0.05	15.00~18.00	—
HTRSi5	2.4~3.2	4.5~5.5	0.8	0.10	0.08	0.5~1.00	—
QTRSi4	2.4~3.2	3.5~4.5	0.7	0.07	0.015	—	—
QTRSi4Mo	2.7~3.5	3.5~4.5	0.5	0.07	0.015	Mo0.5~0.9	—
QTRSi4Mo1	2.7~3.5	4.0~4.5	0.3	0.05	0.015	Mo1.0~1.5	Mg0.01~0.05
QTRSi5	2.4~3.2	4.5~5.5	0.7	0.07	0.015	—	—
QTRAl4Si4	2.5~3.0	3.5~4.5	0.5	0.07	0.015		4.0~5.0
QTRAl5Si5	2.3~2.8	4.5~5.2	0.5	0.07	0.015		5.0~5.8
QTRAl22	1.6~2.2	1.0~2.0	0.7	0.07	0.015		20.0~24.0

铸铁牌号	最小抗拉强度 R_m/MPa	硬度（HBW）
HTRCr	200	189~288
HTRCr2	150	207~288
HTRCr16	340	400~450
HTRSi5	140	160~270
QTRSi4	420	143~187
QTRSi4Mo	520	188~241
QTRSi4Mo1	550	200~240
QTRSi5	370	228~302
QTRAl4Si4	250	285~341
QTRAl5Si5	200	302~363
QTRAl22	300	241~364

铸铁牌号	使 用 条 件	应 用 举 例
HTRCr	在空气炉气中，耐热温度到 550℃。具有高的抗氧化性和体积稳定性	适用于急冷急热的，薄壁，细长件。用于炉条、高炉支架式水箱、金属型、玻璃模等

续表 2 - 34

铸铁牌号	使　用　条　件	应　用　举　例
HTRCr2	在空气炉气中，耐热温度到600℃。具有高的抗氧化性和体积稳定性	适用于急冷急热的、薄壁，细长件。用于煤气炉内灰盒、矿山烧结车挡板等
HTRCr16	在空气炉气中耐热温度到900℃。具有高的室温及高温强度。高的抗氧化性，但常温脆性较大。耐硝酸的腐蚀	可在室温及高温下作抗磨件使用。用于退火罐、煤粉烧嘴、水泥焙烧炉零件、化工机械等零件
HTRSi5	在空气炉气中，耐热温度到700℃。耐热性较好，承受机械和热冲击能力较差	用于炉条、煤粉烧嘴、锅炉用梳形定位析、换热器针状管、二硫化碳反应瓶等
QTRSi4	在空气炉气中耐热温度到650℃。力学性能抗裂性比 RQTSi5 好	用于玻璃窑烟道闸门、玻璃引上机墙板、加热炉两端管架等
QTRSi4Mo	在空气炉气中耐热温度到680℃。高温力学性能较好	用于内燃机排气歧管、罩式退火炉导向器、烧结机中后热筛板、加热炉吊梁等
QTRSi4Mo1	在空气炉气中耐热温度到800℃。高温力学性能好	用于内燃机排气歧管、罩式退火炉导向器、烧结机中后热筛板、加热炉吊梁等
QTRSi5	在空气炉气中耐热温度到800℃。常温及高温性能显著优于 RTSi5	用于煤粉烧嘴、炉条、辐射管、烟道闸门、加热炉中间管架等
QTRAl4Si4	在空气炉气中耐热温度到900℃。耐热性良好	适用于高温轻载荷下工作的耐热件。用于烧结机管条、炉用件等
QTRAl5Si5	在空气炉气中耐热温度到1050℃。耐热性良好	
QTRAl22	在空气炉气中耐热温度到1100℃。具有优良的抗氧化能力，较高的室温和高温强度，韧性好，抗高温腐蚀性好	适用于高温（1100℃）、载荷较小、温度变化较缓的工作。用于锅炉用侧密封块、链式加热炉炉爪、黄铁矿焙烧炉零件等

2.5.2　铬系耐热铸铁

2.5.2.1　分类、组织及特性

铬系耐热铸铁通常按铬含量分为三类：低铬，中铬，高铬。金相组织和耐热温度见表 2 - 35。

高铬耐热铸铁亦按基体组织分为三类：（1）含 Cr 12% ~18% 的马氏体铸铁；（2）含 Cr 30% ~36% 的铁素体铸铁；（3）含 Cr 15% ~30%、Ni 10% ~15% 的奥氏体铸铁。

稀土高铬铸铁已成功地用作球团焙烧机的炉条，化学成分和性能见表 2 - 36。

表 2 - 35　铬系耐热铸铁的分类、金相组织及耐热温度

分　类	Cr（质量分数）/%	牌号举例	金相组织	耐热温度/℃
低铬耐热铸铁	0.5 ~2	RTCr	珠光体 + 渗碳体 + 石墨 + 磷共晶	550
		RTCr2		600
中铬耐热铸铁	16 ~20	RTCr16	（珠光体或马氏体）+（Fe,Cr)$_7$C$_3$	900
高铬耐热铸铁	24 ~30		铁素体 +（Fe,Cr)$_7$C$_3$	1000 ~1100
	30 ~34			1000 ~1200
高铬镍耐热铸铁	15 ~30（Ni10 ~15）		奥氏体	

表 2-36　稀土高铬耐热铸铁（炉条）

成分	C	Si	Mn	P	S	Cr	Ni	Mo	Cu	RE
含量/%	2.4~2.8	<2.0	<2.0	<0.045	<0.04	22~28	0.5~1.2	0.8~1.2	<0.6	0.04~0.06
性能	抗拉强度 400~500MPa，σ_f 1210~1280MPa，56HRC 左右，工作温度 870~937℃，寿命半年以上									

注：σ_f—弯曲强度。

2.5.2.2　力学性能

铬系耐热铸铁的室温力学性能见表 2-34 和表 2-36。

铬系铸铁的高温短时抗拉强度 R_m 与含铬量有关：低铬（Cr 0.5%~2.0%），600℃ 时，$R_m = 140~170$MPa；中铬（Cr 18%），900℃ 时，$R_m \approx 90$MPa；高铬（Cr 34%），铸态，900℃ 时，$R_m \approx 110$MPa；奥氏体高铬镍（Cr 30.2%、Ni 12.3%），铸态，900℃ 时，$R_m = 226$MPa。

2.5.2.3　抗氧化和抗生长性

铬可以有效地阻止高温氧化和生长。铬系铸铁抗氧化良好的温度如下：低铬，$w(\mathrm{Cr}) < 1\%$ 时为 500~600℃，$w(\mathrm{Cr}) = 1\%~2\%$ 时高于 600℃；中铬（$w(\mathrm{Cr}) < 16\%$），近 1000℃；高铬（$w(\mathrm{Cr}) = 25\%$），高于 1000℃。

2.5.2.4　铸造性能及工艺要点

（1）低铬铸铁 $w(\mathrm{Cr}) < 1\%$，铸造性能稍差于灰铸铁。$w(\mathrm{Cr}) \geqslant 2\%$；流动性约降低 1/4 以上。线收缩约 1.3%~1.5%。体收缩较大，须设冒口补缩。热裂不明显，有冷裂倾向。低铬铸铁可以用冲天炉熔炼。熔炼和铸造工艺无异于灰铸铁。

（2）中、高铬铸铁。流动性尚好。当 Cr 20%~35% 时，线收缩率为 1.6%~2.08%。体收缩大，易缩孔，缩松，冒口近似可锻铸铁。易热裂，易冷裂。

奥氏体铸铁的线收缩率为 1.56%。

中、高铬铸铁应用电炉熔炼。由于易形成氧化膜和冷隔，故浇注温度高于 1400℃，甚至 1500℃，薄铸件的浇口面积应比灰铸铁扩大 20%~30%。型、芯砂应溃散性良好。复杂铸件宜型内冷却，早松散型砂，晚开型。

2.5.3　中硅耐热铸铁

中硅耐热铸铁是含 Si 3.5%~6.5%（常用含 Si 3.5%~5.5%）的灰铸铁和球墨铸铁。

2.5.3.1　金相组织及力学性能

中硅耐热铸铁的基体是以铁素体为主的混合组织。硅增多，珠光体减少，强度降低。脆性大，零下温度脆性更大。组织和力学性能见表 2-37。

中硅耐热铸铁的高温短时抗拉强度见表 2-34。

表 2-37　中硅耐热铸铁的金相组织和常温力学性能

牌 号	基体组织①	力 学 性 能			
		R_m/MPa	A/%	HB	a_k/J·cm^{-2}
RTSi5	F 或 F+P≤20%	140~220	—	160~270	0.98~2.94
RQTSi4	F 或 F+P<15%	480~670	6~18	187~269	—

牌　号	基体组织①	力 学 性 能			
		R_m/MPa	A/%	HB	a_k/J·cm^{-2}
RQTSi5	F 或 F + P < 10%	370 ~ 690	1 ~ 5	228 ~ 302	—
RQTSi4Mo	F + P	540 ~ 695	5 ~ 15	197 ~ 280	3.29 ~ 4.9

① F—铁素体；P—珠光体。

2.5.3.2　抗氧化性和抗生长性

硅在铸铁氧化皮内生成致密的 SiO_2，且促成铁素体，故可阻止高温氧化和生长。

中硅灰铸铁（Si 5%）的抗氧化、抗生长性可保持到近 700℃。

中硅球墨铸铁 RQTSi4 的抗氧化性可保持到约 650℃，而抗生长性可保持到 800℃。RQTSi4Mo 的抗氧化、抗生长性保持到 700℃。RQTSi5 保持到 800℃，甚至 900℃。

2.5.3.3　铸造性能及工艺特点

（1）中硅灰铸铁在 1260 ~ 132℃ 浇注，充型良好，可以浇注薄壁复杂铸件，相当于或稍好于铸铁；线收缩为 1.0% ~ 1.2%；体收缩率稍大，冒口需定向凝固；不易热裂。但其铸造应力大，易开裂，w(Si) > 6% 时，更易开裂；Cr、Mn 促进裂纹。

铸件壁厚宜均匀。型、芯砂退让性良好。浇注后，开型不宜过早。铸件应退火，消除内应力。

（2）中硅球墨铸铁在 1260 ~ 1320℃ 浇注仍充型良好，可以浇注薄壁复杂铸件；线收缩率为 1.0% ~ 1.5%；体收缩率比一般球墨铸铁大，厚壁铸件的冒口质（重）量约为铸件的 20% 以上，且定向凝固；不易热裂。但其铸造应力大，易碎裂，w(Si) > 5.5% 时，尤为严重；Mn 促进裂纹。

一般采用冲天炉熔炼。型、芯砂应溃散性良好，防止箱带和芯骨撑裂铸件，尽量减少分型面披缝（以免其开裂延伸入铸件本体）。浇系统应保证充型快而平稳。设冒口和外冷铁，防止缩孔、缩松。铸件凝固后，即热开型，去浇冒口，且松散型芯。或留在砂型中缓冷，大件应 24 ~ 28h 以上；或立刻进行人工时效；50 ~ 300℃/6h → 300 ~ 600℃/2h → 600℃/(3 ~ 5)h 炉冷至 150℃ 出炉。

2.5.4　铝系耐热铸铁

2.5.4.1　分类、组织及特性

铝系耐热铸铁通常分为低铝、中铝、高铝、铝硅、铝铬等铸铁。金相组织及特性见表 2 - 38。

表 2 - 38　铝系耐热铸铁的分类、金相组织及特性

种　类	Al(质量分数) /%	Si(质量分数) /%	牌　号	金相组织	特　性	耐热温度/℃
低铝铸铁	2 ~ 3			F + P + Fe₃C + G	综合力学性能较好	650 ~ 700
中铝铸铁	7 ~ 9		共板(ε + F) + 少量 F + G	脆性较大	750 ~ 900	

种 类	Al(质量分数)/%	Si(质量分数)/%	牌 号	金相组织	特 性	耐热温度/℃
高铝铸铁	22 ~ 24		RQTAl22	F + G	综合力学性能尚好	1000 ~ 1100
铝硅球墨铸铁	4 5	4 5	RQTAl4Si4 RQTAl5Si5	F + G	脆性较大	950 ~ 1100

注:1. F—铁素体;P—珠光体;ε—Fe_3AlC_x($x \approx 0.65$)。

2. G—石墨。有两种形态片状或球状。

2.5.4.2 化学成分和力学性能

低铝灰铸铁的力学性能良好;中铝和高铝灰铸铁的力学性能较差。

低铝和高铝球墨铸铁的常温综合力学性能良好,高温短时力学性能较好,但持久强度较低。中铝和铝硅球墨铸铁的脆性较大。

铝系铸铁的化学化分和室温力学性能见表 2 - 39。高温短时力学性能见表 2 - 40。

表 2 - 39 铝系耐热铸铁的化学成分和室温力学性能

种 类	化学成分(质量分数)/%							室温力学性能		
	C	Si	Mn	P	S	Al	Mo	R_m/MPa	A/%	硬度(HB)
低铝灰铸铁	2.95	0.77	1.10	—	—	2.42	—	348	—	260
中铝灰铸铁	—					7 ~ 10	—	120 ~ 180		200 ~ 350
高铝灰铸铁	1.2 ~ 2.0	1.3 ~ 2.0	0.6 ~ 0.8	<0.2	<0.03	20 ~ 24	—	117 ~ 170		170 ~ 200
低铝球墨铸铁	3.43	0.94	—			2.49	—	362	8.9	142
中铝球墨铸铁	—					7 ~ 10	—	200 ~ 350		280 ~ 370
高铝球墨铸铁	1.7 ~ 2.2	1.0 ~ 2.0	0.4 ~ 0.8	<0.2	<0.01	21 ~ 24		250 ~ 420		—
铝硅球墨铸铁	2.8	4.3 4.46 5.1	0.1	0.02	0.01	4.3 3.99 5.52	—	454 240 324	12.2 $a_k = 2.2J/cm^2$ $a_k = 2.1J/cm^2$	178
铝硅蠕墨铸铁	3.0 ~ 3.3 CE4.1 4.5	3.0 ~ 3.4	<0.1	<0.1	<0.03	4.0 ~ 5.0		(σ_f300 ~ 400)	挠度 2.5 ~ 3.5mm	179 ~ 288
铝钼球墨铸铁	2.92	4.25	0.33			0.55	1.94	679	2.5	258
	2.83	2.92	0.35			5.5	2.01	552		铸态 362 退火 353
铝铬铸铁	2.75	1.70	0.80			6.5	Cr2.3	156		290

表 2 - 40 铝系耐热铸铁的高温短时力学性能

铸铁种类	主要化学成分(质量分数)/%	不同温度下的力学性能(抗拉强度 R_m,伸长率 A)		
低铝灰铸铁	C 2.95、Si 0.77, Mn 1.1、Al 2.42	t/℃	425	540
		R_m/MPa	200	275

铸铁种类	主要化学成分（质量分数）/%	不同温度下的力学曲线（抗拉强度 R_m，伸长率 A）			
中铝灰铸铁	C 2.53、Si 1.60、Mn 0.45、Al 5.90	$t/℃$	649	760	871	982
		R_m/MPa	54	25	19	13
		$A/\%$	2.5	5.4	3.5	3.1
高铝灰铸铁	C 2.08、Si 1.55、Al 20.8	$t/℃$	700	800		
		R_m/MPa	93	53		
		$A/\%$	1.6	1.8		
低铝球墨铸铁	C 2.32、Si 2.11、Mn 0.03、Al 3.80	$t/℃$	649	760	871	
		R_m/MPa	112	43	19	
		$A/\%$	18.8	28.8	48.5	
高铝球墨铸铁	C 1.97、Si 1.53、Al 19.9	$t/℃$	20	500	700	800
		R_m/MPa	318	230	181	139
		$A/\%$	—	—	—	2.4
铝硅球墨铸铁	Al + Si = 8.45、Al 3.99、Si 4.46	$t/℃$	700	800	900	1000
		R_m/MPa	204	95	36	13
		$A/\%$	3.5	8.0	17.8	34.0
	Al + Si = 10.62、Al 5.52、Si 5.10	$t/℃$	700	800	900	1000
		R_m/MPa	292	206	66	27
		$A/\%$	1.0	6.0	11.5	31.5
铝钼球墨铸铁	C 3.43、Si 2.06 Mn 0.3、Al 6.35、Mo 2.20	$t/℃$	546	657	760	870
		R_m/MPa	433	228	122	77
铝铬铸铁	C 2.75、Si 1.70、Mn 0.80、Al 6.50、Cr 2.30	$t/℃$	500	700	800	
		R_m/MPa	294	157	29	

2.5.4.3　抗氧化和抗生长性

铝系耐热铸铁的抗氧化性、抗生长性优良：Al 2% ~3% 灰铸铁的抗氧化性保持到 700℃以上。Al 6% ~7%，球墨铸铁的抗生长性保持到 900℃。Al >10%，基体为铁素体，耐热性大幅度提高，灰铸铁和球墨铸铁在 1000℃很少氧化、生长。Al >20%，灰铸铁在 1000℃很少氧化、生长，球墨铸铁在 1100℃很少氧化、生长。$w(Al + Si) = 10\%$ 左右，球墨铸铁在 1050 ~1100℃很少氧化生长。

2.5.4.4　铸造性能及工艺要点

低铝灰铸铁和球墨铸铁充型良好，无异于灰铸铁。线收缩 1.3% ~1.8%。体收缩较小。不易热烈、冷烈。Al >5% ~6%，冷裂倾向增大。

高铝铸铁的铁液黏稠，但流动性尚良好，内浇口宜多宜大。高铝灰铸铁的线收缩 2.4% ~2.6%；体收缩 2.7% ~6.25%；不易热裂；但铸造应力大，易碎裂，要求型、芯砂退让性好。高铝球墨铸铁的线收缩为 2.2% ~2.25%；体收缩为 4.5% ~8.0%，冒口质（重）量约为铸件的 20% 以上；热裂和碎裂不明显。

铝硅球墨铸铁的流动性良好，线收缩率为 1.0% ~1.3%。脆性大。

铝铸铁易生成氧化膜，引起铸件夹渣、冷隔、碎裂。在熔炼、铸造过程中必须采取措施。

铝铸铁可以用冲天炉、坩埚或感应电炉分别熔化铁液和铝液，然后冲混；高铝铸铁宜用感应电炉熔化铁液，然后缓慢注入铝锭；高铝球墨铸铁通常加稀土硅铁 1% ~1.5%，防止石墨漂浮。

高铝铸铁的型砂须溃散性好，低水分，铸型须有出气口，大冒口。浇注系统面积比灰铸铁大 10% ~ 15% 以上，宜底注。扁平内浇口，且集渣。浇注温度宜 1380 ~ 1430℃，充型须平稳、连续而快速。凝固后，松开砂箱，使铸件自由收缩，但宜型内冷却。铝硅球墨铸铁的熔炼、铸造工艺与铝铸铁相似。

2.5.5　耐热铸铁的应用

高铬铸铁、尤其高铬镍铸铁、高镍铸铁具有优良的耐热性，但成本高。中硅和铝系铸铁应用较多。中硅等铸铁脆性大、高温力学性能低，不耐热冲击，只适于工作在 900℃ 以下不受重大载荷的零件。高铝灰铸铁韧性稍好，但易开裂、夹渣，热冲击性亦不好，可以用到 1000℃ 以上；高铝球墨铸铁力学性能和耐热性优良，值得广泛采用；中铝加硅、铬、铜、钼等球墨铸铁的性能接近高铝球墨铸铁，且可用冲灭炉熔炼，值得发展。

任务 2.6　耐 磨 铸 铁

【任务描述】

耐磨铸铁用于摩擦条件下工作的铸铁件。它们在工作过程中主要受到机械作用、化学作用以及热作用而使零件受到不同形式的破坏，如均匀缓慢的逐层磨损，摩擦表面产生擦伤、划痕和剥落；由于疲劳而产生局部磨损，由于磨料的切削作用而产生剧烈的磨损等。

【任务分析】

耐磨铸铁分为减磨铸铁和抗磨铸铁两种。减磨是在润滑条件下工作，如机床导轨、发动机缸套、活塞环等，抗磨是在无润滑的干摩擦条件下工作，如闸瓦、磨球、犁铧等。

【知识准备】

2.6.1　减磨铸铁

2.6.1.1　减磨铸铁金相组织特征

减磨铸铁金相组织特征见表 2 - 41，典型耐磨铸铁的力学性能及应用见表 2 - 42 ~ 表 2 - 45，各种材质缸套在磨损试验机上的试验结果、在 JS - 140 型发动机上的实际运转磨损量分别见表 2 - 46、表 2 - 47。

表 2 - 41　减磨铸铁金相组织特征

组织名称	特　　征	作　　用
珠光体	主相 > 90%，细小索氏体型，不允许有铁素体	索氏体中的渗碳体构成滑动面，起承载和耐磨作用
石　墨	2 ~ 4 级细小均匀分布的 A 型石墨，数量适中，允许有多量 D 型石墨（特殊情况）	减磨、润滑、抗咬合
独立硬化相	硬度高，均匀分布在基体中，镶嵌性好	起主要滑动支撑面作用。当有独立相存在时，耐磨性大为增加

表 2-42　机床类用耐磨铸铁的力学性能及应用

类别	材质	化学成分(质量分数)/%						力学性能				耐磨性/% (以HT200 为100%)	特 征	用 途
		C	Si	Mn	P	S	其他	抗拉强度 /MPa	弯曲强度 /MPa	挠度 /mm	硬度 (HB)			
磷系	磷铸铁	2.9~3.2	1.2~1.7	0.5~1.0	0.4~0.65	≤0.12		245~295	460~530	≥2.8	180~220	200	脆性和铸造应力大,易产生裂纹	普通机床、坐标镗床、磨床、龙门刨床、铣床、精密丝杆车床
	磷铜钛铸铁	2.9~3.2	1.2~1.7	0.5~0.9	0.35~0.60	≤0.12	Cu 0.6~1.0 Ti 0.09~0.15	245~295	460~530	≥2.8	190~220	250~300		
钒钛系	钒钛铸铁	3.3~3.7	1.4~2.0	0.6~1.1	≤0.3	≤0.12	V 0.18~0.35 Ti 0.05~0.15	196~245	390~450	≥3	160~240	200~300	耐磨性好,采用钒钛生铁,铸造性能优于磷系铸铁	磨床、铣床、齿轮机床等的床身、工作台等
	磷钒钛铸铁	3.0~3.4	1.4~1.8	0.5~0.8	0.3~0.4	≤0.12	V 0.2~0.4 Ti 0.1~0.2	245~295	460~530	≥2.8	200~230			
	稀土钒钛铸铁	3.8~4.2	1.9~2.4	0.8~1.0	0.25~0.4	≤0.10	V 0.35~0.50 Ti 0.15~0.30	245~295	460~530	≥3	220~240			
	磷铜钒铸铁	3.3~3.7	1.6~2.1	0.7~1.0	0.25~0.4	≤0.07	V 0.1~0.2 Ti 0.1~0.2 Cu 0.6~0.8	245~295	460~530	≥2.8	200~230			
稀土系	稀土铸铁	3.4~3.9	2.0~2.8	0.8~1.1	≤0.2	≤0.03	Re 0.03~0.07	345~490	685~980	3~7	180~240	200	高强度,铸造收缩较大	磨床、车床、龙门刨等床身、工作台
	磷稀土铸铁	3.4~3.8	2.2~2.4	0.7~1.1	0.2~0.4	≤0.03	Re 0.03~0.07	345~490	685~980	≥3	180~240	200		

表 2 – 43　活塞环用耐磨铸铁的力学性能及应用

类别	材质	化学成分(质量分数)/%						力学、物理性能						用途
		C	Si	Mn	P	S	其他	硬度(HRB)	硬度差(HRB)	弯曲强度/MPa	弹性模量/MPa	残余变形/%	弹性消失率/%	
钨系铸铁	钨铸铁	3.6~3.9	2.2~2.7	0.6~1.0	0.35~0.5	≤0.1	W 0.4~0.65	101~103	3.0	460	86 667	5.3	22.6	汽车、拖拉机活塞环
	钨钛铸铁	3.6~3.9	2.2~2.5	0.6~1.0	0.3~0.6	≤0.1	W 0.3~0.5 V 0.15~0.2 Ti 0.1~0.2	100~102	3.0	475	93 137	4.2	25	汽车、拖拉机活塞环
	钨钼铸铁	3.6~3.8	2.5~2.7	0.7~0.9	0.3~0.5	≤0.1	W 0.35~0.45 Cr 0.2~0.3 Mo 0.2~0.3	98~102	3.0	490	74902~81765	6.6~10	25	汽车、拖拉机活塞环
铬钼系铸铁	铬钼铸铁	3.7~3.9	2.0~2.5	0.6~0.9	0.3~0.5	≤0.1	Cr 0.25~0.35 Mo 0.25~0.45	99~102	3.0	440	72843~98039	6.0	25	汽车、拖拉机活塞环
	铬钼铜铸铁	2.9~3.3	2.0~2.4	0.7~1.0	0.35~0.6	≤0.1	Cr 0.4~0.6 Mo 0.6~0.8	98~108	3.0	≥540	98039~137255	<10	≤20	柴油机活塞环
	铬钼铜铸铁	3.0~3.3	1.9~2.4	0.8~1.2	0.35~0.7	≤0.1	Cr 0.2~0.4 Mo 0.3~0.6 Cu 0.7~1.0	96~107	3.0	≥590	98039~127450	<10	18	柴油机、压缩机活塞环
	铬钼铜铸铁	2.8~3.2	1.6~2.0	0.9~1.3	0.25~0.4	≤0.1	Cr0.4~0.6 Mo0.6~0.8 Cu0.9~1.4	98~105	3.0	≥590	107843~137255	<10	18	大型船用柴油机活塞环
	铬钼钛铸铁	2.9~3.3	2.0~2.4	0.9~1.3	0.35~0.7	≤0.1	Cr 0.25~0.5 Mo 0.3~0.6 Cu 0.7~1.0 Ti 0.05~0.15	98~105	3.0	≥540	98039~137255	<10	18	工作温度高的火焰平环,重要柴油机活塞环
铬钼铜系	铜铸铁	3.0~3.3	1.5~1.9	0.8~1.0	<0.3	≤0.2	Cr 0.25~0.35 Cu 0.8~1.0	245~345	460~600	≥3	200~250		综合力学性能较好、质量较易控制	磨床、铣床、齿轮机床床身工作台
	铬钼铜铸铁	3.0~3.4	1.6~2.2	0.7~1.0	<0.15	≤0.12	Cr 0.1~0.25 Mo 0.2~0.4 Cu 0.8~1.0	245~345	460~600	≥3	200~260	200		

续表2-43

类别	材质	化学成分(质量分数)/%						力学、物理性能						用途
		C	Si	Mn	P	S	其他	硬度(HRB)	硬度差(HRB)	弯曲强度/MPa	弹性模量/MPa	残余变形/%	弹性消失率/%	
锑系	锑铜铸铁	3.2~3.4	1.2~1.5	0.5~0.7	≤0.12	≤0.12	Sb 0.04~0.08 Cu 0.8~1.0	195~245	390~460	2.5~3.5	190~220			蜗轮、轴套、工作台、螺母等、轴、滑块、螺母等
	锑铜稀土铸铁	3.3~3.5	1.6~1.9	0.8~1.0	≤0.12	≤0.12	Sb 0.03~0.06 Cu 0.2~0.3 Re 0.02~0.05	145~195	295~390		210~230			
	锑铸铁	3.1~3.4	2.0~2.5	0.5~0.9	≤0.12	≤0.12	Sb 0.03~0.07	195~215	370~390	3.0~3.2	200~220			
硼系	硼磷铸铁	2.9~3.3	2.0~2.4	0.5~0.7	0.4~0.6	≤0.10	B0.04~0.06	265~295	470~530	2.5~3.5	220~260	200~400	碳化物比例可调,不受壁厚及成分影响,易于推广	重要机床零件
镍铬钼系铸铁	镍铬钼铸铁	2.9~3.3	2.0~2.4	0.9~1.3	0.35~0.6	≤0.1	Ni 0.8~1.2 Cr 0.2~0.4 Mo 0.3~0.6	98~107	3.0	≥540	98039~127450	<10	20	船用或燃油柴车机活塞环内
	镍铬铸铁	3.0~3.3	2.0~2.4	0.8~1.2	0.4~0.6	≤0.1	Ni 0.6~1.0 Cr 0.3~0.5	98~105	3.0	≥540	98039~137255	20	20	冷冻机活塞环
其他	铜钒钛铸铁	3.6~3.9	2.5~2.7	0.6~0.9	0.4~0.6	≤0.1	Cu 0.4~0.6 V 0.15~0.25 Ti 0.1~0.2	103~107	3.0	528	92450	4.5	24.6	内燃机活塞环
	磷铸铁	3.6~3.8	2.4~2.6	0.8~1.1	0.5~0.8	≤0.1		101~103	3.0	440	88823	5.6	25	
	磷稀土铸铁	3.7~3.9	2.4~2.6	0.6~0.9	0.5~0.7	≤0.1	Re 0.013	100~102	3.0	430	85294	6.6	25	

表2-44 汽缸套用耐磨铸铁的力学性能及用途

材质	化学成分(质量分数)/%						力学性能				用途
	C	Si	Mn	P	S	其他	抗拉强度/MPa	弯曲强度/MPa	硬度(HB)	硬度差(HB)	
磷铬铸铁	3.0~3.4	2.1~2.4	0.8~1.2	0.55~0.75	<0.1	Cr0.35~0.55	>195	>390	220~280	<30	汽车、拖拉机缸套(金属型离心浇注,湿涂料)
磷铸铁	2.9~3.4	2.2~2.6	0.8~1.2	0.4~0.6	<0.1		>195	>390	>220	<30	柴油机缸套
磷铬铜铸铁	3.2~3.4	2.4~2.6	0.5~0.7	0.25~0.4	≤0.12	Cr 0.2~0.3 Cu 0.4~0.7	245	460	190~240	<30	柴油机缸套
磷钒铸铁	3.2~3.6	2.1~2.4	0.6~0.8	0.4~0.5	≤0.1	V0.15~0.25	>195	>390	>220	<30	汽车、拖拉机缸套
磷铬钼铸铁	3.1~3.4	2.2~2.6	0.5~0.8	0.55~0.8	≤0.1	Cr 0.35~0.55 Mo 0.15~0.35	245	460	240~280	<30	柴油机缸套(金属型离心铸造)
铬钼铜铸铁	3.2~3.9	1.8~2.0	0.5~0.7	≤0.15	≤0.12	Cr 0.3 Mo0.4 Cu 0.6	245	460			中小型柴油机缸套
铬钼铜铸铁	2.7~3.2	1.5~2.0	0.8~1.1	≤0.15	≤0.10	Cr 0.2~0.4 Mo 0.8~1.4 Cu 0.8~1.2	295	530	202~255		内燃机车柴油机缸套(砂型铸造)
铬钼铜铸铁	2.9~3.3	1.3~1.9	0.7~1.0	0.2~0.4	≤0.12	Cr0.25~0.45 Mo0.3~0.5 Cu0.7~1.3	≥275	≥470	190~248		大型船用柴油机缸套
磷锑铸铁	3.2~3.6	1.9~2.4	0.6~0.8	0.3~0.4	≤0.08	Sb0.06~0.08	195	390	>190		汽车缸套
硼铸铁	3.1~3.3	1.7~1.9	0.6~0.8	0.25~0.35	≤0.12	B0.04~0.08	245	460			中小型柴油机缸套

表 2 – 45　磷耐磨铸铁的力学性能

代号	力学性能					化学成分（质量分数）/%				
	抗拉强度/MPa	弯曲强度/MPa	挠度 *f*（支点距离 300）/mm	硬度（HB）		C	Si	Mn	P	S
	不小于									
MTP15	150	320	2.8	≤2500mm 导轨的装配时硬度应在 190～250 之间，>2500mm 或 >3t 在导轨装配时硬度应在 170～241 之间		2.9～3.2	1.2～1.7	0.5～0.65	0.4～0.65	≤0.12
MTP20	200	390	2.8							
MTP25	250	360	2.8							
MTP30	300	530	2.8							

注：1. 含磷量作验收指标，其他元素含量仅供铸铁配料时参考。

　　2. 力学性能试验时，试样毛坯直径为 30 ± 1mm。

　　3. 导轨壁厚大于 50mm 的铸件，抗拉强度按试样毛坯 φ50 进行检验，并以抗拉强度试验结果为准。

　　4. MTP25 和 MTP30 铸件加工处厚度大于 13mm 及 MTP15 和 MTP20 铸件加工处厚度大于 10mm 时不允许有白口存在。

表 2 – 46　各种材质缸套在磨损试验机上的试验结果

缸套材质	12 次试验的平均磨损量/g
锑铸铁	0.1994
铬铸铁	0.1798
铬钼铜铸铁	0.1035
硼铸铁	0.0921
铬钼铜硼铸铁	0.0036

表 2 – 47　各种材质缸套在 JS – 140 型发动机上的实际运转磨损量

缸套材质	10000km 磨损量/μm	
	最大值	平均值
锑铸铁	31	30
铬铸铁	24	15
铬钼铜铸铁	21	16
铬钼铜硼铸铁	10	5.2

2.6.1.2　减磨铸铁生产中应注意的问题

（1）严格控制化学成分和冷却速度，以得到合适的珠光体及石墨组织。

（2）炉前均需进行不同类型的孕育处理。

（3）加入合金元素，如铬、钼、铜或锡、锑以得到 100% 珠光体基体组织，还可加入磷、硼或采用天然钒钛生铁，以便在铸铁中形成独立的硬化相。

2.6.2　抗磨铸铁

抗磨铸铁是在没有润滑条件下工作的，如球磨机衬板、磨球、抛丸机的叶片、衬板、犁铧、磨煤机和破碎机的磨损件等。在工作中不仅受到严重磨损，而且还承受较大载荷。

常用的抗磨铸铁有：普通白口铁，合金白口铸铁，中锰球墨铸铁，冷硬铸铁等。

2.6.2.1　普通白口铸铁

普通白口铸铁由于化学成分不同可分为亚共晶白口铸铁和过共晶白口铸铁两类。普通白口铸铁的基体组织根据化学成分和冷却速度不同而不同，一般来说，未经热处理的普通白口铸铁的基体为渗碳体加珠光体；经等温淬火的可获得贝氏体基体。

普通白口铸铁具有较高的抗磨损性能，但脆性大，不能承受冲击载荷。

白口铁犁铧的化学成分和金相组织见表2-48。它们具有耐磨、不沾土、省力的特点，但脆性大，仅适用于畜力犁铧或犁镜；高韧性白口铸铁适用于机引犁铧，需进行等温淬火处理。其淬火工艺为（900±5）℃保温60min，淬入（300±15）℃盐溶池中90min后空冷。

不具备生产共晶或过共晶白口铁的地方，可生产 $w(C) = 3.5\% \sim 3.8\%$、$w(Si) < 0.6\%$、$w(Mn) = 0.3\% \sim 0.4\%$、$w(P) < 0.3\%$、$w(S) = 0.2\% \sim 0.3\%$ 的铸态白口铁。

表2-48 普通白口铸铁犁铧、犁镜综合性能

名 称	化学成分（质量分数）/%					硬度（HRC）	显微组织	备 注
	C	Si	Mn	P	S			
高韧性白口铁犁铧	2.2~2.5	~1.0	0.5~1.0	<0.1	<0.1	55~59	贝氏体+少量索氏体+渗碳体	等温淬火
标准犁镜	4.0~4.4	≤0.6	≥0.6	≤0.35	≤0.15	>48	莱氏体或莱氏体+渗碳体	铸态
肥西犁镜	>4.0	<0.4	>1.5	<0.4	<0.1	55~57	莱氏体或莱氏体+渗碳体	铸态
阳城犁镜	4.0~4.5	0.04~0.12	0.06~0.10	0.14 0.40	0.008~0.05	50~55	莱氏体或莱氏体+渗碳体	铸态

2.6.2.2 合金白口铸铁

在白口铸铁中加入适当的合金元素，可以改善其韧性，扩大使用范围，见表2-49。

表2-49 合金白口铸铁的性能及用途

材 质	化学成分（质量分数）/%						硬度（HRC）	用 途
	C	Si	Mn	P	S	其他		
低铬白口铸铁	2.8~3.0	<1.2	0.4~0.6	≤0.04	<0.04	Cr 3.3~4.5 稀土硅铁合金	64~68	抛丸机叶片（马氏体+断续网状碳化物）
锰铜白口铸铁	2.4~2.6	<1.0	2.2~2.5	<0.04	<0.04	Cu 1.2~1.5 稀土硅铁合金	62~65	抛丸机叶片（马氏体+连续或断续网状碳化物）
高铬白口铸铁	3.25	0.5	0.7	0.06	0.03	Cr 15.0 Mo 3.0	62~65	球磨机衬板
镍铬白口铸铁	3.0~3.6	0.4~0.7	0.4~0.7	<0.40	<0.15	Cr 1.4~3.5 Ni 4.0~4.7	砂型 >53 金属型 >56	球磨机衬板、磨球

材质	化学成分（质量分数）/%						硬度（HRC）	用途
	C	Si	Mn	P	S	其他		
锰钨白口铸铁	2.7~3.0	1.2~1.5	1.3~1.6	<0.1	—	W 1.6~1.8	38~45	加工的杂质泵零件（碳化物+珠光体+索氏体）
锰钨白口铸铁	3.0~3.3	0.8~1.2	5.5~6.0	<0.1	—	W 2.5~3.5	55~60	不加工的杂质泵零件
锰钼白口铸铁	2.7~3.0	1.2~1.6	1.0~1.2	<0.1	—	Mo 0.7~1.2	45~50	加工的杂质泵零件（碳化物+珠光体+索氏体）
锰钼铜白口铸铁	3.5~3.8	1.3~1.5	4.5~5.0	<0.1	—	Mo 1.5~2.0 Cu 0.6~0.8	55~62	不加工的杂质泵零件（碳化物+马氏体+索氏体+残余奥氏体）
钼钒白口铸铁	3.0~3.6	1.2~1.6	1.1~1.2	<0.1	<0.1	Mo 0.7~1.2 V 0.1~0.15 Bi 0.05~0.08	38~40	杂质泵叶轮翼
铬钒钛白口铸铁	2.4~2.6	1.4~1.6	0.4~0.6	<0.1	<0.1	Cr 4.4~5.2 V 0.25~0.3 Ti 0.09~0.1	61.5	抛丸机叶片
低铬钒钛白口铸铁	2.9~3.1	1.0~1.2	0.7~0.8	<0.1	<0.1	Cr 1.5~2.0 V 0.2~0.3 Ti 0.09~0.1	62.5	抛丸机叶片
硼铸铁	3.25	1.76	0.94	0.127	0.039	B 0.054	—	—
硼铜铸铁	3.27	1.70	0.95	0.288	0.071	B 0.06 Cu 0.82	—	—

2.6.2.3　中锰球墨铸铁

中锰球墨铸铁适用于冶金、矿山、建材和农机行业碾碎设备中的易磨损零件。中锰球墨铸铁是一种含锰量为 5%~9%、含硅量为 3%~5%，经过球化和孕育处理的抗磨材料。通过控制其冷却速度，可以获得针状组织或奥氏体加上块状、粒状碳化物和球状石墨的金相组织。

中锰球墨铸铁的化学成分、力学性能和基体组织见表 2 - 50。

2.6.2.4　冷硬铸铁

冷硬铸铁是通过激冷工艺方法使铸件激冷层的碳保持化合碳的形式而形成的白口或麻口铸铁。它适于制造表面硬度高，具备高的抗磨能力，又能承受一定工作应力的铸件。如冶金轧辊、非冶金轧辊、矿车轮等。

普通冷硬铸铁件的化学成分、性能及用途见表 2 - 51。

冷硬铸铁冶金轧辊化学成分及性能见表 2 - 52。

非冶金用冷硬铸铁轧辊化学成分、性能及用途见表 2 - 53。

表 2-50　中锰球墨铸铁化学成分、力学性能和基体组织（GB/T 3180—1982）

牌号(GB 3180—1982)	化学成分(质量分数)/%							弯曲强度				冲击韧性/J·cm^{-2}	硬度(HRC)	典型基体组织
	C	Si	Mn	P	S	ΣRE	Mg	砂型 (φ30)		金属型 (φ50)				
								σ_{bb}/MPa	挠度 f300/mm	σ_{bb}/MPa	挠度 f500/mm			
								≥						
MQTMn6	3.2~3.7	3.6~4.2	5.5~6.5	<0.02	<0.01	0.03~0.045	0.025~0.05	510	3.0	392	2.5	7.85	44	(马氏体+贝氏体)+奥氏体+碳化物+少量索氏体+球状石墨
MQTMn7	3.2~3.7	3.7~4.3	6.6~7.5	<0.02	<0.01	0.03~0.045	0.025~0.05	471	3.5	441	3.0	8.83	41	奥氏体+(马氏体+贝氏体)+碳化物+少量索氏体+球状石墨
MQTMn8	3.2~3.7	3.8~4.4	7.6~9.0	<0.02	<0.01	0.03~0.045	0.025~0.05	432	4.0	491	3.5	9.81	38	碳化物+(马氏体+贝氏体)+索氏体+球状石墨
QTMn8MoCu①	3.0~3.5	2.0~2.5	8.0~9.0	<0.02	<0.01	0.03~0.045	0.025~0.05	250	0	—	—	4.0	55	少量奥氏体+(马氏体+贝氏体)+索氏体+球状石墨

① QTMn8MoCu:含1.5%~2.0% Mo;0.5%~0.8% Cu; GB 3180—1982 中不包括此牌号。

表 2-51　普通冷硬铸铁化学成分、性能及用途

铸铁名称	化学成分（质量分数）/%						白口层硬度(HRC)	灰口部分性能		适用范围
	C	Si	Mn	P	S	其他		抗拉强度/MPa	弯曲强度/MPa	
普通冷硬铸铁	3.5~3.6	2.0~2.2	0.7~1.0	—	<0.2	—	450~550HB	—	—	冷铸犁镜
普通冷硬铸铁	3.5~3.7	1.8~2.0	0.7~1.0	≤0.2	≤0.12	—	≥50	196~245	390~460	柴油机气门挺杆
普通冷硬铸铁	3.8~4.0	0.7~1.0	0.9~1.1	≤0.2	≤0.12	—	≥50	196~245	390~460	拖拉机拖带轮
普通冷硬铸铁	3.5~3.7	1.75~2.10	0.5~0.9	≤0.15	≤0.15	Bi0.003~0.0077	48~50	>145	>320	拖拉机拖链轮
镍铬钼冷硬铸铁	3.2~3.4	1.9~2.1	0.65~0.85	≤0.12	≤0.10	Ni 0.4~0.5 Cr 0.9~1.1 Mo 0.4~0.55	铸态 53~56 600℃回火 50~55	195~245	390~460	发动机气门挺杆
铬钼稀土冷硬铸铁	3.5~3.8	1.7~2.0	0.6~0.9	≤0.2	≤0.09	Cr 0.5~0.8 Mo 0.5~0.7 稀土硅铁合金 0.5~0.7	≥53	245	460	柴油机气门挺杆
硼铬铸铁	3.75	1.7	0.6	0.13	0.07	B 0.02~0.04	50~51	145	320	纺织机的桃子技梭鼻及打梭转子
稀土冷硬铸铁	3.3~3.5	2.6~2.8	1.2~1.6	≤0.2	≤0.12	稀土硅铁合金 1.7~2.0	42	390~490	685~880	碾砂轮
普通冷硬铸铁	3.0~3.6	0.5~0.75	>0.5	≤0.35	≤0.14	—	—	—	—	冷铸车轮

表 2 - 52　冷硬铸铁冶金轧辊化学成分及性能(GB/T 1504—1991)

轧辊分类	名称	化学成分(质量分数)/% C	Si	Mn	P	S	Ni	Cr	Mo	辊身硬度(HSD)	辊颈硬度(HSD)	辊身表面硬度不均匀度(HSD)	抗拉强度/MPa	白口层深度/mm 型钢 φ251~300	型钢 >φ300	板钢 中板
冷硬铸铁轧辊	普通冷硬铸铁轧辊	2.90~3.80	0.25~0.80	0.20~1.00	≤0.45	≤0.12	—	—	—	55~70	32~48	≤5	>150	17~35	20~45	8~45
	钼冷硬铸铁轧辊	2.90~3.80	0.25~0.80	0.20~1.00	≤0.45	≤0.12	—	—	0.20~0.60	55~70	32~48	≤5	>150	17~35	20~45	8~45
	铬钼冷硬铸铁轧辊	2.90~3.80	0.25~0.80	0.20~1.00	≤0.45	≤0.12	—	0.20~0.60	0.20~0.60	55~70	32~48	≤5	>150	17~35	20~45	8~45
	镍铬冷硬铸铁轧辊	2.90~3.80	0.25~0.80	0.20~1.00	≤0.45	≤0.12	0.50~1.00	0.20~0.60	—	55~70	32~50	≤5	>150	17~35	20~45	8~45
	镍铬钼冷硬铸铁轧辊(Ⅰ)	2.90~3.80	0.25~0.80	0.20~1.00	≤0.45	≤0.12	0.80~2.00	0.30~1.20	0.20~0.60	60~75	35~52	≤5	>150	17~35	20~45	8~45
	镍铬钼冷硬铸铁轧辊(Ⅱ)	2.90~3.80	0.25~0.80	0.20~1.00	≤0.45	≤0.12	2.01~3.00	0.50~1.50	0.20~0.60	65~80	40~55	≤5	>150	17~35	20~45	8~45
	镍铬钼冷硬铸铁轧辊(Ⅲ)	2.90~3.80	0.25~0.80	0.20~1.00	≤0.45	≤0.12	3.01~4.50	0.50~1.70	0.20~0.60	70~85	40~55	≤5	>150	17~35	20~45	8~45
冷硬铸铁轧辊	普通冷硬球墨复合铸铁轧辊	2.90~3.80	0.40~1.20	0.20~1.00	≤0.45	≤0.03	Mg≥0.04			55~70	32~48	≤5	>280		薄板 8~35	8~45
	钼铬冷硬球墨复合合金铸铁轧辊	2.90~3.80	0.40~1.20	0.20~1.00	≤0.45	≤0.03	Mg≥0.04	0.20~0.80	0.20~0.80	58~70	35~48	≤5	>300		8~35	8~45
	铬钼冷硬球墨复合铸铁轧辊	2.90~3.80	0.40~1.20	0.20~1.00	≤0.45	≤0.03	Mg≥0.04	0.10~0.30	0.20~0.60	58~70	35~48	≤5	>300		8~35	8~45
	铬钼钒冷硬球墨复合铸铁轧辊	2.90~3.80	0.40~1.20	0.20~1.00	≤0.45	≤0.03	Mg≥0.04	0.10~0.30	0.20~0.80	58~70 V 0.10~0.30	35~48	≤5	>300		8~35	8~45
	铬钼铜冷硬球墨复合铸铁轧辊	2.90~3.80	0.40~1.20	0.20~1.00	≤0.45	≤0.03	Mg≥0.04	0.10~0.60	0.20~0.60	58~70 Cu 0.40~1.00	35~48	≤5	>300		8~35	8~45

续表 2 - 52

轧辊分类	名称	C	Si	Mn	P	S	Ni	Cr	Mo	辊身硬度(HSD)	辊颈硬度(HSD)	辊身表面硬度不均匀度(HSD)	抗拉强度/MPa	白口层深度/mm 型钢 φ251~300	白口层深度/mm 钢 >φ300	白口层深度/mm 板钢 中板
无限冷硬铸铁轧辊	铬钼无限冷硬铸铁辊	2.90~3.70	0.60~1.20	0.40~1.20	≤0.25	≤0.12	—	0.60~1.20	0.20~0.60				50~70	35~55	≤5	>160
	镍铬钼无限冷硬铸铁轧辊(Ⅰ)	2.90~3.70	0.60~1.20	0.40~1.20	≤0.25	≤0.12	0.50~1.00	0.70~1.20	0.20~0.60				55~72	35~55	≤5	>160
	镍铬钼无限冷硬铸铁轧辊(Ⅱ)	2.90~3.70	0.60~1.20	0.40~1.20	≤0.25	≤0.12	1.01~2.00	0.70~1.20	0.20~0.60				55~72	35~55	≤5	>160
	镍铬钼无限冷硬铸铁轧辊(Ⅲ)	2.90~3.70	0.60~1.20	0.40~1.20	≤0.25	≤0.12	2.01~3.00	0.70~1.30	0.20~0.60				60~75	35~55	≤5	>160
	镍铬钼无限冷硬铸铁轧辊(Ⅳ)	2.90~3.70	0.60~1.20	0.40~1.20	≤0.25	≤0.12	3.01~5.00	1.00~2.00	0.20~0.60				65~85	35~55	≤5	>160
球墨铸铁轧辊	普通半冷硬球墨铸铁轧辊	2.90~3.80	0.80~2.50	0.40~1.20	≤0.25	≤0.03	—	0.20~0.60	—	≥0.04			35~50	30~45	≤8	>300
	低铬半冷硬球墨铸铁轧辊	2.90~3.80	0.80~2.50	0.40~1.20	≤0.25	≤0.03	—	0.20~0.60	0.20~0.60	≥0.04			40~55	32~45	≤8	>300
	铬钼半冷硬球墨铸铁轧辊	2.90~3.80	0.80~2.50	0.40~1.20	≤0.25	≤0.03	—	0.20~0.60	0.20~0.60	≥0.04			40~55	32~50	≤8	>300
	低铬钼钒钛半冷硬球墨铸铁轧辊	2.90~3.80	0.80~2.50	0.40~1.20	≤0.25	≤0.03	Re≥0.025	0.20~0.60	0.20~0.60	≥0.04	V 0.10~0.30	Ti 0.03~0.30	40~55	32~50	≤8	>300
	铬钼铜半冷硬球墨铸铁轧辊	2.90~3.80	0.80~2.50	0.40~1.20	≤0.25	≤0.03	—	0.20~0.60	0.20~0.60	≥0.04	Cu 0.40~1.00		40~55	32~50	≤8	>300
	铬钼无限冷硬球墨铸铁轧辊	2.90~3.80	0.80~2.50	0.40~1.20	≤0.25	≤0.03	—	0.20~0.60	0.20~0.60	≥0.04			55~70	35~55	≤5	>300
	铬钼铜无限冷硬球墨铸铁轧辊	2.90~3.80	0.80~2.50	0.40~1.20	≤0.25	≤0.03	—	0.20~0.60	0.20~0.60	≥0.04	Cu 0.40~1.00		55~70	35~55	≤5	>300

续表 2 – 52

轧辊分类	名称	化学成分(质量分数)/%										辊身硬度(HSD)	辊颈硬度(HSD)	辊身表面硬度不均匀度(HSD)	抗拉强度/MPa
		C	Si	Mn	P	S	Ni	Cr	Mo	Mg	其他				
球墨铸铁轧辊	低铬无限冷硬球墨铸铁轧辊	2.90~3.80	0.80~2.50	0.40~1.20	≤0.25	≤0.03	—	0.20~0.60	—	≥0.04		50~65	32~55	≤5	>300
	低铬钼钒钛无限冷硬球墨铸铁辊	2.90~3.80	0.80~2.50	0.40~1.20	≤0.25	≤0.03	—	0.20~0.60	0.20~0.60	≥0.04	RE≥0.025, V 0.10~0.30, Ti 0.03~0.30	55~80	32~55	≤5	>300
	镍铬钼无限冷硬轧辊(I)球墨铸铁	2.90~3.80	0.80~2.50	0.40~1.20	≤0.25	≤0.03	≤1.00	0.20~0.60	0.20~0.60	≥0.04		48~70	35~55	≤5	>320
	镍铬钼无限冷硬轧辊(II)球墨铸铁	2.90~3.80	0.80~2.50	0.40~1.20	≤0.25	≤0.03	1.00~3.00	0.30~1.20	0.20~0.80	≥0.04		48~70	35~55	≤5	>320
	镍铬钼球墨铸铁轧辊(I)	3.20~3.70	1.50~2.40	0.20~0.90	≤0.05	≤0.03	1.00~2.50	0.10~0.50	0.40~0.80	≥0.04		42~48	32~43	≤5	>400
	镍铬钼球墨铸铁轧辊(II)	2.90~3.60	1.20~2.40	0.30~0.80	≤0.10	≤0.03	2.51~3.50	0.10~0.50	0.40~1.00	≥0.04		55~75	35~55	≤5	>400
	镍铬钼球墨铸铁轧辊(III)	2.90~3.60	1.00~2.20	0.30~0.80	≤0.10	≤0.03	3.51~4.50	0.10~0.50	0.40~1.00	≥0.04		60~80	35~55	≤5	>400
高铬铸铁轧辊	高铬铸铁轧辊	2.30~3.30	0.30~1.00	0.50~1.20	≤0.20	≤0.06	1.00~1.70	12.00~22.00	0.70~2.50			55~95	40~55	≤5	>400
其他要求	1. 可用部分铜代替镍,但不得超过含镍量的1/3; 2. 含有稀土元素的球墨铸铁轧辊,残镁量不得小于0.03%														

表2-53 非冶金用冷硬铸铁轧辊化学成分、性能及用途

名称	化学成分(质量分数)/%								白口深度/mm	表面白口硬度(HS)	辊颈硬度(HS)	硬度差(HS)	用途
	C	Si	Mn	P	S	Ni	Cr	Mo					
普通冷硬铸铁	3.3~3.8	0.4~0.8	0.3~0.5	0.45~0.55	≤0.12	—	—	—	5~40	63~72	≤48	—	橡胶、塑料辊
铬钼合金铸铁	3.3~3.8	0.4~0.8	0.3~0.5	≤0.55	≤0.12	—	0.2~0.3	0.2~0.4	6~25	≥68	≤48	—	橡胶、塑料、油墨、烟草轧辊
镍铬合金铸铁	3.3~3.8	0.4~0.8	0.3~0.5	≤0.55	≤0.12	0.4~0.8	0.2~0.3	—	6~25	≥68	≤48	—	橡胶、塑料辊
铬铜铸铁	3.4~3.7	0.6~0.8	0.3~0.45	0.5~0.6	≤0.12	Cu0.8~1.0	0.3~0.5	—	10^{+8}_{-2}	≥70	—	≤3	造纸轧辊 φ201~300
铬铜铸铁	3.3~3.6	0.35~0.75	0.3~0.45	0.5~0.6	≤0.12	Cu0.8~1.0	0.3~0.5	—	12^{+10}_{-2}	≥70	—	≤3	造纸轧辊 φ301~400
铬铜铸铁	3.2~3.5	0.45~0.65	0.3~0.45	0.45~0.55	≤0.12	Cu0.8~1.0	0.3~0.5	—	15^{+15}_{-2}	≥70	—	≤3	造纸轧辊 φ401~700
铬铜铸铁	3.1~3.4	0.4~0.5	0.3~0.45	0.45~0.55	≤0.12	Cu0.8~1.0	0.3~0.5	—	20^{+20}_{-2}	≥70	—	≤3	造纸轧辊 ≥φ701
镍铬钼铸铁	3.5~3.8	0.3~0.55	0.4~0.6	0.45~0.55	≤0.12	0.5~0.6	0.2~0.35	0.2~0.4	20~50	68~72	—	2~3	面粉、油脂、造纸轧辊 φ160~600，辊心可采用HT150，离心铸造空心轧辊
镍铬钼铸铁	3.5~3.8	0.4~0.8	0.3~0.5	0.4~0.5	≤0.12	1.2~1.5	0.3~0.5	0.2~0.4	—	72~74	≤55	—	造纸轧辊
铬钒铸铁	3.5~3.8	0.7~0.9	0.5~0.6	0.4~0.5	≤0.12	—	0.6~0.8	V0.1~0.2	1/10D(辊径)	68~72	—	2~3	面粉轧辊，辊心可采用HT150，离心铸造空心轧辊

抗磨白口铸铁的化学成分、硬度见表 2-54。

表 2-54　抗磨白口铸铁的化学成分、硬度（GB/T 8263—2010）

牌　号	化学成分（质量分数）/%								
	C	Si	Mn	Cr	Mo	Ni	Cu	S	P
BTMNi4Cr2-DT	2.4～3.0	≤0.8	≤2.0	1.5～3.0	≤1.0	3.3～5.0	—	≤0.10	≤0.10
BTMNi4Cr2-GT	3.0～3.6	≤0.8	≤2.0	1.5～3.0	≤1.0	3.3～5.0	—	≤0.10	≤0.10
BTMCr9Ni5	2.5～3.6	1.5～2.2	≤2.0	8.0～10.0	≤1.0	4.5～7.0	—	≤0.06	≤0.06
BTMCr2	2.1～3.6	≤1.5	≤2.0	1.0～3.0	—	—	—	≤0.10	≤0.10
BTMCr8	2.1～3.6	1.5～2.2	≤2.0	7.0～10.0	≤3.0	≤1.0	≤1.2	≤0.06	≤0.06
BTMCr12-DT	1.1～2.0	≤1.5	≤2.0	11.0～14.0	≤3.0	≤2.5	≤1.2	≤0.06	≤0.06
BTMCr12-GT	2.0～3.6	≤1.5	≤2.0	11.0～14.0	≤3.0	≤2.5	≤1.2	≤0.06	≤0.06
BTMCr15	2.0～3.6	≤1.2	≤2.0	14.0～18.0	≤3.0	≤2.5	≤1.2	≤0.06	≤0.06
BTMCr20	2.0～3.3	≤1.2	≤2.0	18.0～23.0	≤3.0	≤2.5	≤1.2	≤0.06	≤0.06
BTMCr26	2.0～3.3	≤1.2	≤2.0	23.0～30.0	≤3.0	≤2.5	≤1.2	≤0.06	≤0.06

牌　号	表　面　硬　度					
	铸态或铸态去应力处理		硬化态或硬化态去应力处理		软化退火态	
	HRC	HBW	HRC	HBW	HRC	HBW
BTMNi4Cr2-DT	≥53	≥550	≥56	≥600	—	—
BTMNi4Cr2-GT	≥53	≥550	≥56	≥600	—	—
BTMCr9Ni5	≥50	≥500	≥56	≥600	—	—
BTMCr2	≥45	≥435	—	—	—	—
BTMCr8	≥46	≥450	≥56	≥600	≤41	≤400
BTMCr12-DT	—	—	≥50	≥500	≤41	≤400
BTMCr12-GT	≥46	≥450	≥58	≥650	≤41	≤400
BTMCr15	≥46	≥450	≥58	≥650	≤41	≤400
BTMCr20	≥46	≥450	≥58	≥650	≤41	≤400
BTMCr26	≥46	≥450	≥58	≥650	≤41	≤400

注：1. 牌号中，"DT"和"GT"分别是"低碳"和"高碳"的汉语拼音大写字母，表示该牌号含碳量的高低。

　　2. 允许加入微量 V、Ti、Nb、B 和 RE 等元素。

　　3. 洛氏硬度值（HRC）和布氏硬度值（HBW）之间没有精确的对应值，因此，这两种硬度值应独立使用。

　　4. 铸件断面深度 40% 处的硬度应不低于表面硬度值的 92%。

任务 2.7　耐 蚀 铸 铁

【任务描述】

在石油、化工、化肥等工业部门中，许多零件和设备要求有较好的抵抗腐蚀破坏的能力，以保证有较长的使用寿命。

【任务分析】

耐蚀铸铁的工作条件及耐蚀原理；常用耐蚀铸铁。

【知识准备】

2.7.1　铸铁的耐蚀性

铸铁组织中，石墨的电极电位高于渗碳体，而渗碳体又高于铁素体。因此当铸铁处于电解液中时，即会形成原电池而发生电化学腐蚀，使电位低的相受到腐蚀。当往铸铁或钢中加入适当的合金元素如铬、硅或镍时，可同时提高其耐化学腐蚀和耐电化学腐蚀的性能。这些合金元素能在铸铁的表面形成一层以 Cr_2O_3 或 SiO_2 为主要成分的或富镍的钝化膜，以保护工件，不使腐蚀性介质侵入其内部。这些合金元素又都是电极电位比铁高的金属，当溶于铸铁中时，能够提高铁素体的电极电位，从而减轻相间的电化学腐蚀过程。但为了能形成一定厚度（约 100nm 以上）的钝化膜，并能显著提高铁素体的电极电位，合金元素需要达到一定的含量。根据电化学中的定律可知，固溶体的电极电位随合金元素含量增大而提高是呈突变式规律的，即 $n/8$（mol 比）规律。例如在铁铬合金中，当含铬量与含铁量的摩尔比达到 1/8、2/8、3/8…$n/8$，即质量分数达到 12.5%、25%、37.5% 时，固溶体的电极电位都有显著的提高，而腐蚀程度也相应有显著的减轻。

2.7.2　常用耐蚀铸铁

2.7.2.1　高镍合金铸铁

一种商业名称叫 Ni-Resist 的高镍奥氏体铸铁有极好的耐蚀性，它的成分（质量分数）为：Ni 13.5% ~36%，Cr 1.6% ~6.0%，有些牌号还含 Cu 5.5% ~7.5%，能承受石油、盐水、某些酸或碱的腐蚀。高镍铸铁有很强的石墨化能力，致使有相当多的铬（如质量分数为 6% 的 Cr）也能使碳以石黑形式析出。高镍使奥氏体在室温下十分稳定，不用热处理即可使用。

高镍奥氏体球墨铸铁的化学成分范围（质量分数）为：C 2.2% ~3.1%，Si 1.0% ~3.0%，Mn 0.7% ~4.5%，P 0.08% ~0.2%，Ni 18% ~36%，Cr 1.0% ~3.5%，抗拉强度 $R_m = 344 ~448MPa$，断后伸长率 $A = 6\% ~30\%$，硬度为 121 ~273HBS 高镍奥氏体灰铸铁的化学成分范围（质量分数）为：C 2.4% ~3.0%，Si 1.0% ~6.0%，Mn 0.5% ~1.5%，Ni 13.5% ~36.0%，Cr 1.0% ~6.0%，Cu 0.5% ~7.5%，抗拉强度 $R_m = 140 ~309MPa$，硬度 99 ~210HBS。

从耐蚀性来说，高镍球墨铸铁和高镍灰铸铁的抗蚀能力相同，但球墨铸铁有高得多的强度和韧性。

在高镍的基础上再加质量分数为 5.5% ~7.5% 的 Cu 可替代部分镍，成本较低，仍能保持较好的耐蚀性。

Ni 的质量分数为 20% ~30% 的高镍铸铁特别能承受 NaOH 的腐蚀，有非常好的抗气蚀性，可制作小船螺旋桨、水泵转子，工作效果优于黄铜和 430 不锈钢。

2.7.2.2　高硅耐蚀铸铁

在化学工业中，许多高腐蚀性流体的处理和输送都用高硅铸铁零件，因为 Si 的质量分数为 14.2% ~ 14.75% 的铸铁特别能经受大多数工业酸，包括硫酸、硝酸在任何温度下的侵蚀，还能抵抗磷酸在室温下的侵蚀。但不能经受三性溶液、氢氟酸的侵蚀，因为这些介质破坏金属表面的 SiO_2 保护膜：

$$SiO_2 + 4HF =\!=\!= SiF + 2H_2O \tag{2-2}$$

$$SiO_2 + 2NaOH =\!=\!= Na_2SiO_3 + H_2O \tag{2-3}$$

高硅铸铁的缺点是强度低、比较脆，硬度高（500HBW），不能加工。

2.7.2.3　高铬耐蚀铸铁

Cr 的质量分数为 20% ~ 30% 的铸铁为铁素体基体，比高硅铸铁有更好的力学性能，能承受冲击和加工，在浓硝酸中特别耐蚀，在盐酸和有机酸中也很可靠，但不能承受稀硝酸的腐蚀。

典型的耐蚀铸铁成分及使用范围列于表 2 - 55。

表 2 - 55　几种耐蚀铸铁的化学成分及性能

名　称	化学成分（质量分数）/%				性　能		用　途
	C	Si	Mn	其他	R_m/MPa	硬度（HRC）	
高硅铸铁	0.5 ~ 0.85	14.0 ~ 15.0	0.3 ~ 0.8	—	59 ~ 78	35 ~ 46	用于中等静载荷、无温度急变的耐酸件
抗氯铸铁	0.5 ~ 0.8	14.0 ~ 16.0	0.3 ~ 0.8	Mo 3 ~ 4	59 ~ 78	43 ~ 47	用于抗 HCl 腐蚀件
铝耐蚀铸铁	2.7 ~ 3.0	1.5 ~ 1.8	0.6 ~ 0.8	Al 4 ~ 6	177 ~ 432	≤20	用于碱类溶液耐蚀件
Cr32	0.5 ~ 1.0	0.5 ~ 1.3	0.5 ~ 0.8	Cr 26 ~ 30	377 ~ 402	220 ~ 270HBS	能受 HCl、H_2SO_4、H_2NO_3 及海水的腐蚀
Cr38	1.5 ~ 2.2	1.3 ~ 1.7	0.5 ~ 0.8	Cr 32 ~ 36	294 ~ 422	250 ~ 320HBS	

任务 2.8　冷 硬 铸 铁

【任务描述】

由于冷硬铸铁只有内韧外硬的组织结构特点，在工农业生产中得到了广泛应用，主要产品有冶金及其他轧辊、凸轮轴、耐磨衬板等。冷硬铸铁冷硬层硬度高，耐磨性好，但脆性大。因此，实际生产中应对冷硬层深度进行有效控制，保证铸件内部组织的强韧性。

【任务分析】

根据断口宏观形态和金相组织中石墨分布的差异，人们把冷硬铸铁分为白口冷硬铸铁与麻口冷硬铸铁两大类，其中麻口冷硬铸铁又包括无限冷硬和半冷硬两种。

【知识准备】

2.8.1　概述

铁液浇入铸型（金属型或金属挂砂型）后，在激冷作用下，使铸件表面形成硬度高、耐磨性好的冷硬层，其断口形貌呈白色，组织中碳主要以渗碳体形式存在。随着后续传热速度的降低，铸件内部石墨析出量增多，断口由白口向麻口过渡进一步到灰口，相应中心硬度降低，强韧性提高，断口呈现三区（白口区、麻口区、灰口区）的组织结构特点。这种现象称为冷硬现象，具有以上特征的铸铁称为冷硬铸铁。

2.8.2　冷硬铸铁的组织特点

（1）宏观断口。普通白口冷硬铸铁有明显的白口冷硬层界面，断口呈典型的三区组织结构特点。无限冷硬铸铁其断口组织由外及里转变时，白口、麻口区无明显的区分界限，有时表层也会出现少量石墨。半冷硬铸铁石墨量相对较多，断口组织呈麻口，其既无明显白口区又无明显灰口区和各区界限，人们把这种冷硬铸铁叫做半冷硬铸铁。无限冷硬铸铁与半冷硬铸铁是冷硬铸铁的两大特例。以上三种类型的冷硬铸铁在轧辊生产中均得到了广泛应用。

（2）金相组织。普通冷硬铸铁其白口、麻口、灰口各区的金相组织，因普通冷硬铸铁未进行合金化，其碳化物类型为普通的 Fe_3C 型，基体为珠光体，其硬度很大程度上取决于碳的含量。进行合金化以后，冷硬铸铁的基体组织发生了很大变化，其特性不仅与碳化物有关，同时基体组织的变化对铸件性能也带来了重要影响。

2.8.3　化学成分对金相组织和性能的影响

2.8.3.1　各元素对白口倾向和石墨化的影响

能够增大白口化倾向减小石墨化能力的元素称为反石墨化元素，反之增加石墨化能力的元素称为石墨化元素。各元素的白口倾向和石墨化能力强弱排列，如下所列：

强←————提高石墨化能力————→弱　　中性　　弱←————增加白口化倾向————→强
Al、C、Si、Ti、Ni、Cu、P、Co　　Zr、Nb、W　　Mn、Mo、S、Cr、V、Mg、Ce、B、Te

各元素在铸造过程中不同阶段对石墨化的作用见表 2 – 56。

表 2 –56　合金元素在不同阶段对石墨化的作用一览表

石墨化作用类别		元 素 名 称	液态	共晶	中间	共析
Ⅰ 全促进		C、Si、Al(w(Al) <9%)	+	+	+	+
Ⅱ 全反对		Mn、S、Cr、Mo、V Te、Sb、N、H	–	–	–	–
Ⅲ 先促后反		P、Ni、Cu、Co、Sn、As	+弱	+弱	+弱	–
Ⅳ	先促一反一无	Mg、Ce	+	–	0	0
	先反一无	Bi	–	–	0	0
Ⅴ 特殊		Ti、B 少量或微量时 + ，否则 –				

注："＋"—促进石墨化；"－"—反对石墨化；"0"—无影响；弱—作用弱。

Ⅰ类合金元素从液态—凝固—固态相变全过程均促进石墨析出，在共析转变过程中有利于增加基体中铁素体的体积。Ⅱ类从液态—凝固—固态相变全过程均促进碳化物形成。

Ⅲ类合金元素在共析转变前均有较弱的石墨化作用，但在共析转变时Ⅱ、Ⅲ类合金元素有利于碳化物的形成，有增加基体中珠光体体积的作用。

在进行材质设计时，可根据各元素的不同特点，有目的地调整各元素比例可控制白口倾向和石墨数量。各元素石墨化能力对比：以合金元素 Si 为参照，取 Si 石墨化能力指数为 1，相应其他元素在共晶点、共析点石墨化能力指数参照表 2-57、表 2-58。以元素 B 为例，其石墨化能力是元素 Si 的负 10 倍。

表 2-57　石墨化元素石墨化能力指数

阶段＼元素	Si	Al	Ni	Ti	Cu	P
共晶转变	+1	+1.5～+3	+0.4	+0.4 少量	+0.2	+0.1
共析转变	+1		-0.25	-0.3 通常	-0.8	-0.2

表 2-58　反石墨化元素石墨化能力指数

阶段＼元素	Te	B	Sn	Mg	V	Cr	S	Mo	Mn
共晶转变	-180	-10		-8	-2	-1.2	-1～-2	-0.4	-0.2
共析转变			-8	—	-1	-1.2		-1.2	-0.2

2.8.3.2　各元素对冷硬铸铁白口深度的影响

在相同的冷却速度条件下，化学成分中各元素由于石墨化能力及白口化倾向上的差异，反映在对冷硬铸铁白口层深度的影响上也不同，常见元素对白口层深度的影响大小排列如下：

$$\xleftarrow[\text{C、Si、Ti、Ni、Cu、Co、P}]{\text{减少白口层深度}}$$
强　　　　　　　　　　　　　弱

$$\xrightarrow{\text{增加白口层深度}}$$
弱　　　　　　　　　　　　　强

W、Mn、Mo、Cr、Sn、V、S、B、Te 元素能增大白口层深度，Te、C、S、P 能减小麻口层深度，而 Cr、Al、Mn、Mo、V 可增大麻口层深度。

特定条件下各元素对冷硬铸铁白口层深度的影响见图 2-13。

人们利用化学成分对白口倾向的影响，在生产时通过加入一定数量的合金元素，如硅、锰、铬来调整白口深度，而加入合金元素的影响又随加入前原材质的白口倾向的强弱而效果不同。一般可用下列公式阐明白口深度与化学成分的关系。

元素添加前原始化学成分（质量分数，%）为 C 3.11、Si 0.58、Mn 0.57、P 0.529、S 0.038。

$$a_1 = a(1 \pm x/100)^n$$

式中　a_1——化学成分变化后的白口深度；

　　　a——化学成分变化前的白口深度；

　　　x——白口层深度的变化；

　　　n——合金元素加入量指数，当加入合金元素的质量分数为 0.1% 时 $n=1$，0.2%

时 $n = 2$，…；

　+——用于增加白口深度的元素；

　-——用于减少白口深度的元素。

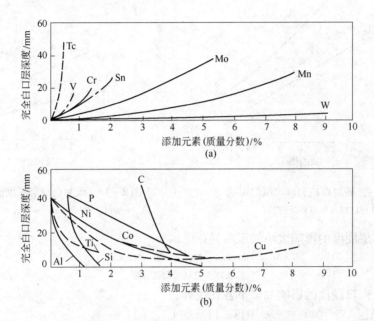

(a)

(b)

图 2-13　各元素对冷硬铸铁白口深度的影响

（试样尺寸 26mm×70mm×100mm，浇注温度 1280℃）

常用合金元素加入量对白口深度的影响见表 2-59。

表 2-59　合金元素加入量对白口层深度的影响

合金元素 ($n = 1$)	白口深度变化/%[1]	白口层 + 麻口层的变化/%
Al	55	55
Si	18	18
Mn（有过量 S 存在时）[2]	10	5
P	7	7
B	60	
S（过量）[2]	28	14
Cr	16	16
Mn（过量时）[2]	6	6

① 此数据即是公式 $a_1 = a(1 \pm x/100)^n$ 中的 x 值。

② 系指超过 Mn + S = MnS 时之 Mn 或 S 的含量。

　　所有激冷试验表明，增加含量会减少白口和麻口层深度（见图 2-14、图 2-15）。增加 Si 会减少白口层深度，但对表层硬度的变化影响不大（见图 2-16），因此 Si 被广泛用来控制白口层深度。

2.8.3.3　各元素对冷硬铸铁显微组织和性能的影响

　　能增加白口层深度的元素不一定能增加白口硬度，反之亦然。在一定加入范围内各元

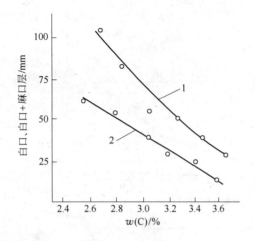

图2-14　碳对白口和麻口层的影响
1—白口+麻口；2—白口

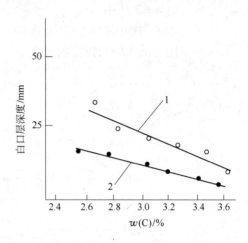

图2-15　碳对白口层深度的影响
1—$w(C)=0.8\%$；2—$w(Si)=1.2\%$

素对白口层硬度的影响大小如下所列：

$$\xrightarrow[\text{依次减少白口层硬度方向}]{\text{C、Ni、P、Mn、Cr、Mo、V、Si、Al、Cu、Ti、S}}$$

碳含量对白口硬度的影响如以下各式所列：

肖氏硬度　　　　　　　　$HS = 14 \times w(C)_\% + 13$

$$HS = 16.7 \times w(C)_\% + 13$$

$$HS = 17.3 \times w(C)_\% + 10$$

布氏硬度　　　　　$HBS(HBW) = 112.3 \times w(C)_\% + 55$

式中　$w(C)_\%$——铁液中的总碳量（质量百分数）。

不同合金元素对硬度的影响如图2-17所示，图中合金元素添加前化学成分同图2-13。

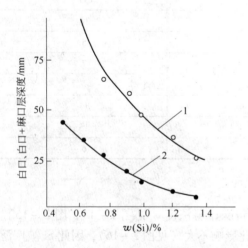

图2-16　硅对白口和麻口层深度的影响
1—白口+麻口；2—白口

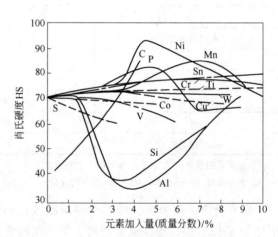

图2-17　不同合金元素含量
对冷硬铸铁硬度的影响

通过对冷硬铸铁合理的化学成分匹配，一方面可以获得合适的冷硬层深度，同时可以控制最佳的冷硬层微观金相组织，这一点对于不同使用工况的冷硬铸铁显得非常重要。

冷硬铸铁合金化后，基体和碳化物的形态得到了优化，可以满足更大范围工况条件的使用要求。下面是一些常见元素对冷硬铸铁组织和性能的影响：

（1）碳（C）：在冷硬铸铁成分范围内，采用金属型，冷硬层内碳主要以碳化物形式存在，因此冷硬层内的硬度与材质自身含碳量成正比。采用金属型 CrMo 低合金冷硬铸铁（$w(C) = 3.2\% \sim 3.4\%$、$w(Si) = 0.4\% \sim 0.6\%$）中碳化物的体积分数为 $30\% \sim 40\%$，硬度值为 $55 \sim 70HS$。采用半金属型（金属挂砂型），由于冷却速度的降低石墨析出量的增加。CrMo 低合金半冷硬球墨铸铁（$w(C) = 3.2\% \sim 3.4\%$、$w(Si) = 1.0\% \sim 1.3\%$）中的碳化物体积分数为 $10\% \sim 20\%$、硬度为 $40 \sim 50HS$。但在冷硬层以里的麻口区，随着碳量的提高，石墨化能力提高，硬度反而下降。

（2）硅（Si）：硅在铁液中有控制铁液氧化、调整铸件白口化倾向、凝固时充当石墨形核的作用。在金属型激冷作用下，硅的质量分数为 $0.1\% \sim 0.2\%$ 时可获得无石墨的纯白口冷硬层。实际生产时，一方面控制如此低的含量比较困难，另一方面即使硅量稍高，在铸件中析出少量石墨（$0.5\% \sim 1.5\%$，体积分数），不会产生较大副作用，在一定场合反而有提高导热能力和抗裂纹扩展能力的作用，故生产时一般控制 $w(Si) = 0.25\% \sim 0.75\%$。

硅有调整白口深度作用。冷硬铸铁中硅的质量分数每增加 0.02%，其纯白口深度减少 1mm，麻口区减少 2mm。另外，由于调整硅的含量可以改变材质的石墨化能力，使石墨数量发生变化，因此硅还有调整硬度的作用。

（3）锰（Mn）：锰在冷硬铸铁中，通常使用的质量分数范围为 $0.2\% \sim 1.6\%$，在特种锰合金铸铁材质中有时质量分数增加到 $3.5\% \sim 3.8\%$。锰可使铁液去硫（$FeS + Mn = Fe + MnS$）、脱氧（$Mn + FeO = Fe + MnO$）、浮渣去杂（$FeO \cdot SiO_2 + Mn = Fe + MnO \cdot SiO_2$），因此锰对冷硬铸铁过渡区（麻口区）有较大影响。过渡区随锰量的提高而增大，特别当激冷条件较弱时更加明显。通常，在生产较窄过渡区的冷硬铸铁时，锰量必须低，一般 $w(Mn) = 0.2\% \sim 0.4\%$。在生产无限冷硬铸铁、半冷硬铸铁时，有意识制造较宽的过渡区，锰可控制在 $w(Mn) = 0.6\% \sim 1.2\%$。

（4）硫（S）：硫在铸铁中是有害元素，其在铸铁中多以低熔点硫化物形式存在，使铸件的力学性能特别是高温力学性能下降，通常硫控制在 $w(S) = 0.05\% \sim 0.09\%$，对质量要求较高的、使用负荷较大的铸件，可通过对石墨的球化处理，使硫的质量分数降到 $0.002\% \sim 0.04\%$。

（5）碲（Te）：碲是非常强烈的阻碍石墨化元素，其具有极强的白口化倾向（是硅的 400 倍），加入 $w(Te) = 0.0001\%$ 相当于降低 $w(Si) = 0.04\%$，但由于碲的熔点低（熔化温度 45℃ 左右）、易气化，其对白口深度的影响会因时间的延长而减弱，一般使用 $w(Te) = 0.0002\% \sim 0.0006\%$。

（6）磷（P）：磷在铸铁中多以脆性的磷共晶形式存在，在合金元素含量较低的材质中，磷共晶的存在有提高硬度和耐磨性的作用。但在高合金材料中，其低温脆性的特点不能使合金的作用充分发挥，因此特别是在使用层内应加以控制，通常控制在质量分数为 $0.10\% \sim 0.15\%$ 之间。但对半冲洗生产的复合轧辊，由于磷共晶熔点低，常出现在结晶后期，有利于缓解中心石墨膨胀对外表面施加的应力，有减少铸造裂纹的作用，该类轧辊通常磷控制在 $w(P) = 0.2\% \sim 0.4\%$。对面粉加工光面轧辊，磷可控制在 $w(P) = 0.5\% \sim 0.6\%$。

（7）镍（Ni）：镍是有效强化基体组织、提高综合力学性能的元素。其使用范围在 $w(Ni) = 0.5\% \sim 4.5\%$ 范围内。$w(Ni) \leq 0.5\%$ 时，对基体影响不大，主要以固溶强化为主，兼有一定石墨化作用。$w(Ni) = 1.5\% \sim 2.0\%$ 时，细化奥氏体共析分解产物，可得到索氏体、托氏体组织。$w(Ni) = 2.2\% \sim 2.6\%$ 时，可使共析分解产物以托氏体为主。$w(Ni) = 3.0\% \sim 4.5\%$ 时，随着加入量的提高分解产物由托氏体 + 贝氏体过渡到贝氏体 + 马氏体 + 残余奥氏体。为控制较低的残余奥氏体量，通常镍控制在质量分数为 4.5% 以下。

（8）铬（Cr）：在冷硬铸铁中，铬通常控制在质量分数 0.15% ~ 1.8%。在高铬白口铸铁中可控制在 $w(Cr)$ 为 13% ~ 24%，最高可达 $w(Cr)$ 34%。铬含量较低时，有显著强化基体、提高强度和硬度的作用，有减少铸件硬度梯度，增加白口深度，提高白口纯度、强烈增加过渡区宽度的作用。铬的加入量对白口深度及麻口深度的影响见表 2 – 60。

表 2 – 60　铬的加入量对白口及麻口深度的影响

原始组成（质量分数）/%		加入铬量（质量分数）/%	白口深度/mm	麻口深度/mm
C	Si			
2.89	0.58	—	11	42
2.92	0.54	0.10	16	74
2.96	0.52	0.15	18	87

$w(Cr) \leq 5\%$ 时，以固溶强化为主，能提高硬度、强度和耐磨性，增加白口倾向作用。$w(Cr) = 0.5\% \sim 1.0\%$ 时，可形成以（Fe、Cr）$_3$C 为主的合金渗碳体。随着铬含量的进一步增加开始有 M_7C_3 型、$M_{23}C_6$ 型碳化物出现。$w(Cr)$ 为 12% ~ 34% 时，以 M_7C_3、$M_{23}C_6$ 型碳化物为主。碳化物类型及所占比例与碳、铬质量分数有关，如图 2 – 18 所示。

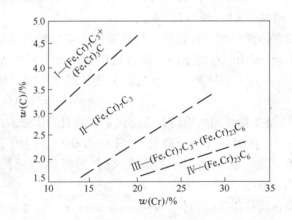

图 2 – 18　碳化物类型与碳、铬质量分数的关系

用经验公式描述如下：

$$K_{M_xC_y} = 11.3w(C)_\% + 0.5w(Cr)_\% - 13.4$$

式中　　　　$K_{M_xC_y}$——M_xC_y 型碳化物所占比例；

$w(C)_\%$, $w(Cr)_\%$——金属液中 C、Cr 的质量百分数；

　　　　13.4——修正系数。

（9）硼（B）：硼在铸铁轧辊中可以使硬面轧辊工作层得到改善，有很强的脱氧能力，借助于硼可调节轧辊白口深度、工作层硬度。加入硼质量分数从 0.0003% ~ 0.0006% 开始，每增加 $w(B)$ = 0.0015% 可使白口层增加 1mm。

（10）钒（V）：钒可以极大改善硬面轧辊质量，当加入质量分数为 0.05% 的钒可有效地清除白口层中的细小灰口组织物，同时使灰口区石墨细化。加入钒质量分数从 0.01% ~ 0.04% 开始，最高可加到 0.3%。每增加 $w(V)$ = 0.025% 可增加白口深度 1mm。

（11）钛（Ti）：加入质量分数为 0.03% ~ 0.30% 的钛，可使硬面轧辊灰口区与白口区使用性能得到很大的改善，从加入质量分数为 $w(Ti)$ = 0.05% ~ 0.10% 开始，每增加 $w(Ti)$ = 0.04% 可增加白口深度 1mm。

（12）钼（Mo）：根据不同用途，钼加入的质量分数为 0.2% ~ 1.5%，加入少量钼可以使石墨细化，改善高温使用性能，提高白口层抗磨损与抗破断性能，一般加入 $w(Mo)$ = 1.0% ~ 1.5%。当 $w(Mo)$ = 0.6% ~ 1.0% 时，可使奥氏体析出物中出现贝氏体、马氏体针状组织，因此可大大提高铸件耐磨性能。当加入量 $w(Mo)$ = 1.0% ~ 1.5% 时，可以使组织中形成稳定的钼的合金碳化物（Fe,Mo）$_6$C，该合金碳化物比单一的 MoO_2、Cr_2O_3 氧化物稳定得多，因此可以提高钼合金铸铁的耐蚀性和抗氧化能力。

（13）镁（Mg）：镁在铁液中主要起脱氧、去硫作用，残镁可以改变铁液石墨析出物的表面张力，有促使铁液中石墨生成球状的能力。加入镁可以使铁液中硫的质量分数降到 0.002% ~ 0.04%，当残镁质量分数达到 0.04% ~ 0.08% 时可得到较为完美的球状石墨。镁具有极强的白口化倾向，残镁的质量分数每增加 0.0025% 可提高纯白口深度 1mm。用 $w(Si)$ = 0.07% ~ 0.14% 可以抵消质量分数为 0.01% 残镁对白口的影响。

2.8.4　制造工艺对组织和性能的影响

形成冷硬铸铁的必要条件是铁液在冷凝过程中要有足够的冷却强度，其大小取决于铸件截面、铸型冷却能力（材料、壁厚）、铁液过热温度等。在化学成分、冷却条件一定的情况下，冷硬铸铁的性能则取决于炉料的配比、熔炼温度、孕育处理、浇注温度等制造工艺参数。

2.8.4.1　冷却条件的影响

根据钢中奥氏体转变的 S 曲线，有人提出了铸铁共晶阶段的动力学曲线，如图 2 - 19 所示。

当冷却速度很小时（v_1），石墨析出开始时间较晚，但能充分长大，石墨化较充分，可获得粗大片状石墨组织。当以 v_3 速度冷却结晶时，不经过石墨析出线，而形成渗碳体，可获得白口组织。当冷却速度介于两者之间时，得到的组织为具有石墨和渗碳体及珠光体基体的麻口组织。冷却速度大小，取决于铸型特性（冷铁壁厚、涂料导热速率）、铸件壁厚。但由于铸件形状复杂，壁厚差别也大，也可引入铸件模数 M 的概念，M 的数值一般用体积与表面积之比来计算。

金属型铸造时，控制组织中碳化物与石墨的分配可借助于金属型铸造铸铁定性组织图（见图 2 - 20）。

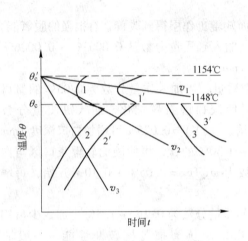

图 2 - 19　铸铁共晶转变阶段的结晶
动力学曲线示意图

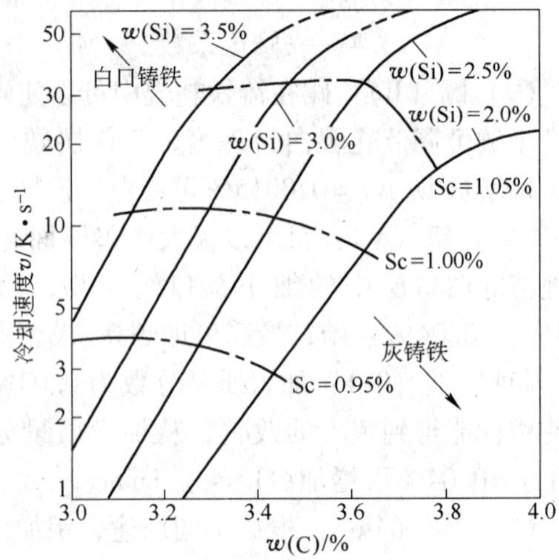

图 2 - 20　金属型铸造铸铁定性组织图

1,1′—石墨析出开始和结束线；2,2′—Fe₃C 析出开始

和结束线；3,3′—Fe₃C 慢冷时的分解开始和结束线

以轧辊为例，化学成分相同铸造条件不同对组织、硬度的影响见表 2 - 61 ~ 表 2 - 63。

表 2 - 61　CrMo 无限冷硬球墨铸铁轧辊的化学成分和硬度

化学成分（质量分数）/%	C	Si	Mn	P	S	Cr	Mo	Mg
	3.0 ~ 3.5	1.5 ~ 1.9	0.5 ~ 1.0	0.2 ~ 0.4	≤0.10	0.2 ~ 0.5	0.2 ~ 0.3	≥0.04
硬度（HS）	金属型部位				砂型部位			
	58 ~ 65				35 ~ 45			

注：表中数据取自邢台机械轧辊（集团）有限公司生产数据，表 2 - 62 和表 2 - 63 同。

表 2 - 62　NiCrMo 无限冷硬铸铁轧辊的化学成分和硬度

化学成分（质量分数）/%	C	Si	Mn	P	S	Ni	Cr	Mo
	3.0 ~ 3.5	0.6 ~ 1.2	0.4 ~ 1.2	≤0.2	≤0.10	1.0 ~ 2.0	0.5 ~ 1.2	0.2 ~ 0.4
硬度（HS）	金属型部位				砂型部位			
	58 ~ 70				32 ~ 48			

表 2 - 63　CrMo 半冷硬球墨铸铁轧辊的化学成分和硬度

化学成分（质量分数）/%	C	Si	Mn	P	S	Cr	Mo	Mg
	3.0 ~ 3.6	0.8 ~ 1.3	0.5 ~ 1.0	≤0.2	≤0.04	0.3 ~ 0.5	0.2 ~ 0.4	≥0.04
硬度（HS）	金属型部位				砂型部位			
	40 ~ 50				30 ~ 40			

2.8.4.2　工艺条件的影响

生产过程中，由于铸铁的遗传特性，熔炼和浇注过程的工艺环节会对铸件的最终性能产生不同的影响。

A　原料配比

原始炉料的组织，在一定熔炼温度条件下，能够保留下来。在金属液中形成非均匀核心，在铸件的凝固过程中，促进该类组织析出与生长，使该组织特性得到延续，因此不同的炉料、不同的配比有时会影响铸件的组织。例如，生铁的原始断口组织不同，对铸件遗传性可能会带来影响。断口为白口的生铁，组织以碳化物为主，断口为灰口的生铁，组织中以粗大片状石墨为主。表 2 - 64 为炉料配料比对白口层深度的影响。

表 2 - 64　炉料配比对白口层深度的影响

灰铸铁（质量分数）/%	白口铸铁（质量分数）/%	铸件白口深度 δ/mm
100	0	12
50	50	16
0	100	20

B　熔炼过热温度

铁液中原始核心数量的多少，随铁液过热温度的差异而有不同变化，过热温度高，且保持时间长，使铁液中石墨核心减少，白口化倾向显著增加。白口深度与铁液过热温度及高温保温时间的关系见图 2 - 21、图 2 - 22 和表 2 - 65、表 2 - 66。

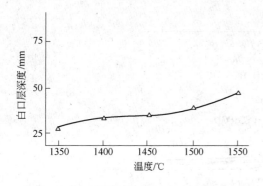

图 2 - 21　白口深度与铁液过热温度的关系

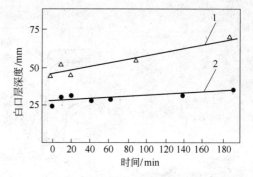

图 2 - 22　白口深度与高温保持时间的关系
1—铁液温度 1550℃；2—铁液温度 1350℃

表 2 - 65　白口深度与铁液过热温度的关系

铁液过热温度 θ/℃	白口深度 δ/mm
1220	18
1355	31
1465	46

表 2 - 66　白口深度与高温保持时间的关系

铁液高温保持时间 t/h	白口深度 δ/mm
0.5	麻口
1.0	8
1.5	12

C　孕育处理

冷硬铸铁的孕育，即向铁液中加入一种或几种石墨化元素及合金元素构成的中间合金，用以细化组织、改变石墨化的过程。以质量分数为 75% 的 Si-Fe 型内孕育为例，孕育使白口化倾向和硬度显著降低，见表 2-67。

表 2-67　型内瞬时孕育对冷硬铸铁硬度的影响

原始化学成分范围（质量分数）/%									硬　　度	
									不孕育	孕育后
C	Si	Mn	P	S	Cr	Ni	Mo	Mg	HS	HS
3.0	1.5	0.5	0.2	≤0.04	0.2	1.0	0.3	≥0.04	58~65	40~45
3.5	1.8	1.0	0.4		0.4	2.0	0.8			

注：采用金属型石墨涂料，厚度为 0.3~0.7mm，采用 FeSi75 孕育剂，孕育剂量为铁液质量分数的 0.2%。

D　浇注温度

铸件的凝固（包括形核、长大以及结晶前沿的延伸），需要结晶前沿液相有足够的过冷度，由于石墨析出所需的过冷度小于碳化物，在铸型条件一定的前提下，浇注温度越低，相对铸型的激冷能力越大，过冷区越宽，凝固速度越快，析出的石墨数量越少，相对白口化倾向提高。

2.8.4.3　工艺方法的影响

不同的工艺方法可以使冷硬铸铁外硬内韧的特征发挥得更加充分。以轧辊制造为例，工艺方法大致可分为四种（金属型静态、冲洗、离心和金属型挂砂），其效果如图 2-23 所示。

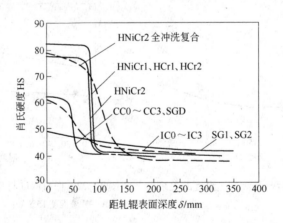

图 2-23　不同工艺方法生产的轧辊硬度梯度示意图

A　金属型静态一次浇注成型工艺方法

即采用金属型喷涂料后，直接向金属型内浇注，凝固成型。

（1）图 2-23 中 CC0~CC3 是生产普通低合金冷硬铸铁轧辊时的硬度变化曲线。辊身表面冷硬层组织为珠光体 + 体积分数为 30%~40% 的碳化物，石墨量的体积分数小于0.5%。冷硬层厚度 20~40mm、硬度 56~68HS，心部及辊颈硬度 35~45HS。

（2）图 2-23 中 IC0~IC3 是生产普通低合金无限冷硬铸铁轧辊的硬度变化曲线。辊身表面冷硬层组织为珠光体 + 体积分数为 25% ~ 40% 的碳化物 + 体积分数为 1% ~ 2% 的石墨。随着时间的延长，冷型蓄热、冷却能力降低，加上合金元素的作用，石墨析出较为缓慢，从表层到心部未形成明显的过渡界限，该类铸铁称为无限冷硬铸铁。其辊身表面冷硬层硬度值为 58 ~ 75HS，心部及辊颈硬度值为 35 ~ 55HS。

B　金属型静态冲洗复合法

即采用金属型喷涂料后，先用一种冷硬材质的铁液（重量 w_1）浇入铸型，等其表面凝固出足够使用层后，继续将原铁液用 FeSi75 孕育剂孕育随浇注冲入或另用高硅铁液冲入，从而改进心部石墨化特性，根据冲洗用铁液所占比例，超过第一次铁液重量 w_1 的 80% 以上称为全冲洗，80% 以下为半冲洗。

（1）图 2 - 23 中 SGD 是半冲洗法生产低合金复合冷硬铸铁轧辊硬度降落曲线。该轧辊辊身冷硬层组织为珠光体 + 体积分数 35% ~ 45% 的碳化物 + 体积分数小于 0.5% 的石墨，其硬度为 58 ~ 70HS，心部及辊颈硬度为 35 ~ 48HS。

（2）图 2 - 23 中 HNiCr2 是全冲洗法生产的高合金复合冷硬铸铁轧辊的硬度降落曲线，由于合金量较高，需要加大冲洗量，使中心处高合金铁液稀释。其表面硬度为 68HS，辊颈为 35 ~ 55HS，该轧辊辊身冷硬层组织为回火索氏体或贝氏体 + 体积分数为 25% ~ 35% 的碳化物 + 体积分数为 2% ~ 3% 的石墨。

C　金属型离心复合浇注

即采用金属型喷涂料，在离心旋转状态下，浇注高合金外层铁液，待凝固到低于固相线温度某一过冷度 ΔT 时，向型内浇入另一种材质的铁液。

用此方法生产的高合金冷硬复合铸铁轧辊包括：

（1）高镍铬无限冷硬轧辊，辊身冷硬层组织为贝氏体（或托氏体） + 马氏体 + 残余奥氏体 + 体积分数为 20% ~ 30% 的碳化物 + 体积分数为 1% ~ 3% 的石墨，其硬度为 65 ~ 85HS，辊颈硬度为 35 ~ 45HS。

（2）高铬铸铁轧辊，辊身冷硬层组织为托氏体 + 马氏体 + 残余奥氏体 + 体积分数为 15% ~ 30% 的碳化物，其硬度为 60 ~ 90HS，辊颈硬度 35 ~ 45HS。硬度落差如图 2 - 23 中 HNiCr1、HCr1、HCr2 所示。

D　金属挂砂型静态一次浇注成型

即采用金属挂砂，挂砂厚度 7 ~ 30mm，干燥后向铸型内浇注铁液，一次成型，由于其激冷能力较差，冷却速度介于砂型与金属型之间，因此其表层组织也为麻口组织，即所谓半冷硬铸铁轧辊。其组织为珠光体 + 体积分数为 15% ~ 25% 的碳化物 + 体积分数为 3% ~ 5% 的石墨，辊身硬度为 40 ~ 50HS，辊颈硬度为 30 ~ 40HS，其硬度梯度曲线如图 2 - 23 中 SG1、SG2 所示。

2.8.5　冷硬铸铁的应用、生产及控制

2.8.5.1　冷硬铸铁的应用

冷硬铸铁主要用于以磨损为主的工况，特别是生产各种冶金轧辊和造纸、塑胶等其他用辊。还用于内燃机凸轮轴、柱塞泵、活塞及气门挺柱等抗磨零部件。

冶金铸铁轧辊化学成分及性能见表 2 - 52。

非冶金用冷硬铸铁轧辊化学成分、性能及用途见表 2 - 53。

一般冷硬铸铁件化学成分，内燃机气门挺柱、内燃机凸轮轴用冷硬铸铁化学成分及特点分别见表 2 - 70 和表 2 - 72。

2.8.5.2　冷硬铸铁轧辊

（1）普通冷硬铸铁轧辊工艺装配示意图见图 2 - 24。不同材质轧辊的辊身缩尺见表 2 - 73。

（2）离心复合铸造轧辊工艺装配示意图见图 2 - 25。

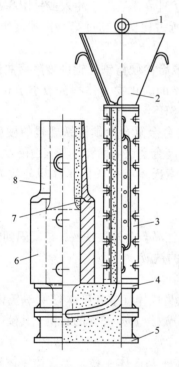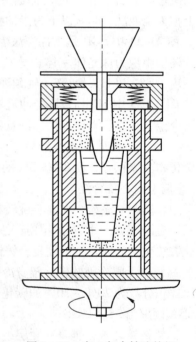

图 2 - 24　普通冷硬铸铁轧辊工艺装配示意图　　　　图 2 - 25　离心复合铸造轧辊
1—浇口塞；2—浇口箱；3—直浇道箱；4—底上箱；　　　　　工艺装配示意图
5—底下箱；6—冷型；7—辊颈砂芯；8—冒口箱

（3）离心复合铸造轧辊转速的确定：离心铸造工艺除保证铸件成型外，还能够充分利用离心力的作用消除铸件夹渣、气孔、缩孔、疏松，尽可能提高铸件密度，因此在离心浇注过程中，离心机必须达到足够的转速。

任务 2.9　铸铁熔炼

【任务描述】

铸铁熔炼是铸铁件生产的重要环节，也是决定铸铁件内在和外在质量的主要因素之一。它的基本任务是提供化学成分和温度合乎要求、杂质少的优质铁液。

【任务分析】

冲天炉的基本结构、炉型分析及常用炉型、主要结构参数，电炉及其熔炼。

【知识准备】

2.9.1　概述

理论计算，1kg 铸铁预热、熔化并过热到 1150℃，至少约需 1381kJ 热量。各阶段所需热量比率，见图 2-26。

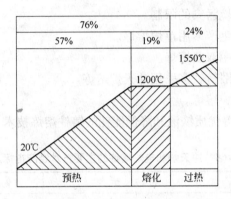

图 2-26　铸铁从预热，熔化到过热所需热量的比率

对铸铁熔炼的主要要求是：

（1）根据工艺要求，熔化并过热铁液到所需的高温，一般要求铁液出炉温度大于等于 1500℃。

（2）熔炼出符合铸铁材质性能要求的铁液成分，且成分的波动范围应尽量小，碳当量 CE 的质量分数值波动应控制在 ±0.1% 以内。

（3）根据铸铁质量要求，尽可能熔炼出低硫、低磷及低含气量的铁液，球墨铸铁处理后铁液成分应控制为 $w(S) \leq 0.01\%$、$w(P) \leq 0.06\%$、$w(O_2 + N_2 + H_2) < 0.05\%$。

（4）根据生产平衡要求，要保证充足和适时的铁液供应。

（5）低的能源消耗和熔炼费用。

（6）应使噪声和排放的污染物质严格控制在法定的范围内，噪声应不超过 85dB，烟尘及生产中粉尘不超过 200mg/m³。

用于铸铁熔炼的熔炉类型较多，有冲天炉、非焦（煤粉、油、天然气）冲天炉、电炉、反射炉、坩埚炉等。

冲天炉是铸铁熔炼中应用最广泛的一种炉子，它具有结构简单、设备费用少、电能消耗低，生产率高、成本低、操作和维修方便，并能连续进行生产等许多优点。

电炉是现代重要的铸铁熔炼炉之一，它可以准确地控制铸铁的成分和获得高温铁液，具有铁液质量好、劳动强度低、环境污染少等一系列优点，能适应和满足现代铸铁生产的要求，并为获得优质铸铁创造了良好的条件。

冲天炉和电炉熔炼的主要技术经济指标比较见表 2-68。在世界铸铁总产量中，用冷风冲天炉、热风无炉衬冲天炉和电炉熔炼的比例为 3∶4∶3。

通常，熔炼铸铁时，可用单台炉子熔炼，也可用两台炉子双联熔炼。

冲天炉，电炉双联熔炼，由于能充分发挥各自熔炉的特点、取长补短，因此已得到越来越多的应用。

在选择铸铁熔炼炉类型时，通常应考虑下述重要因素：

（1）铸铁材质类型和质量。

（2）生产规模和条件。

（3）能源和金属炉料的供应状况。

（4）设备投资能力和熔炼成本。

（5）工业卫生和对环境污染的限制。

（6）单件小批和成批生产多用单炉熔炼。

（7）大批量生产多采用双联熔炼。

（8）普通灰铸铁和可锻铸铁多采用冲天炉熔炼。

（9）合金铸铁多用电炉熔炼。

本节主要介绍有关获得优质铁液和降低能耗的铸铁熔炼技术。

表 2 – 68　冲天炉和电炉熔炼的主要技术经济指标比较

技 术 指 标	冲 天 炉		无芯感应电炉		电弧炉
	两排大间距冲天炉	密封式水冷冲天炉	中频	工频	
能量消耗（每吨铁液）	<125kg 焦炭	<150kg 焦炭	<700kW·h	<700kW·h	<600kW·h
热效率/%					
总的	32 ~ 42	30 ~ 40	70	62 ~ 68	55
用于熔化	40 ~ 60	40 ~ 60	60	50	60 ~ 70
用于过热	6 ~ 8	5 ~ 7	69 ~ 74	65 ~ 70	25
金属的总烧损量/%	6 ~ 8	7	2 ~ 3	2 ~ 3	5
炉渣量/kg·t⁻¹	120 ~ 150	100 ~ 120	10 ~ 15	10 ~ 15	70 ~ 90
废气中含尘量/kg·t⁻¹	10 ~ 18	10 ~ 18	0.30	0.30 ~ 0.35	5 ~ 10
烟气排出量/m³·t⁻¹	<1000	<1000	<30	<30	<60
噪声/dB	<80	<80	<70	<70	<90
温度控制（在一定温度下保温）	受限制	受限制	能控制（装料时）	能控制（装料时）	能控制
不合标准的返回金属料利用情况	受限制	受限制	受限制	受限制	能利用

2.9.2　冲天炉熔炼

2.9.2.1　冲天炉熔炼的技术要求

冲天炉熔炼的技术要求，主要包括铁液温度、化学成分、熔化率和燃料消耗等四个方面，具体要求见表 2 – 69。

2.9.2.2　冲天炉结构及主要参数

冲天炉是以焦炭为燃料的竖式化铁炉，由炉底、炉身、烟囱、前炉及供风系统等部分组成（图 2 – 27）。冲天炉各部分的结构特点和作用见表 2 – 70。

表 2 - 69　冲天炉和电炉熔炼的主要技术经济指标比较

项　目	技　术　要　求
铁液温度	铁液温度直接关系到铸件质量，是冲天炉熔炼的重要指标。为了确保铸件质量，要求铁液温度控制在 1450～1500℃
铁液化学成分	铁液化学成分直接影响铸铁的铸造性能、力学性能和金相组织，因此要求冲天炉熔炼的铁液能准确地达到规定的化学成分。一盘铸铁主要控制碳、硅、锰、磷、硫等五大元素含量，对于合金铸铁还应控制铁液中合金元素含量
冲天炉生产率	冲天炉生产率通常称熔化率，系指冲天炉每小时能够熔化金属炉料的重量。冲天炉熔化率必须与车间的造型能力和铁液用量相适应
燃料消耗	冲天炉的燃料消耗，一般用铁焦比来表示，它是冲天炉能源消耗的重要的指标。其计算公式如下： $$总铁焦比 = \frac{金属炉料熔化总量}{焦炭总用量}$$ 国内冲天炉铁焦比一般为 (8～10)∶1。在保证铁液质量的前提下，努力提高铁焦比，降低焦炭消耗，节约能源

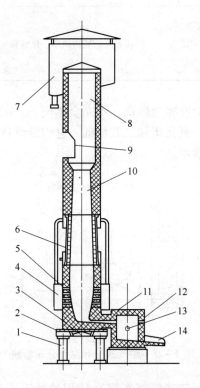

图 2 - 27　冲天炉结构简图

1—支柱；2—炉底板；3—炉底门；4—风箱；5—风口；6—密筋热风炉胆；7—火花捕集器；
8—烟囱；9—加料口；10—炉身；11—过桥；12—前炉；13—出渣口；14—出铁口

表 2 - 70　冲天炉各部分的作用与结构特点

名　称	作　用	结　构　特　点
炉底	承受冲天炉及加入炉料的重量，并满足打炉清理余料的修炉要求	炉底由支柱、炉底板和炉底门组成。炉底门有单扇和双扇两种结构形式
炉身	容纳炉料，并确保熔炼过程在其中正常进行	炉身由钢板制成的外壳和用耐火材料砌制的炉衬两部分组成。为避免炉壁加热变形，并减少热量损失，一般在炉壳与炉衬之间留有间隙，填入砂子或炉渣材料。根据熔炼工艺要求，炉身部分还分别开设加料口、风口、过桥口、修炉工作门及点火洞等。对于热风冲天炉，其密筋炉胆安装在炉身内
烟囱	将冲天炉内的气体、粉尘、焦炭碎料和火花等引至炉顶，并加以收集	烟囱是炉身的延长部分，由钢板制成的外壳和耐火砖砌制的炉衬两部分组成，顶部设有火花捕集器
前炉	贮存铁液，并均匀铁液的化学成分和温度，减少铁液与焦炭的接触时间，防止铁液增碳、增硫	前炉安装在炉身之前，通过过桥与炉身相连。前炉由钢板制成的外壳和耐火材料砌制的炉衬两部分组成。前炉还设有出铁口和出渣口
供风系统	根据冲天炉的熔炼要求，供应足够量、具有一定压力的空气，送入炉膛	供风系统一般由风箱、风管和风口等部分构成

冲天炉内焦炭的燃烧反应有完全燃烧、不完全燃烧、二次燃烧、一氧化碳分解和还原反应等过程，其燃烧产物为一氧化碳和二氧化碳，它们沿炉身高度的浓度变化及相应的炉气温度分布曲线如图 2 - 28 所示。

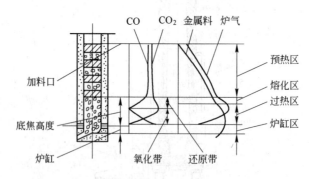

图 2 - 28　炉气成分和温度分布曲线

根据冲天炉的炉型，我国铸造厂（车间）使用的冲天炉有多排小风口、二排大间距和中央送风三种类型。各类冲天炉的炉型图实例见图 2 - 29 ~ 图 2 - 31，二排大间距冲天炉和多排小风口冲天炉的主要结构参数见表 2 - 71 和表 2 - 72。

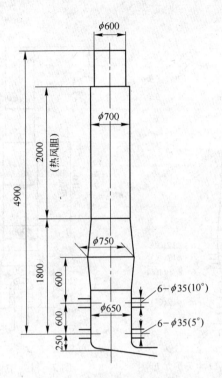

图 2 - 29　二排大间距冲天炉炉型图

表 2 - 71　二排大间距冲天炉主要结构参数

熔化率/t·h⁻¹			1	2	3	5	7
风口区炉膛内径 D/mm			400	500	650	850	950
炉化带炉膛内径 D_1/mm			500	600	750	950	1050
有效高度 H/mm			3500	4000	4900	5800	6300
炉缸高度 H_1/mm			250	250	250	300	300
前炉与冲天炉中心距 A/mm			1030	1200	1450	1600	2000
风口参数	排距 a/mm		450	500	600	700	800
	风口直径/mm ×个数×(°)	第一排	27×4×5	27×6×5	35×6×5	45×6×5	43×8×5
		第二排	27×4×10	27×6×10	35×6×10	45×6×10	43×8×10
	风口比/%		3	3	3	3	3
前炉	内径 d/mm		570	700	800	970	1080
	有效容积 V/m³		0.71	1.5	2.0	3.5	5.9

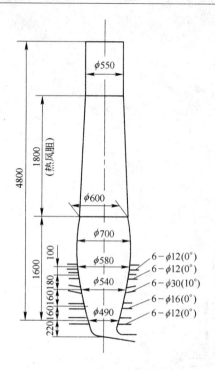

图 2 - 30　3t/h 多排小风口冲天炉炉型图

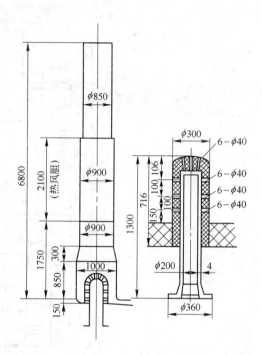

图 2 - 31　中央送风冲天炉炉型图

表 2 - 72　多排小风口冲天炉主要结构参数

熔化率/t·h⁻¹			1	2	3	5	7
熔化带炉膛直径 D/mm			450	600	700	900	1050
主风口处炉膛直径 D_1/mm			310	450	540	690	850
炉壳外径 D_2/mm			750	950	1200	1400	1550
有效高度 H_1/mm			3500	3900	4800	5700	6000
炉缸高度 H_1/mm			200	200	220	280	300
第一排风口至炉胆下沿距离 L/mm			1300	1400	1600	1780	2250
前炉与冲天炉中心距 A/mm			1030	1200	1450	1600	2000
风口尺寸	风口直径/mm × 个数×(°)	第一排	14×4×0	14×4×0	12×6×0	14×8×5	20×8×5
		第二排	20×4×0	23×4×5	16×6×0	16×8×7	40×8×10
		第三排	16×4×10	14×4×5	30×6×10	32×8×10	25×8×10
		第四排	12×4×0	14×4×5	12×6×0	14×8×5	20×8×10
		第五排	—	—	12×6×0	12×8×10	—
	各排风口排距 a/mm		150~200	150~200	150~200	150~250	150~250
热风炉胆尺寸	高度 h/mm		1500	1600	1800	2000	2200
	上部直径 d_1/mm		350	450	550	800	1000
	下部直径 d_2/mm		400	500	600	800	1000
前炉	内径 d/mm		570	700	800	970	1080
	有效容积 V/m³		0.71	1.5	2.0	3.5	5.7

2.9.2.3 冲天炉炉衬特点及修炉材料

冲天炉炉衬用耐火材料及耐火混合料修砌。冲天炉各部分炉衬工作条件及选用材料特点见表 2-73。修炉材料配比见表 2-74。

表 2-73 冲天炉各部分炉衬特点

名 称	工 作 条 件	常 用 材 料
烟囱	与废气接触，温度不高，炉衬可较长时间使用	普通黏土质耐火砖
加料口以下 1m 内	工作温度约 350~400℃，加料时受撞击，要求炉衬强度高，耐冲击	铸铁砖
预热带	工作温度 500~1100℃，受炉料的机械磨损作用，要求炉衬具有足够的强度和耐火度	普通黏土质耐火砖
熔化带和过热带	受炉气、火焰、铁液及熔渣作用，工作温度 1700℃ 左右，要求炉衬有较高的耐火度，抗渣性和热稳定性	质量较好的黏土耐火砖和搪炉材料
炉缸	受高温铁液和熔渣作用，工作温度 1500℃ 左右，要求炉衬有较高的耐火度、抗渣性和热稳定性	质量较好的黏土耐火砖和搪炉材料
炉底	工作条件与炉缸相似，每次修炉更换	炉底填充料
过桥	受高温铁液和熔渣冲刷，要求炉衬具有较高的耐火度和抗冲刷能力	质量较好的黏土耐火砖和过桥填料
前炉	受高温铁液和熔渣作用，工作温度约 1450℃，要求炉衬有较高的耐火度、抗渣性和热稳定性，并具有较好的保温性能	质量较好的黏土耐火砖和前炉内壁搪炉材料
出铁槽和出渣槽	受铁液和熔渣冲刷，要求炉衬有较高的耐火度和抗冲刷能力	质量较好的黏土耐火砖和前炉内壁搪炉材料

表 2-74 冲天炉修炉料配比（质量分数） （%）

材料名称	黏土	耐火泥	耐火砖粉	焦炭粉	硅砂	型砂	石墨	水
搪炉材料 Ⅰ	40~30	—	—	—	60~70	—	—	9~11
搪炉材料 Ⅱ	10	20	35		35	—	—	9~11
搪炉材料 Ⅲ	—	40~20	—		60~80	—	—	9~11
砖缝填料 Ⅰ	40~30	60~70	—			—	—	12~15
砖缝填料 Ⅱ	—	40~20	60~70			—	—	9~11
炉底填料	—	—	—			100	—	5~6
过桥填料	30~20	—	—		60~70	—	10	9~11
前炉内壁搪料	20~10	—	—	80~90		—	—	9~11
前炉内壁和过桥涂料	10	—	—			—	90	适量

2.9.2.4 冲天炉炉料及其配制

A 冲天炉炉料

冲天炉熔炼所需的原材料通称为炉料，主要包括金属料、燃料和熔剂。

　　冲天炉用的燃料是焦炭。铸造用焦炭应具有高的固定碳，低的灰分、硫分、水分和挥发分，适当的块度和强度。铸造用焦炭规格和块度选择见表 2-75 和表 2-76。

表 2-75　铸造用焦炭规格

规格指标	特　级	一　级	二　级
块度/mm	>80 80~60 >60		
水分（质量分数，≤）/%	5.0	5.0	5.0
灰分（质量分数，≤）/%	8.00	8.01~10.00	10.01~12.00
挥发分（质量分数，≤）/%	1.50	1.50	1.50
硫分（质量分数，≤）/%	0.60	0.80	0.80
转鼓强度（M_{40}，≥）/%	85.0	81.0	77.0
落下强度（≥）/%	92.0	88.0	84.0
显气孔率（≤）/%	40	45	45
碎焦率（<40mm，≤）/%	4.0	4.0	4.0

注：1. 按块度分为三类：>80mm、80~60mm 和 >60mm。

　　2. 块度、灰分、硫分和强度为质量考核指示。

表 2-76　焦炭的块度选择　　　　　　　（mm）

炉膛直径	500~600	700~900	900~1100
底焦块度	60~100	80~120	100~150
层焦块度	40~80	40~100	60~120

　　冲天炉用金属炉料包括新生铁、回炉铁、废钢、铁合金等。废钢和铁合金（如硅铁、锰铁、铬铁等），用以调节铁液的化学成分。在实际生产中，除要求各类金属炉料具有规定的化学成分外，还要求其具有适宜的块度和清洁度。常用新生铁、硅铁和锰铁的规格分别见表 2-77 和表 2-78。硅铁、锰铁的牌号及化学成分分别见表 2-79 和表 2-80。

表 2-77　铸造用生铁规格（质量分数）　　　　　　　　（%）

铁号	牌号		铸 34	铸 30	铸 26	铸 22	铸 18	铸 14
	代号		Z34	Z30	Z26	Z22	Z18	Z14
化学成分	C		>3.3	>3.3	>3.3	>3.3	>3.3	>3.3
	Si		>3.2~3.6	>2.8~3.2	>2.4~2.8	>2.0~2.4	>1.6~2.0	>1.25~1.6
	Mn	1 组	≤0.50					
		2 组	>0.50~0.90					
		3 组	>0.90~1.30					
	P	1 组	≤0.06					
		2 组	>0.06~0.10					
		3 组	>0.10~0.20					

铁号	牌号		铸34	铸30	铸26	铸22	铸18	铸14
	代号		Z34	Z30	Z26	Z22	Z18	Z14
化学成分	P	4级	>0.20 ~ 0.40					
		5级	>0.40 ~ 0.90					
	S	1类	≤0.03				≤0.04	
		2类	≤0.04				≤0.05	
		3类	≤0.05				≤0.06	

表 2 – 78　球墨铸铁用生铁规格　　　　　　　　　　（%）

牌　号			Q10	Q12	Q16
化学成分（质量分数）	Si		≤1.00	≥1.00 ~ 1.40	≥1.40 ~ 1.80
	Mn	一组	≤0.20		
		二组	≥0.20 ~ 0.50		
		三组	≥0.50 ~ 0.80		
	P	特级	≤0.05		
		一级	≥0.05 ~ 0.06		
		二级	≥0.06 ~ 0.08		
		三级	≥0.08 ~ 0.10		
	S	特类	≤0.02		
		一类	≥0.02 ~ 0.03		
		二类	≥0.03 ~ 0.04		
		三类	≤0.06		≤0.05

冲天炉用熔剂主要是石灰石，其块度一般为 20 ~ 70mm。

B　冲天炉炉料配制

冲天炉炉料配制方法很多，常用的有表格核算法、解联立方程式法、图解法等。下面简要介绍较常使用的表格核算法。

a　确定原始资料

根据铸铁牌号、铸件结构和壁厚，确定铁液化学成分。现以 HT200 牌号铸铁为例加以说明。

化学成分（质量分数）为：C3.3% ~ 3.5%，Si1.5% ~ 2.0%，Mn0.5% ~ 0.8%，S < 0.12%，P < 0.25%。

表 2 – 79　硅铁的牌号及化学成分（质量分数）　　　　　　（%）

牌　号	Si	Al	Ca	Mn	Cr	P	S	C
		≤						
FeSi90Al1.5	87.0 ~ 95.0	1.5	1.5	0.4	0.2	0.04	0.02	0.2
FeSi90Al3	87.0 ~ 95.0	3.0	1.5	0.4	0.2	0.04	0.02	0.2
FeSi75Al0.5	72.0 ~ 80.0	0.5	1.0	0.5	0.5	0.035 ~ 0.04	0.02	0.1 ~ 0.2
FeSi75Al1.0	72.0 ~ 80.0	1.0	1.0	0.4 ~ 0.5	0.3 ~ 0.5	0.035 ~ 0.04	0.02	0.1 ~ 0.2

续表 2 – 79

牌　号	Si	Al	Ca	Mn	Cr	P	S	C
						≤		
FeSi75Al1.5	72.0~80.0	1.5	1.0	0.4~0.5	0.3~0.5	0.035~0.04	0.02	0.1~0.2
FeSi75Al2.0	72.0~80.0	2.0	1.0	0.4~0.5	0.3~0.5	0.035~0.04	0.02	0.1~0.2
FeSi75	72.0~80.0	—	—	0.4~0.5	0.3~0.5	0.035~0.04	0.02	0.1~0.2
FeSi65	65.0~72.0	—	—	0.6	0.5	0.04	0.02	—
FeSi45	40.0~47.0	—	—	0.7	0.5	0.04	0.02	—

表 2 – 80　锰铁牌号和化学成分（质量分数）　　　　　（%）

类　别	牌　号	Mn	C	Si I	Si II	P I	P II	S
				≤				
低碳锰铁	FeMn85C0.2	85.0~90.0	0.2				0.10	
	FeMn80C0.4	80.0~85.0	0.4	1.0	2.0	0.15	0.30	0.02
	FeMn80C0.7	80.0~85.0	0.7				0.20	
中碳锰铁	FeMn80C1.0	80.0~85.0	1.0	0.7	1.5	0.20	0.30	0.02
	FeMn8C1.5	80.0~85.0	1.5	1.0				
	FeMn78C1.0	78.0~85.0	1.0	1.5	2.5	0.20	0.33	0.03
	FeMn75C1.5	75.0~82.0	1.5					0.03
	FeMn75C2.0	75.0~82.0	2.0				0.40	
高碳锰铁	FeMn79C7.5	79.0~85.0	7.5	1.2			0.30	0.03
	FeMn75C7.5　A	75.0~<79.0	7.5	1.2		0.2	0.30	
	FeMn75C7.5　B	75.0~<79.0		1.5	2.5		0.33	0.03
	FeMn70C7.0	75.0~75.0	7.0	2.0	3.0		0.38	
	FeMn65C7.0	65.0~70.0	7.0	2.5	4.5		0.40	

选定金属炉料的化学成分，见表 2 – 81。

确定各元素熔炼过程的变化率，见表 2 – 82。

表 2 – 81　金属炉料的化学成分（质量分数）　　　　　（%）

炉料名称	C	Si	Mn	P	S
新生铁	4.19	1.56	0.76	0.04	0.036
回炉铁	3.28	1.88	0.66	0.07	0.096
硅铁	—	75	—	—	—
锰铁	—	—	65	—	—
废钢	0.15	0.35	0.50	0.05	0.05

表 2 - 82　熔炼过程中元素变化率（质量分数）　　　　　　　（%）

元　素		C	Si	Mn	S	P
变化率	增碳 + (1.7 ~ 1.9)	—	—	+50	—
	脱碳 0.5	15	20	—	—

b　配料计算

设定初步炉料配比：新生铁为 $x\%$ ；废钢为 $80\% - x\%$ ；回炉铁为 20% 。

计算各元素质量分数：

$$w(C)_{炉料} = \frac{w(C)_{铁液} - 1.8}{0.5}\% = \frac{3.4 - 1.8}{0.5}\% = 3.2\%$$

$$w(Si)_{炉料} = \frac{w(Si)_{铁液}}{1 - 0.15}\% = \frac{1.75}{1 - 0.15}\% = 2.06\%$$

$$w(Mn)_{炉料} = \frac{w(Mn)_{铁液}}{1 - 0.2}\% = \frac{0.65}{1 - 0.2}\% = 0.81\%$$

$$w(S)_{炉料} = \frac{w(S)_{铁液}}{1 + 0.5}\% = \frac{0.12}{1 + 0.5}\% = 0.08\%$$

$$w(P)_{炉料} = w(P)_{铁液} = 0.25\%$$

计算新生铁配比：

$$4.19x + 0.15(80 - x) + 3.28 \times 20 = 3.2 \times 100$$

$$x = 60$$

将计算结果填入计算表内（见表 2 - 83）。

计算铁合金加入量：

$$硅铁 = \frac{0.67}{0.75} \times 100\% = 0.89\%$$

$$锰铁 = \frac{0.12}{0.65} \times 100\% = 0.18\%$$

表 2 - 83　炉料计算表（质量分数）　　　　　　　（%）

炉料名称	配比	C		Si		Mn		S		P	
		原料	炉料	原料	炉料	原料	炉料	原料	炉料	原料	炉料
新生铁	60	4.19	2.51	1.56	0.94	0.76	0.46	0.036	0.022	0.04	0.024
回炉料	20	3.28	0.66	1.88	0.38	0.66	0.13	0.098	0.020	0.07	0.014
废钢	20	0.15	0.03	0.35	0.07	0.50	0.10	0.050	0.010	0.05	0.010
合计	100	—	3.20	—	1.39	—	0.69	—	0.052	—	0.048
炉料	—	—	3.20	—	2.06	—	0.81	—	<0.08	—	0.25
差额	—	—	0.00	—	0.67	—	0.12	—	合格	—	合格

c　批料计算

批料计算设熔化率为 5t/h，层铁取 5t/10 = 500kg，层铁焦比为 10:1，则配料如下：

新生铁：500kg×60% = 300kg；

回炉铁：500kg×20% = 100kg；

废　钢：500kg×20% = 100kg；

硅　铁：500kg×0.98% = 4.45kg；

锰　铁：500kg×0.18% = 0.9kg；

层　焦：500kg×1/90% = 50kg

石灰石：50kg×30% = 15kg。

C　底焦高度的确定

底焦高度是指冲天炉下排风口到底焦上平面的距离。合理地选择和稳定底焦高度，既可使铁料熔化快，铁液过热充分，又可减少硅、锰等元素的烧损，使铁液化学成分稳定。底焦高度可根据冲天炉炉内温度分布曲线和金属炉料熔化温度来确定，通常参照表 2 - 84，并通过观察风口铁液滴出现时间予以确定。对于三排小风口冲天炉，底焦高度合适时，送风后 5~6min 即可从风口中观察到铁液滴；若风口出现铁液滴时间长，则说明底焦过高；若风口出现铁液滴过早，则说明底焦高度过低。

表 2 - 84　冲天炉底焦高度推荐值　　　　　　　　　（mm）

送风方式	三排风口	多排风口	双排风口	中央送风	
				矮风嘴	高风嘴
底焦高度	1250~1700	1200~1800	1600~1900	1100~1300	1350~1700

注：底焦高度系 10t/h 以下冲天炉的参考数。

2.9.2.5　风量和风压的确定

风量一般以每分钟送入炉内空气在标准状态下的立方米数来计算，其单位为 m^3/min。实际生产中，通常利用安装在风管内的"毕脱管"测量。最佳送风量可按主风口处炉膛直径，根据下列公式计算：

$$Q = (120~400)\frac{\pi}{4}D^2$$

式中　Q——冲天炉最佳风量，m^3/min；

　　　D——冲天炉主风口处炉膛直径，m。

风压，一般系指冲天炉风带内的风压，其单位为 Pa。实际生产中，用 U 形管压力计测量风带风压。大风口冲天炉常用的风压为 4~10Pa（即 400~1000mm H_2O），小风口冲天炉常用的风压为 8~18Pa（即 800~1800mmH_2O）。

多排小风口冲天炉的风量和风压可参照表 2 - 85 推荐值选定。

表 2 - 85　小风口冲天炉风量、风压推荐值

炉膛直径 D/mm	500	600	700	900	1100	1300	1500
风量 $Q/m^3 \cdot min^{-1}$	20~26	30~40	40~50	65~85	95~125	135~175	175~230
风压 p/kPa	8~12			11~14		14~18	

2.9.2.6　冲天炉用鼓风机的选择

冲天炉常用鼓风机有两类，即离心式鼓风机和回转式鼓风机。

A　离心式鼓风机

离心式鼓风机具有耗电量少、噪声低、结构简单、维护保养方便、价格便宜等特点。但其风量随炉内阻力增大而减少，不能适应冲天炉操作要求。冲天炉专用高压离心式鼓风机是根据我国冲天炉结构特点设计的，具有风压高、风量适中、结构简单、耗量少，噪声低等特点，适用于中小型冲天炉。其结构如图2-32所示，其规格和工艺参数见表2-86。

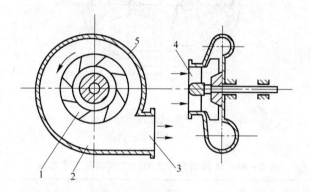

图2-32　离心式鼓风机结构示意图

1—叶轮；2—扩散室；3—进风管；4—中风管；5—机壳

表2-86　冲天炉用离心式鼓风机的规格和工艺参数

| 风机型号 | 风机主要参数 | | | 电动机 | | 配制冲天炉 /t·h⁻¹ |
	风量 Q /m³·min⁻¹	风压 p /kPa	轴功率 P /kW	型　号	功率 P /kW	
HTD12-11	12	7	2.1	Y41　2	5.5	0.5
				Y132S₁　2	5.5	
HTD20-11	20	11	5.1	Y42　2	7.5	1.0
				Y132S₂　2	7.5	
HTD35-12	35	12	10.4	YS₂　2	13	2.0
HTD35-12	35	12	10.4	Y160M₂　2	15	2.0
HTD50-11	50	13	14.3	Y61　2	17	3.0
				Y160L　2	18.5	
HTD50-12	50	15	16.7	Y71　2	22	3.0
				Y180M　2	22	
HTD85-21	85	20	37.6	Y91　2	55	5.0
				Y250M　2	55	
HTD120-21	120	25	64.2	Y92　2	75	7.0
				Y280S　2	75	

注：风机型号中："HT"—"化铁"二字汉语拼音第一个字母；"D"—单方面进气的鼓风机代号；第一组数字（如12、20等）—在标准状态下的每分钟流量；第二组第一个数字（如1、2等）—叶轮个数；第二组第二个数字（如1、2、3等）—设计序号。

B　回转式鼓风机

回转式鼓风机分为罗茨式和叶式两种。罗茨式鼓风机具有风量稳定、输出风压高，比较适合送风阻力较大的冲天炉，应用最为普遍。罗茨式鼓风机结构如图 2-33 所示，其规格及工艺参数见表 2-87。

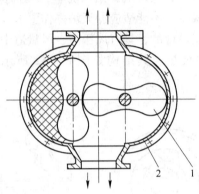

图 2-33　罗茨式鼓风机结构示意图
1—转动活塞；2—机壳

表 2-87　D 系列罗茨式鼓风机规格及工艺参数

型　　　号	其他型号	风量 $Q/m^3 \cdot min^{-1}$	静压 p/kPa	电机功率 P/kW
D22×21-20/3500	LG20-3500	20	35	17
D36×35-30/3500	LG30-3500 RGA30-3500	30	35	30
D36×35-40/3500	LG40-3500 RGA40-3500	40	35	40
D36×60-60/3500	LG60-3500 RGA60-3500	60	35	55
D36×60-80/3500	LG80-3500 RGA80-3500	80	35	75
D60×48-120/3500	LG120-3500 RGA120-3500	120	35	115

注：风机型号中：D—结构形式；第一组数字（如 22、36 等）—叶轮直径；第二组数字（如 21、35 等）—叶轮长度；第三组数字（如 20、30 等）—流量；第四组数字（如 3500）—静压力。

2.9.2.7　冲天炉的控制

A　冲天炉最佳风量和焦耗的控制

用实测数据绘制的网状图，揭示了冲天炉熔炼过程中，铁液温度、送风强度、焦炭耗量和熔化强度之间的关系。不同的炉型结构、炉料质量和操作条件，其网状图亦不相同，但其工艺参数的相互关系是一致的。图 2-34 为某冲天炉的网状图。图示表明，当焦炭耗量一定时，熔化强度和铁液温度随送风强度增大而提高，当送风强度达到一定值后，铁液温度开始下降。达到铁液温度最大值时的送风量，称之为最佳风量。焦炭耗量越大，其最佳风量值越大，铁液温度亦越高，但熔化率稍有下降。当风量一定时，铁液温度随焦炭耗量增加而升高，但熔化率下降。为了达到要求的铁液温度，可以选择适当的焦炭耗量和送风量的配置。例如，为了使铁液温达到 1450℃，从图 2 – 34 冲天炉网状图中查找，可以选择 4 种配置方案（见表 2 – 88）。分析认为，方案 D 最优，采用此方案配置，既可保证铁液温度达到工艺要求，同时还可确保达到低焦炭耗量和高熔化率的效果。如果需要进一步降低熔化率，按最佳风量曲线，选择焦炭耗量和送风量。

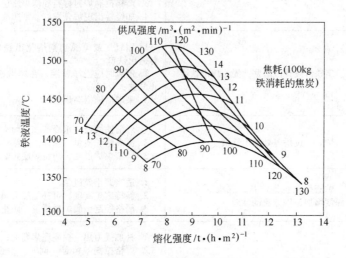

图 2 – 34　冲天炉的网状图

表 2 – 88　焦耗量和送风量配置方案

方　案	A	B	C	D
耗焦量 K（质量分数）/%	16.0	13.5	12.8	12.5
送风量 $Q/m^3 \cdot min^{-1}$	14.5	16.0	17.0	20.0
熔化率 $G/t \cdot h^{-1}$	0.8	1.0	1.2	1.4

B　常见故障

冲天炉熔炼常见故障及其排除方法见表 2 – 89。

2.9.2.8　冲天炉的强化措施

为了改善冲天炉的熔炼效果，国内外在冲天炉结构和供风方式等方面采取了多项行之有效的强化措施。常用的冲天炉强化措施、特点和效果列于表 2 – 90。

表 2 – 89　冲天炉熔炼常见故障及其排除方法

故障名称	故　障　特　征	排除及预防方法
炉内棚料	炉料不能正常下降，加料口火焰突然增大，或加料口不见火焰，有白色无力的烟旋出，风压波动并升高	1. 停风并出净铁液和炉渣，排除棚料，继续鼓风熔化； 2. 如棚料情况严重难以排除，则应立即停风打炉； 2. 严格控制炉料块度和修炉质量，防止棚料故障的发生

故障名称	故 障 特 征	排除及预防方法
风口发黑、堵塞	风口被炉渣堵塞，使风口处焦炭发黑，或铁液倒灌进入风口	1. 打通风口，同时，补加接力焦，增加石灰石加入量，控制鼓风量，提高炉温； 2. 保证焦炭质量，严格控制底焦高度和风量，防止此类故障； 3. 经常观察风口，并保持其通畅
炉壳发红	局部炉壳发红	1. 对发红处炉壳浇水冷却； 2. 熔剂加在炉料中心； 3. 严格控制炉衬材料和修炉质量； 4. 如经常出现炉壳发红，则应改进风口布置
出铁口冻结	出铁口被铁液堵塞，无法放出铁液	1. 用氧气或电弧切割熔化出铁口处理凝固的铁，打通出铁口； 2. 停风时应出净铁液，在堵出铁口的操作中要防止漏铁； 3. 采取措施提高炉温
漏　炉	炉底、过桥等处漏出铁液	1. 对漏铁液处浇水冷却或用耐火泥补塞； 2. 提高修炉质量，保证炉底修炉材料紧实； 3. 严禁烘炉过急，防止炉底修炉材料开裂
铁液氧化	炉渣呈黑色泡沫状，三角试块白口深度增加，铁液流动性差	1. 适当调小鼓风量； 2. 保持底焦高度，可补加接力焦； 3. 严格控制金属料质量，防止炉料锈蚀
铁液温度低	开炉后，铁液温度一直较低，或熔炼过程中，铁液温度突然降低	1. 补加接力焦，提高底焦高度； 2. 严格控制鼓风量，同时，检查供风系统是否有漏风情况，发现泄漏，应采取措施补漏； 3. 严格按加料规定加炉料，以确保铁料在炉子中能有效地预热； 4. 检查风口，并保持其畅通

表 2 - 90　冲天炉强化措施、特点及其效果

强化措施	特 点 及 效 果
预热送风	借助热交换器实现预热空气送风。常用的热交换器有炉内式和炉外式两种。炉内式热交换器（又称热风炉胆）一般安装在冲天炉炉身部分，炉外式热交换器（又称热风炉）是利用冲天炉排出的废气和外加燃料对空气进行加热。炉内式预热送风，空气温度为 150～200℃，炉外式预热送风，空气温度可达 500～600℃。采取预热送风，可有效地提高铁液温度，降低能耗
富氧送风	在冲天炉送风管上安装输氧管。液态氧通过蒸发器生成氧气，经逆止阀输入主风管，随鼓风送入冲天炉，加强焦炭的燃烧。这种方法可有效地提高铁液温度
加燃料助熔	在冲天炉熔化带以上一定位置增设喷燃口，使燃料与空气混合后，点燃喷入冲天炉起助燃作用，有时喷燃口设置在冲天炉预热带或过热带。常用的附加燃料有煤分、燃油和煤气等。该项措施对节约焦炭，稳定炉况，具有一定效果
除湿送风	送入冲天炉的空气（风），先进行脱湿处理，减少空气的含水量（湿度）。常用的脱湿方法有吸附除湿、吸收除湿和冷冻除湿等。采用该项措施，可减少焦耗量，提高铁液质量
水冷无炉衬冲天炉	采用无炉衬或薄炉衬，并设置喷水管对炉壁进行喷水冷却。采用该项措施可使冲天炉能在较长时间内进行连续熔炼。由于采用这种水冷无炉衬结构，冲天炉的热损失较大。因此，水冷无炉衬冲天炉仅适用于连续作业的熔化率高的铸铁熔炼

2.9.3 电炉熔炼

2.9.3.1 无芯感应电炉熔炼

A 原理

坩埚外环绕线圈（感应器）。当线圈通过一定频率的交变电流时，线圈内处产生频率相同的交变磁场；在交变磁场的作用下，坩埚内的金属炉料相当于副绕组，产生频率相同、方向相反的感应电流，此电流因金属炉料表面层的电阻而产生热量，熔化铁料或保温铁液。

B 分类

a 按频率分

无芯感应电炉按电源频率分如下四类：

（1）工频无芯感应电炉：频率50Hz或60Hz。

（2）中频无芯感应电炉：频率150~1000Hz，常用150~2500Hz。

（3）高频无芯感应电炉：频率<10000Hz。

（4）变频感应电炉：频率也是中频，100~500Hz，但频率随坩埚内铁料的状况而变化。

变频原理为：自电力变压器来的三相工频交流电经三相桥式整流电路为成直流电；经滤波器滤波，再经逆变器变成中频交流电，供给感应圈（负载）。感应圈与补偿电容组成振荡回路，启动时，给振荡回路施加启动电压，使其起振，逆变触发控制回路测得这一频率并关至单稳态触发器，得到逆变桥的触发脉冲，从而使电源频率和振荡回路的固有频率一致；而且在炉子工作过程中，电源频率一直跟踪振荡电路的固有频率。因此，不论炉子在什么状况工作，负载始终工作在近谐振状态，获得较高的功率因数和效率。

b 按感应器分

无芯感应电炉按线圈形式分为三类（见图2-35）。

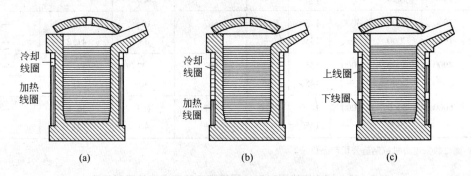

图2-35 无芯感应电炉线圈的三种形式
（a）长线圈熔化保温炉；（b）短线圈保温炉；（c）双线圈熔化保温炉

长线圈无芯感应电炉（见图2-35（a））。用于熔化亦用于保温。

短线圈无芯感应电炉（见图2-35（b））。短线圈由长线圈演变而来。下线圈为通电线圈，高度仅为坩埚的20%~35%；上线圈不通电，只是水冷线圈。用于铁液保温和过热，不用于熔化。

双线圈无芯感应电炉（见图2-35（c））。工作方式有如下三种：

下线圈为通电线圈，上线圈为水冷却线圈。用于保温；在开炉初期或夜班用于熔化冷装炉料。

上线圈为通电线圈，下线圈为冷却线圈，用于搅拌。

上、下线圈都通电，用于熔化；或降低功率用于保温。

C　无芯感应电炉系列

国产工频无芯感应电炉系列规格见表2-91~表2-93。

表2-91　国产节能工频无芯感应熔化保温炉系列规格

额定容量/t	额定功率/kW	变压器容量/kV·A	额定电压/V	工作温度/℃	1450℃		升温100℃		冷却水流量/m³·h⁻¹
					熔化率/t·h⁻¹	电耗/kW·h·t⁻¹	升温能力/t·h⁻¹	电耗/kW·h·t⁻¹	
0.75	270	400	500	1450	0.394	685	5.33	51	6
1.0	360	500	500	1450	0.554	650	7.23	50	7.2
1.5	500	630	750	1450	0.823	607	11.14	45	9.5
3.0	800	1000	1000	1450	1.391	575	18.80	42.5	14.2
	400	630	—	1450	—	—	10.67	45	
5.0	1300	1600	1000	1450	2.40	542	32.40	40.2	20.5
	520	630	—	1450	—	—	11.50	45.2	
7.0	1580	2000	2000	1450	2.92	541	39.50	40	24.8
	780	1000	—	1450	—	—	18.10	43.2	
10	2500	3150	2000	1450	4.775	524	64.61	38.70	24.8
	800	1000	—	1450	—	—	18.50	43.50	
15	3000	4000	2000	1450	5.835	514	78.91	38	
	1100	1600	—	1450	—	—	26.32	42	
20	3900	5000	3000	1450	7.695	507	104	37.5	—
	1670	2000	—	1450	—	—	33	41.2	
25	4900	5000	3000	1450	9.758	502	132	37.2	—
	1670	2000	—	1450	—	—	40	41	
30	6000	8000	3000	1450	12.0	497	163	36.8	—
	1670	2000	—	1450	—	—	40	41	

注：摘自西安电力机械制造公司产品目录。

表2-92　国产短线圈和双线圈工频无芯感应电炉系列规格

型　号		额定容量/t	额定功率/kW	变压器容量/kV·A	额定电压/V	电源相数	频率/Hz	升温能力（1350~1450℃）/t·h⁻¹	电耗/kW·h·t⁻¹	冷却水耗量/m³·h⁻¹	炉体重量/t
GWB-1	双线圈	1	150	200	380	3	50	3	56	~3	4
GWB-1.5	双线圈	1.5	240	300	380	3	50	4.5	53.3	~4	5.5
GWB-2	双线圈	2	320	400	380	3	50	6	53.3	~5	7

续表 2 - 92

型 号		额定容量/t	额定功率/kW	变压器容量/kV·A	额定电压/V	电源相数	频率/Hz	升温能力（1350~1450℃）/t·h⁻¹	电耗/kW·h·t⁻¹	冷却水耗量/m³·h⁻¹	炉体重量/t
GWB - 3	双线圈	3	450	630	380	3	50	9	50	~7	11
	短线圈	3	237	250	380	3	50	3		~4	10
GWB - 5	双线圈	5	520	630	500/600	3	50	11.15	45.2	-13	15
	短线圈	5	330	400	380	3	50	5		~7	14
GWB - 7	双线圈	7	780	1000	600	3	50	18.1	43.2	~15	18
	短线圈	7	500	800	600	3	50	7		~8	16
GWB - 10	双线圈	10	1300	1600	750	3	50	31.4	41.4	~20	28
	短线圈	10	800	1000	750	3	50			~12	26

注：1. 冷却水压力 200~300kPa，进水温度 15~25℃，出水温度不低于 50℃。

2. 摘自福建电炉厂产品目录。

表 2 - 93 国产中频无芯感应电炉系列规格

型 号	额定容量/t	额定功率/kW	额定频率/kHz	额定电压/V	工作温度/℃	熔化率/t·h⁻¹	电耗/kW·h·t⁻¹
变频机为中频电源							
GW - 0.05 - 50/2.5X	0.05	50	2.5	750(1000)	1600	0.10	1050
GW - 0.15 - 100/2.5X	0.15	100	2.5	1000	1600	0.12	950
GW - 0.5 - 2/1(2.5)X	0.50	250	1.0(2.5)	2000(1000)	1600	0.353	800
GW - 1.0 - 500/1X	1.00	500	1.0	2000(1000)	1600	0.75	750
GW - 2.5 - 1000/1X	2.50	1000	1.0	2000	1600	1.50	735
可控硅变频装置为中频电源							
GW - 0.05 - 50/2.5J	0.05	50	2.5	700	1600	0.11	930
GW - 0.15 - 100/1(2.5)J	0.15	100	1.0(2.5)	700	1600	0.13	830
GW - 0.5 - 250/1J	0.50	250	1.0	1400	1600	0.38	700
GW - 1.0 - 500/1J	1.00	500	1.0	2100(1900)	1600	0.80	650
GW - 2.5 - 1000/1J	2.50	1000	1.0	2100(1900)	1600	1.65	650

注：1. 摘自西安电力机械制造公司产品目录。

2. 括号内数据为可供选择值。

D 结构

无芯感应电炉由炉体、炉盖、炉架、倾炉机构、水冷系统、电气系统等组成。炉体结构如图 2 - 36 所示。

E 炉衬

a 坩埚的尺寸

坩埚的尺寸，见表 2 - 94。

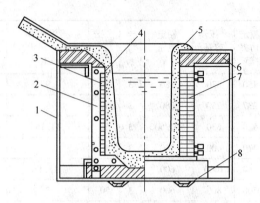

图 2 - 36　无芯感应电炉炉体结构示意图

1—炉架；2—轭铁；3—感应圈；4—绝缘材料；5—炉衬；6—耐火砖；7—冷却水管；8—槽钢底座

表 2 - 94　坩埚的尺寸

炉子容量/t	0.5	1.5	3.0	5.0	10.0	20
坩埚平均内径 d_1/mm	400	610	730	900	1130	141
坩埚壁厚/mm	70 ~ 80	90 ~ 110	120	130	150	170
感应器高径比（h/d）	1.2	1.1 ~ 1.2	1.1 ~ 1.2	—	1.0 ~ 1.1	—

注：感应器内径 d = 坩埚平均内径 d_1 + 2 × 坩埚壁厚。

b　炉衬的耐火材料

炉衬耐火材料有三种：酸性，中性，碱性。要求与粒度级配实例见表 2 - 95 ~ 表 2 - 97。

表 2 - 95　坩埚常用耐火材料及其特性[①]

分类	材料	主要矿物 （质量分数）/%	耐火度/℃	抗渣性	耐热震性	应用
酸性	硅砂 （SiO_2）	$SiO_2 > 98$，Al_2O_3 < 0.3，$Fe_2O_3 < 0.5$	1750	抗酸性渣强	< 600℃，不良 > 600℃，良好	最便宜， 应用多，寿 命短
		$SiO_2 > 99$				
中性	莫来石 （$3Al_2O_3 \cdot 2SiO_2$）	$Al_2O_3 > 71.8$（宜 更高）$SiO_2 < 28$	≥1790	抗碱性渣强， 但不及镁砂	优良	效果良好
	刚玉 （Al_2O_3）	$Al_2O_3 > 95$	耐火度 1950 工作最高 1700	抗酸性渣，抗 碱性渣极强	较敏感	如短线圈 坩埚保温 球墨铸铁， 寿命一年
	锆石 （$ZrO_2 \cdot SiO_2$）	ZrO_2 约 70	耐火度 1800 工作最高 1600	抗碱性渣差， 抗酸中性渣	良好	昂贵应 用少
碱性	镁砂	$MgO ≥ 90$（宜更 高）	熔点 2000 工作最高 1700	抗碱性渣强	易热胀冷缩，龟 裂剥落	炉子容量 一般 <5t
	镁铝尖晶石 （合成）	MgO 70，Al_2O_3 30	熔点 2135 工作最高 1800	抗碱性渣强	良好，抑龟裂， 抗剥落，抗荷重 软化	效果良 好，寿命长

分类	材料	主要矿物 （质量分数）/%	耐火度/℃	抗渣性	耐热震性	应用
碱性	镁铝尖晶石 （合成）	MgO 60 ~ 70，Al_2O_3 40 ~ 30	最低软化 点 2035	抗碱性渣强	良好，抑龟裂， 抗剥落，抗荷重 软化	效果良 好，寿命长
		MgO 28.5，Al_2O_3 71.5	熔点 2135 耐火度 1900			

① 坩埚材料：硅砂　氧化镁　氧化铝　氧化锆
　价格比例：1　3.16　4.6　36.9

表 2 – 96　石英砂坩埚材料颗粒粒度级配

国　家		颗粒度及组成/%						黏结剂	备　注
		4 ~ 7mm	2 ~ 4mm	1 ~ 2mm	0.2 ~ 1.0mm	0.06 ~ 0.2mm	<0.06mm		
德国	粗砂 0 ~ 7mm	4.8	10.8	12	40.8	11.8	19.8		粒度级配合理， 才能保证坩埚致 密，烧结性好，强 度高，耐急冷急 热、寿命长
	中砂 0 ~ 4mm	—	13.4	16.5	37.9	12.7	19.5		
	细砂 0 ~ 2mm	—	1.2	22.2	39.7	14.7	22.2		
日本		—	11 ± 3	17 ± 3	37 ± 3	14 ± 3	21 ± 3		
美国		—	12.3	14.2	39.9	13	20.6		
中国		1.7 ~ 3.35mm	0.850 ~ 1.70mm	0.425 ~ 0.850mm	0.106 ~ 0.425mm	<0.106mm		工业硼酸 （%）	
炉底、炉壁		30	40	—	10	20		1.5	
炉口								1.8	
炉底、炉壁		38	12	—	35	15		1.8	
炉口								2 ~ 2.4	
炉底、炉壁		15	8	15	24	38	3.0		水 1% ~ 1.5% 水玻璃 4% ~ 5% 水 1% ~ 1.5%
炉口									

表 2 – 97　中性坩埚和镁砂坩埚的粒度级配实例

坩埚	配比/%	矿物成分（质量分数，%）及粒度					
中性 坩埚	粒状蓝晶石硅线石 42，粒状 刚玉 42，粉状蓝晶石硅线石 16 硼酸 1.5 ~ 2	炉衬成分：Al_2O_3 72.6，SiO_2 23.2，B_2O_3 1.2，TiO 1.8，Fe_2O_3 0.6，Cu 0.3，Mg 0.2，（$Na_2O + K_2O$）0.1					
1.5t 工 频感应 电炉镁 砂坩埚①	大石桥镁砂 100，镁砂粉 （<0.106mm，25 ~ 30） 硼酸 0.5 ~ 0.8	镁砂成分：Mg 90，CaO < 4，SiO_2 4 左右，FeO 1.5 左右，Al_2O_3 1.5 左右					
		筛号	6	12	20	30	40	50
		残留量/%	10	14.9	19.8	16	12.7	4.8
		筛号	70	100	140	200	270	盘
		残留量/%	7.2	2.8	41	3.4	1.6	2.7

① 熔炼高锰钢、耐热钢时，大修炉龄 1000 次，中修炉龄 60 次。

c　炉衬的烘烤与烧结

无芯感应电炉借助坩埚铁模，"空炉低功率慢升温"烘炉；缓慢加热到约 1100℃，铁模即将熔化时，投入第一批炉料，烧结。烘烤、烧结工艺见表 2-98 ~ 表 2-100。

表 2-98　石英砂炉衬烘烤与烧结时间（供参考）

感应炉容量/t	0.25	0.5	1.5	3	5	10
烘烤时间/h	7 ~ 9	8 ~ 10	10 ~ 12	12 ~ 16	18 ~ 22	24 ~ 30
烧结时间/h	3 ~ 5	3 ~ 5	4 ~ 6	5 ~ 7	8 ~ 10	12 ~ 14

表 2-99　工频无芯感应电炉石英砂炉衬的烘烤、烧结规范

炉子	步骤	温度/℃	升温速度、时间，保温及要求
10t 炉	I	室温 ~ 900	平均温升 1.3℃/min，12h。排出硅砂的水分，并使其部分转变
	II	900 ~ 1100	时间 8h，平均温升 0.4℃/min，使坩埚壁温度上下均匀
	III	1100 ~ 1300	时间 10h，平均温升 0.3℃/min，坩埚初步烧结
	IV	1300 ~ 1480	时间 10h，平均温升 0.18℃/min，坩埚烧结到一定程度，强度能承受加料撞击和铁液搅拌
40t 炉	I	室温 ~ 1000	升温 50℃/h；保温（1000℃，4h）
	II	1000 ~ 1250	升温 50℃/h；保温（1250℃，17h）
	III	1250 至（1550 ~ 1580）	升温 60℃/h；保温（1550 ~ 1580℃，3h）
	IV	降温	5h，出铁

表 2-100　中频变频无芯感应电炉炉衬的烘烤、烧结实例

阶段	电压/V	电流/A	功率/kW	频率/Hz	时间/h	冷却水温/℃	起熔块颜色
烘烤	500	95	40	75	1	17	略红
	500	90	40	75	8	17 ~ 25	
	500	95	40	75	7	15 ~ 13.5	
	500	90	40	75	1	13	
	600	95	60	75	2	22 ~ 36	
	600	110	60	75	1	21	
	600	100	60	75	4	24 ~ 25	
	600	110	60	75	10	25 ~ 22.5	中部红 ~ 大部红
	600	115	60	75	1	22.5	
	600	110	60	75	4	22.5 ~ 22	
	600	115	60	75	1	22	中上部红
	600	95	40	75	1	22	
	500	422	190	75	1	19	
	700	480	220	89	3	10 ~ 11	

续表 2 - 100

阶段	电压/V	电流/A	功率/kW	频率/Hz	时间/h	冷却水温/℃	起熔块颜色
烧 结	500	410	120	75	3	20 ~ 35	加载每次增加功率 $\frac{1}{4}$
	500	400	160	80	1	25	
	500	410	160	90	1	20	
	550	420	160	90	1	15	
	600	400	200	90	2	15	
	650	380	200	90	1	15	
	650	360	200	85	2	15	

注：摘自某柴油机厂的 ABB 中频（变频）感应电炉烘烤烧结记录。

F　熔炼要点

a　熔炼工艺要点

预热。工频感应电炉，宜 400 ~ 650℃。细薄片料和屑料，可低于 300℃；捆料，可 350 ~ 500℃。

起熔方式。工频感应电炉可热起熔，起熔铁液为装料量的 15% ~ 30%。亦可冷起熔，起熔块为坩埚容量的 25% ~ 50%，直径比坩埚内径小 15% ~ 30%，高度为坩埚深度的 1/3。中频感应电炉冷起熔，可以用起熔块；亦可以直接加料块起熔。

熔化。冷起熔时，供电由低压逐步增高；起熔块开始熔化时，以最大功率供电；熔清后，降低功率。熔化期一般约 2 ~ 3h。热起熔时，宜采用低温熔化制度，一般控制铁液温度为 1250 ~ 1350℃。若采用高温熔化制度，即大功率供电，铁液过热到 1450℃，则比前者熔化时间长，电耗大。

精炼。铁液温度一般为 1400 ~ 1500℃。最高温度：灰铸铁，1500 ~ 1530℃，高牌号采用较高温度；球墨铸铁 1500 ~ 1550℃。精炼期一般约 15 ~ 20min。

出铁。出铁温度：灰铸铁，1450 ~ 1530℃，高牌号采用较高温度；球墨铸铁，1500 ~ 1550℃。无芯感应电炉宜连续熔炼，并留部分铁液（15% ~ 50%，50% 效果最佳），若铸铁材质变化或熔炼结束，则宜倒空。

b　元素的烧损和吸收

基本元素的变化见表 2 - 101；添加元素的吸收率见表 2 - 102。

表 2 - 101　无芯感应电炉熔炼过程中元素的变化

熔炼条件	元 素 变 化 及 说 明					
酸性炉衬	一般：C 烧损 5% ~ 12%，Si 烧损 5% ~ 10% 或增加 5%，Mn 烧损 5% ~ 15%，P、S 不变化 实例：铁液成分（质量分数，%）：C 3.1 ~ 3.4，Si 1.8 ~ 2.2，Mn 0.25 ~ 0.8，P 0.04，S 0.05。升温到 1500℃，C 烧损 12%，Si 烧损 9%，Mn 烧损 7%，P、S 不变化 （1）铁液温度 <1450℃，C 和 Si 变化不大；>1500℃，脱碳加剧并增硅 （2）低硅铁液中碳烧损率高，硅增加率高，高硅铁液中碳烧损率低，硅增加率低。如含 C 3.1% ~ 3.4% 铁液中脱碳增硅如下：					
	保温温度/℃		1450	1500	1550	1600
	含 Si 0.1% ~ 0.2%	脱碳/% · h^{-1}	0.45	0.50	0.55	0.66
		增硅/% · h^{-1}	0.10	0.15	0.30	0.55
	含 Si 1.8% ~ 2.2%	脱碳/% · h^{-1}	0.07	0.18	0.30	0.40
		增硅/% · h^{-1}	—	0.07	0.11	0.19

熔炼条件	元 素 变 化 及 说 明
中性炉衬	实例：铁液成分（质量分数，%）C 3.1 ~ 3.4，Si 1.8 ~ 2.2，Mn 0.25 ~ 0.8，P 0.04，S 0.05，升温到 1500℃，C 烧损 10%，Si 烧损 22%，Mn 烧损 4%，P、S 不变化
中频感应电炉	C、Si 变化低于工频感应电炉熔炼 实例（2100Hz）：C 烧损 11.3%，Si 增加 5.9%，Mn 烧损 14.9%，Cr 烧损 3.94%

注：表中酸性和中性炉衬均为工频感应电炉。

表 2 – 102　无芯感应电炉熔炼铸铁时元素的吸收率

元　素	C	Si	Mn	Cr	Ni	Cu	Mo	Ti	P
添加材料	石墨	硅铁	锰铁	铬铁	镍	铜	钼铁	钛铁	磷铁
吸收率/%	70 ~ 95	80 ~ 100	70 ~ 95	75 ~ 83	95 ~ 100	95 ~ 100	80 ~ 100	80 ~ 85	70

c　电能消耗

工频感应电炉熔炼铸铁时，小容量炉子的电耗高，很不经济；容量增大，电耗降低。见表 2 – 103。

表 2 – 103　工频感应电炉的电能消耗

容量/t	0.5	3	8	10	20	30	40	60
电能消耗/kW·h·t^{-1}	800 ~ 1000	650 ~ 700	平均 641	600 ~ 650	平均 580	475 ~ 510	470 ~ 505	470 ~ 500

注：1. 过热温度 1450 ~ 1550℃。

　　2. 0.5t ~ 20t 炉的电耗是生产数据，高于理论值。

中频感应电炉熔炼铸铁时，单位电耗也同样随炉子容量增大而降低。中频炉熔炼的单位电耗比工频炉低。例如，在两班制工作的条件下，8t 工频炉的日平均电耗为 641kW·h/t，而 3t 中频炉仅为 576kW·h/t，相差 65kW·h/t。当需要小容量炉子时，尤宜采用中频炉，其电耗比工频炉显著降低。

变频感应电炉更节省电能。

2.9.3.2　有芯感应电炉熔炼

A　原理

感应器由闭合铁芯，感应线圈和熔沟组成。感应线圈绕在铁芯上，熔沟是环绕感应线圈的金属液通道。当交变电流过感应线圈时，磁力线通过闭合铁芯，产生交变磁场，使熔沟内金属产生强大的感应电流而熔化和加热。

熔沟由金属模（兼作开炉起熔块）形成。由于有熔沟，故又名熔沟式感应电炉。

B　分类

有芯感电炉采用工（业）频（率）电源。按炉子形式分为立式和卧式两种，系列规格见表 2 – 104。

C　结构

有芯感应电炉由炉体、感应器、炉盖、炉架、倾炉机构、水冷系统、电气系统等组成。炉体和感应器的结构如图 2 – 37 所示。

表 2-104 国产工频有芯感应电炉系列规格(铸铁过热、保温)③

型号	结构形式	有效容量/t	总容量/t	功率额定/保温/kW	电压额定/保温/V	工作温度/℃	升温电耗/kW·h·t⁻¹	热料升温(℃)/生产率(t/h)	主变压器容量/kV·A	烘炉变压器容量/kV·A	电抗器容量/kV·A	冷却水流量/t·h⁻¹	炉体质(重)量/t
GY-3-250	立式	3.0	4.2	250/40	344/137	1450	50	150/5	300	30/20	200	5.5	21.8
GY-15-600	立式	15.0	21.0	600/176	380/205	1500	57.6	150/10	1000	50	无	6.0	50.4
GY-30-1100	卧式	30.0	40.0	1100/295	365/190	1500	70	200/15.2	2000	400	无	10.0	178.0
GY-45-700	立式	45.0	64.0	700/280	740/470	1500	64	200/10.9	1000	100	500	6.0	72.0
DL43I0-1		1.6		150				100/3②	200				
DL43I0-2		3.15		300				100/7	400				
DL43I0-3		5		300				100/6.5	400				
DL43I0-4		10		500				100/11	630				
DL43I0-5		20		500/600①				100/(10/16)	630/800				
DL43I0-6		30		600				100/16	800				
DL43I0-7		45		600				100/15	800				

① 500/600 均指额定功率。
② DL型炉升温100℃指1350~1450℃。
③ 摘自西安电力机械制造公司、西安变压器电炉研究所的产品目录。

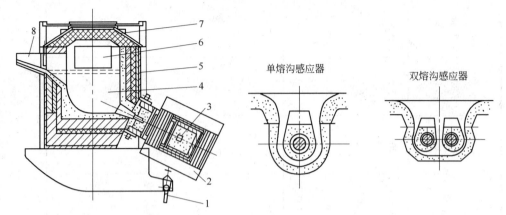

图 2 - 37　有芯感应电炉炉体及感应器示意图

1—倾炉机械；2—感应器；3—熔沟；4—炉膛；5—炉壳；6—工作门；7—炉盖；8—出铁槽

D　炉衬及感应器接合料

炉衬及感应器接合料见表 2 - 105 ~ 表 2 - 108。

表 2 - 105　石英砂捣结炉衬配比实例

序号	石英砂/%			工业用硼酸/%	水/%	用　途
	0.0850 ~ 0.425mm（20 ~ 40 目）	0.425 ~ 0.212mm（40 ~ 70 目）	0.016mm（140 目）以上			
1	20	40	40	3 ~ 4	3 ~ 4	修筑熔池
2	—	40	60	3 ~ 4	3 ~ 4	修筑熔沟
3	30	30	40	2 ~ 2.5	2 ~ 3	修筑熔沟，熔池
4	40		60	1.8	—	修筑熔沟、熔池

表 2 - 106　高铝矾土熟料捣结炉衬的材料与配比实例

熟料级别	成分（质量分数）/%				耐火度/℃	吸水率/%		备　注
	Al_2O_3	Fe_2O_3	CaO	杂质		一等品	二等品	
特级	>80	≤2.5	≤0.6	≤4	1770	≤5	≤7	级外品 ≤10%；10mm 筛的筛余量 ≤10%
一级	80 ~ 90	≤3.0	≤0.6	≤4	1770	≤5	≤7	
二级	60 ~ 80	≤3.0	≤0.8	≤4	1770	≤5	≤7	

炉衬颗粒级配	一级或二级高铝矾土熟料（质量分数）/%						磷酸（浓度 60%）/%	备注
	10 ~ 13mm	5 ~ 10mm	1 ~ 5mm	1 ~ 3mm	1 ~ 0.088mm	<0.088mm		
1	40	20	10	—	—	30	9	
2	—	—	47.5	20		32.5	磷酸铝11	Al_2O_3：P_2O_5 摩尔比 1：3.2
3	—	—	40		30	30	9	

注：使用特级或一级矾土熟料，炉衬寿命 6 ~ 10 个月。

表 2 - 107　高铝耐火混凝土浇灌炉衬的材料与配比实例

材　料	成分 （质量分数)/%							1350℃烘后抗压强度/MPa	耐火度/℃
	Al$_2$O$_3$	CaO	SiO$_2$	Fe$_2$O$_3$	MgO	TiO$_2$	其他		
电熔刚玉	95.27	4.04	0.16	0.19	0.12	—	0.29	46	>1790
烧结刚玉								52	>1790
瑞典	96.64	2.71	0.06	0.10	0.06	0.12	0.23	24	>1970
Victor(瑞典)	96.0		0.5	0.1				39	>1900

炉衬颗粒级配	骨料				掺合料		胶结剂纯铝酸盐水泥/%	MF 减水剂/%	水/%
	材料	5 ~ 10mm	1.6 ~ 5mm	0.2 ~ 1.6mm	材料	<0.088mm			
1	电熔刚玉	—	40	24	铝氧粉	20	16	0.15	7.5
2	烧结刚玉	15	30	25	一级矾土粉	14	16	0.15	7.5

表 2 - 108　快换感应器与炉体炉衬之间的接合料

接合料	厚　度	材 料 配 比
面料	一般在感应器和炉体喷口烘烤后准备连接前涂抹，刮平；通常厚 5 ~ 8mm，高接合法兰面 1 ~ 2mm	骨料电熔刚玉或烧结刚玉（粒度 < 1.2mm）40% + 煅烧氧化铝粉（粒度 < 0.088mm）40% + 氧化铝水泥 20% + 水适量，调成糊状
隔离料	感应器安装前刷在面料上，厚约 0.5 ~ 1mm；过厚，铁液可能渗漏	煅烧氧化铝粉（粒度 < 0.088mm）95% + 耐火黏土粉 5% + 水适量，调成稠液状

E　应用

a　熔炼

有芯感应电炉作为熔炼炉，可以热起熔，即在热炉内加入或留铁液 25% ~ 35%，开炉熔炼；亦可以冷起熔，即以熔沟铁模为起熔金属，烘炉与熔炼结合一起，视炉温分批加料。

宜连续熔炼，出铁时留铁液至熔池高度，约 200 ~ 400mm。

由于炉内铁水密闭，元素氧气烧损少。在石英砂炉衬中，烧损如下：C 5%，Si 1% ~ 8%（有时增 Si 5%），Mn 12% ~ 15%，P、S 不变化；在镁砂炉衬中，烧损如下：C 5%，Si 10%，Mn 10%，P、S 不变化。

添加元素的吸收率与无芯感应电炉熔炼相近。

b　保温和储存

在双联熔炼中，有芯感应电炉多用作 II 级炉，保温、储存、平衡铁液需要量。适于单一铁液、大批量生产。

2.9.4　回转炉熔炼

20 世纪初，英国、德国、日本曾用回转式火焰炉熔炼铸铁。由于用空气助燃，能耗高，熔化率低，铁液温度低，炉衬损耗大，排烟中含 SO$_x$、NO$_x$ 污染环境，故未能推广。

近年，以氧气代替空气助燃，且改造了炉体结构、炉衬材料、熔炼技术等，在欧洲中、小铸造厂应用日益增多，而引起注意。

2.9.4.1　结构

意大利 Sider Projrtti 公司制造纯氧回转炉，容量 2~12t，结构如图 2-38 所示。

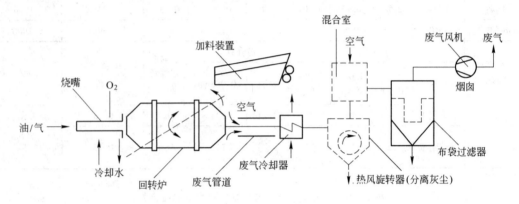

图 2-38　纯氧回转炉示意图

（1）炉体。如图 2-38 所示，本体为圆筒形，两端均用法兰连接锥筒：左端锥筒有喷水口和出铁口；右端锥筒有加料口和废气出口。

炉体有 4 个托辊，支撑并驱动炉体回转；炉体倾斜时，托辊阻止其沿轴线下滑。

（2）烧嘴。为三层：中央通燃气或雾化油，夹层送氧气，外层通冷却水。

（3）炉衬。采用 SiO_2-Al_2O_3 系打结耐火材料、SiO_2 93% + Al_2O_3 5% 黏结材料，烘干、烧结后使用。圆筒寿命 500 次，锥筒可连续 20~50 次。

2.9.4.2　熔炼过程及特点

炉体逆时针倾斜约 30°，振动给料机装料。然后炉体回平。

烧嘴点火，从左端锥筒喷入火焰，炉体绕水平轴回转，强化炉料预热、熔化、过热、保温。

熔炼结束，打开左端锥筒上的出铁口，炉体倾斜，放渣出铁。

熔炼特点如下：

（1）铁液中元素烧损率（质量分数,%）：C 10~15，Si 15~17，Mn 30~40，Cr 10~15。

（2）由于使用纯氧，燃料耗量少，火焰温度可达 2850℃ 左右。

（3）废气中 SO_x 和 NO_x 极少。

2.9.5　双联熔炼

2.9.5.1　双联熔炼的主要形式和特点

A　双联熔炼的主要形式

双联熔炼的主要形式如表 2-109 所示。冲天炉与无芯感应电炉双联熔炼时的联接（或铁液进入的）方式如图 2-39 所示。

表 2 - 109　双联熔炼的主要形式

炉 的 组 合		炉的联接方式
熔化用炉	过热精炼或保温贮存铁液用炉	
冲天炉	有芯感应电炉	直接或间接
	无芯感应电炉	直接或间接
	电弧炉	间接
无芯感应电炉	有芯感应电炉	间接
	无芯感应电炉	间接
	电弧炉	间接
高炉	有芯感应电炉	间接
	无芯感应电炉	间接

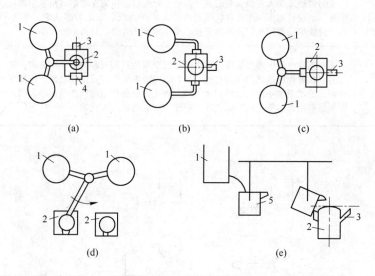

图 2 - 39　冲天炉与无芯感应电炉双联熔炼时的联接（或铁液进入的方式）

（a）铁液从炉顶进入（直接）；（b）铁液从一端轴径进入（直接）；（c）铁液从一端轴径进入，从另一端轴径
流出（直接）；（d）铁液交替进入两台炉子（间接）；（e）用铁液包转注（间接）
1—冲天炉；2—无芯感应电炉；3—出铁口；4—出渣口；5—铁液包

B　双联熔炼的主要特点

（1）在铁液供求方面：能较可靠地实现铁液的供求平衡，把停工损失减少到最小，并可最大限度地发挥熔化炉的熔化能力。

（2）在铁液成分和温度方面：可获得稳定的铁液成分，波动范围较小，并能进行成分调整、合金化或脱硫，还能补偿运送和浇注过程中所造成的温度损失。

（3）在冶金特性方面：铁液经过电炉后，晶核数量减少；过冷度增加，白口倾向加大产生枝晶状石墨和点状石墨的倾向加大，石墨尺寸小。

（4）在能源和材料利用方面：可充分利用炉子的热效率，并且还可回用冷铁液和浇注剩余铁液，提高金属材料利用率，每吨铁液的费用可降低 5.4% 左右。

（5）在生产适应性方面：在两班工作时，第三班可向保温炉添加炉料，熔化并升温铁液，或聚集夜间熔化炉熔炼的铁液，以便在第二天一上班就有合格的铁液供应浇注工部，提高工作效率。另外，还可利用一种成分的铁液作为基铁，通过添加合金等办法得到多种牌号的铸铁。对各种类型的铸造生产都有较强的适应性。

应该指出，采用冲天炉－电炉双联熔炼，绝不意味着可以忽视或降低冲天炉熔炼铁液的冶金质量，否则是不经济、不合理的。

2.9.5.2　双联熔炼炉的合理选配

（1）双联熔炼炉选配的主要依据：双联熔炼时用作熔化炉的主要依据见表 2 – 110，用作过热精炼或保温贮存铁液用炉的主要依据见表 2 – 111。双联熔炼时是否连续使用，在选配时可参考图 2 – 40。

表 2 – 110　双联熔炼时用作熔炼炉的主要依据

用作熔炼炉类型	选配的主要依据
冲天炉	老的铸造车间大多数安装的是冲天炉，若配以适用的保温炉或精炼炉就可很快造成双联熔炼。新建铸造车间也常常优先选用冲天炉作为双联熔炼的熔化炉，因为冲天炉熔化效率高，设备投资费用小，建筑速度快、操作和维修方便，且占地面积小
无芯感应电炉	无芯感应电炉熔炼质量好，特别是在以金属废料和屑料为主要炉料时，选用无芯感应电炉作为双联熔炼的熔化炉最为有利。无芯感应电炉生产方式比较灵活，机械化和自动化程度比较高，劳动卫生条件比较好。用于除尘净化的设备费用和操作费用小，因此在电力充足的情况下也有用无芯感应电炉取代冲天炉作为双联熔炼的熔化炉

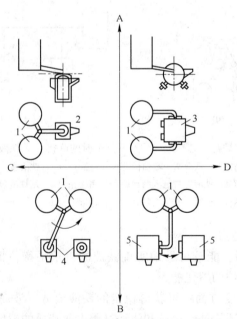

图 2 – 40　双联熔炼时熔炉选配的参考

A—连续使用；B—空隙使用；C—一班工作；D—三班工作；1—冲天炉；2—双联专用无芯感应电炉；
3—双联专用有芯感应电炉；4—普通无芯感应电炉；5—普通有芯感应电炉

（2）双联熔炼炉容量的选配：双联熔炼炉容量的选配，主要应根据双联熔炼的工艺特性，可参见表 2 – 112。

表 2-111 双联熔炼时用作过热精炼或保温贮铁液用炉的主要依据

用作过热精炼或保温贮存铁液用炉	选配的主要依据
有芯感应电炉	有芯感应电炉容量大,适合用于大批量生产单一品种铁液的保温和均匀成分。有芯感应电炉可以同时装入铁液和出铁液,满足连续出铁或频繁出铁的要求,有芯感应电炉可贮存铁液,平衡生产节奏
无芯感应电炉	无芯感应电炉可以把炉内铁液全部倒空,更换铁液牌号比较方便。无芯感应电炉单位功率大,能较快地熔化加入炉中用于调整成分的合金材料。无芯感应电炉适于精炼,能熔炼出成分比较准确和温度较高的铁液
电弧炉	电弧炉运行可靠,但过热铁液时热效率低。电弧炉适于精炼,能熔炼出成分比较准确和温度高的铁液

表 2-112 双联熔炼炉容量的选配

双联熔炼的工艺特性	炉容量之比	双联熔炼的工艺特性	炉容量之比
主要用于贮存 (间接双联)	$\dfrac{\text{贮存炉容量 }Q}{\text{熔化炉容量 }q}=4\sim6$	主要用于过热 (间接或直接双联)	$\dfrac{\text{过热炉容量 }Q}{\text{熔化炉容量 }q}=0.5\sim1.5$
主要用于保温 (直接双联)	$\dfrac{\text{保温炉容量 }Q}{\text{熔化炉容量 }q}=1\sim3$	主要用于精炼 (直接双联)	$\dfrac{\text{精炼炉容量 }Q}{\text{熔化炉容量 }q}=0.5\sim1.0$

2.9.5.3 双联熔炼的应用实例

双联熔炼的应用实例见表 2-113。

表 2-113 双联熔炼的应用实例

序号	生 产 情 况	双联熔炼的应用特点
1	生产汽车、拖拉机灰铸铁件	冲天炉与有芯感应电炉双联。 1. 用两台交替工作的直径为 2700mm、生产率 45t/h 的水冷无炉衬热风冲天炉风与三台 125t 有芯感应电炉双联熔炼。冲天炉铁液沿出铁槽直接流入有芯感应电炉中,铁液在其中过热到 1540~1560℃ 出炉。冲天炉连续运行一周后,在非工作日修理完毕,下周工作日开始时又可继续工作(或备用); 2. 用两台生产率为 12.5t/h 的热风冲天炉,与一台功率为 700kW 的 60t 有芯感应电炉间接双联。冲天炉在第一班交替工作,铁液贮存有芯感应电炉中供 2 个班浇注。为了满足第二班对铁液的需要,在第一班结束时,有芯感应电炉中贮存有 60t 铁液,其中 45t 铁液用于浇注,15t 铁液作为炉子的起熔体
2	生产汽车、拖拉机球墨铸铁件	冲天炉与有芯感应电炉双联。 用直径为 2900mm,热风为 540℃,生产率为 55t/h 的水冷无炉衬冲天炉熔化与容量为 60t 的有芯感应电炉双联
3	生产球墨铸铁,需进行脱硫处理	冲天炉与无芯感应电炉双联。 用 3t/h 冲天炉与 5t 中频无芯感应电炉间接双联。冲天炉铁液注入中频无芯感应电炉后,扒去酸性渣,调整碳、硅、锰含量,然后用 $w(CaC_2)=$ 0.75%~1.1% 在中频无芯感应电炉中进行脱硫,用搅拌器搅拌 7min,硫的质量分数降到 0.015%,随后,再添加合金进行第二次成分调整,直到硫的质量分数不超过 0.006% 为止
4	生产多种牌号的合金铸铁件	冲天炉与无芯感应电炉双联。 用 3t/h 冲天炉与 3t 无芯感应电炉双联熔炼。在无芯感应电炉中添加合金调整成分,生产各种牌号合金铸铁
5	生产高强度灰铸铁件	冲天炉与电弧炉双联。 用两台生产率为 40t/h 的水冷热风冲天炉(交替使用)用作熔化炉与两台容量为 20t 的电弧炉双联

续表 2 – 113

序号	生 产 情 况	双联熔炼的应用特点
6	生产球墨铸铁件，金属炉料为（质量分数）90%的废钢和10%的生铁	无芯感应电炉与有芯感应电炉双联。 用两台 8t 无芯感应电炉与一台 10t 有芯感应电炉双联。铁液用 6t 铁液包兑入有芯感应电炉中贮存并加热到 1470℃，过热速度约 50℃/h。增碳剂用石墨粉，加入有芯感应电炉中，白天进行浇注，铁液基本浇完，只剩起熔体
7	生产合金铸铁件，金属炉料为（质量分数）回炉铁 44.6%、铸造生铁 15.0%、铁屑 15.4%、成捆废钢 12.6%、锻造废料 10.8%、硅铁（FeSi45）1.3%、碎锰铁 0.1%、大块铬铁 0.2%、外加石墨屑 1.0% 和粒状石墨 1.21%	用 25t 无芯感应电炉熔炼与 45t 有芯感应电炉双联。用 6t 开底料桶装料，其顺序如下：铁屑、石墨屑、铁合金、生铁块、成捆废钢、锻造废料和回炉料。当加入的第一批炉料还剩下上层炉料没有熔化时，便加入第二批炉料。然后每经过 30min 加入一批新炉料，直至加满炉料为止，炉料熔化后，取样确定化学成分和碳当量。得出成分分析结果后除渣，必要时调整成分，精炼好的铁液沿出铁槽充入有芯感应电炉。无芯感应电炉出铁 20t，留下 5t 铁液作起熔体。也可根据需要，采用每次出铁液 6t 再向炉内加料 6t 的方式进行熔炼作业。定期检查有芯感应电炉铁液的化学成分和温度。有芯感应电炉出铁时，向铁液中添加复合孕育剂进行孕育处理
8	生产各种牌号的灰铸铁件	高炉与容量为 120~150t 或最大容量为 420t 的有芯感应电炉间接双联。用汽车或铁路将高炉铁液运输于城市内各工厂之间或各城市之间。铁液温度下降为 5~7℃/h
9	生产球墨铸铁件	高炉与无芯感应电炉双联。 与容量为 30t 的无芯感应电炉间接双联，加入废钢和合金调整成分，用碳化钙脱硫，进行球化孕育处理

任务 2.10　铁水质量的炉前控制与检测

【任务描述】

在铸造生产中，要获得高质量的铸件，首先必须有高质量的铁水。如果铁水温度低、铁水不纯净，则会产生浇不足、冷隔、夹渣、气孔等铸造缺陷；如果化学成分不符合要求，即便是浇注出完整的铸件，也会因力学性能或物理性能不合格而导致铸件成批报废。

【任务分析】

主要控制内容为：化学成分、组织、性能和气体含量等。主要检测方法有：炉前试样判断、热分析、快速多相观察、直读光谱仪分析等。

【知识准备】

2.10.1　灰铸件的炉前控制与检测

灰铸件炉前控制与检测方法见表 2 – 114。

表 2 − 114　灰铸件炉前控制与检测方法

方法	操 作 简 述	质量判断与控制
三角试样	试样冷却至暗红色（600～700℃）淬水，打断测量试样白口宽度，观察截面组织，三角试样的规格见图 使用注意： 1. 试样砂型可用干型或湿型，湿型比干型激冷作用强，白口宽度偏宽； 2. 掌握淬水速度：若水强烈沸腾，则试样温度过高，下水速度过快；若水中微沸腾，并有吱吱声响，则速度合适	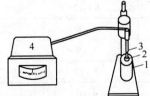 1—灰口层；2—麻口层；3—白口层； l—三角试块白口宽度平均值，mm （1）测量白口宽度（试样尖角处的白亮区至出现灰点处） 一般白口宽度应为铸件薄壁处的 1/6～1/3，白口宽度过大，铁液应补加孕育剂，一般应补加 $w(Si75)=0.15\%$。白口宽度可减少 1～1.5mm；白口宽度过小，应向包内冲入适量铁液以调整其成分。 （2）观察断口颜色 根据断口颜色定碳量范围，由白口宽度定（Si＋C）总量，即可知道硅量。 （3）观察断口组织 若里外均匀细致，则碳当量适中，孕育良好，壁厚敏感性小，若内部粗大里外不均，则碳当量高，孕育不良，壁厚敏感性大

三角试样：

试样尺寸				测量限度/mm	一般用于

A	H	L	l	一般用于
12.5	25	130	6	薄型小件（纺机厂）；中小件（农机厂）；大中件（中型机床厂）；厚大件（重型机械厂）
20	40	130	10	
25	50	150	12	
50	100	180	25	

特点：一般多用于检验高牌号铸铁

| 圆柱形试样 | 将铁液浇入铁模（如图）内（预热至200℃）试样冷至暗红色淬水，然后打断，观察断口颜色、白口层深度、试样顶部变化情况，可判断铁液碳硅含量和铸铁牌号

圆棒型试样金属型
特点：一般都用于检验低牌号铁液 | 圆棒形试样检查情况 |

热分析法：用电子电位差计的冷却曲线直接记录灰口铁试样（φ100mm×120mm 的油砂型）、铂铑铂热电偶，如下图

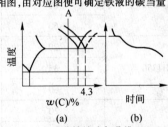

测冷却曲线定碳装置
1—砂型；2—铁液；3—热电偶；4—测温表

由记录出的铁液冷却曲线（即温度时间曲线）得到这部分铁液的液相线温度（结晶开始温度），对照 Fe-C 相图，由对应图便可确定铁液的碳当量

（a）Fe-C 状态图；（b）冷却曲线（成分 A）
A 成分铸铁冷却曲线

方法	操 作 简 述	质量判断与控制
快速化学分析	浇注一个 $\phi20mm \times 25mm$ 的试块，冷却至 70℃ 以下淬水，钻取粉末分析成分	根据分析结果，判断铁液质量，并对铁液成分进行调整
光谱分析	浇注一个光谱分析用全白口试样，将测量面打磨平整后，在直读式光谱仪上分析	根据分析结果，判断铁液质量，并对铁液成分进行调整

2.10.2　蠕墨铸铁的炉前控制与检测

蠕铁的生产过程在炉前主要是控制好原铁液的成分和复合蠕化剂、孕育剂的加入量（见表 2 – 115）；同时要严格检验蠕化处理的效果。

目前多数工厂炉前仍根据三角试样断口所反映的宏观情况来判断使用稀土进行蠕化处理的效果。

具体的炉前检测方法见表 2 – 116。

表 2 –115　孕育剂（75FeSi）加入量

铸铁牌号	孕育前白口宽	孕育剂的加入量（质量分数）/%	孕育后白口宽
HT200	4 ~ 8	0.1 ~ 0.2	2 ~ 6
HT250	5 ~ 10	0.2 ~ 0.4	3 ~ 7
HT300	8 ~ 15	0.3 ~ 0.6	6 ~ 10
HT350	12 ~ 20	0.5 ~ 0.8	8 ~ 15

铸铁牌号	铸件壁厚/mm	三角试样白口宽度/mm		孕育剂加入量（质量分数）/%
		原铁液	孕育后	
HT200	5 ~ 15	1 ~ 5.5	1 ~ 3	0.05 ~ 0.15
	35		2 ~ 4	
	60		4 ~ 4.5	
HT250	8 ~ 15	6 ~ 12	3 ~ 4	0.15 ~ 0.3
	35		4 ~ 6	
	60		6 ~ 7.5	
HT300	15	8 ~ 15	4 ~ 6	0.2 ~ 0.5
	35		6 ~ 9	
	60		8 ~ 12	
HT350	20	9 ~ 15	4 ~ 6	0.2 ~ 0.5
	35		6 ~ 9	
	60		8 ~ 12	
HT400	20	12 ~ 24	4 ~ 6	0.2 ~ 0.5
	35		6 ~ 9	
	60		8 ~ 12	

表 2-116 蠕墨铸铁的炉前检测方法

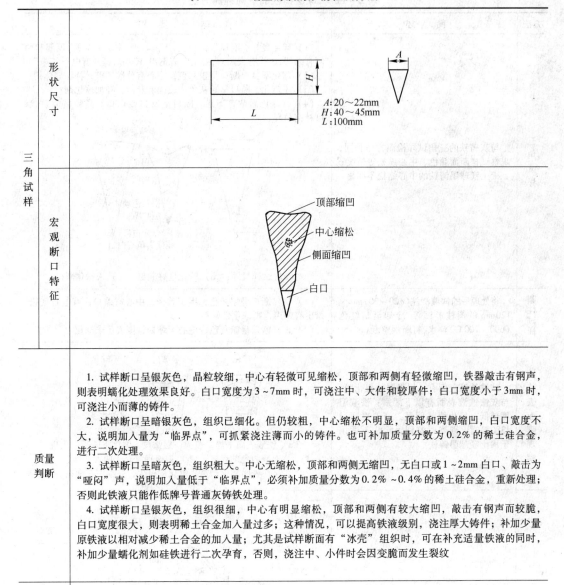

三角试样	形状尺寸	A:20~22mm H:40~45mm L:100mm
	宏观断口特征	顶部缩凹 中心缩松 侧面缩凹 白口

质量判断	1. 试样断口呈银灰色，晶粒较细，中心有轻微可见缩松，顶部和两侧有轻微缩凹，铁器敲击有钢声，则表明蠕化处理效果良好。白口宽度为 3~7mm 时，可浇注中、大件和较厚件；白口宽度小于 3mm 时，可浇注小而薄的铸件。 2. 试样断口呈暗银灰色，组织已细化。但仍较粗，中心缩松不明显，顶部和两侧缩凹，白口宽度不大，说明加入量为"临界点"，可抓紧浇注薄而小的铸件。也可补加质量分数为 0.2% 的稀土硅合金，进行二次处理。 3. 试样断口呈暗灰色，组织粗大。中心无缩松，顶部和两侧无缩凹，无白口或 1~2mm 白口、敲击为"哑闷"声，说明加入量低于"临界点"，必须补加质量分数为 0.2%~0.4% 的稀土硅合金，重新处理；否则此铁液只能作低牌号普通灰铸铁处理。 4. 试样断口呈银灰色，组织很细，中心有明显缩松，顶部和两侧有较大缩凹，敲击有钢声而较脆，白口宽度很大，则表明稀土合金加入量过多；这种情况，可以提高铁液级别，浇注厚大铸件；补加少量原铁液以相对减少稀土合金的加入量；尤其是试样断面有"冰壳"组织时，可在补充适量铁液的同时，补加少量蠕化剂如硅铁进行二次孕育，否则，浇注中、小件时会因变脆而发生裂纹
注意事项	1. 试样两侧与顶部有缩凹，则说明蠕化处理成功；但处理成功的全白口，也可能不出现缩凹现象。 2. 经过处理的铁液浇注后，若试样白口宽度不断减小，则表明蠕化作用不断衰退；若白口宽度不断增大，则表明孕育作用不断衰退，此时可改进孕育方法或调整孕育剂的加入量

2.10.3 球墨铸铁的炉前控制与检测

球墨铸铁的炉前检测方法见表 2-117。

2.10.4 可锻铸铁的炉前控制与检测

可锻铸铁的炉前控制与检测方法见表 2-118。

表 2 - 117　球墨铸铁的炉前检测方法

方法	简　述	球　化　鉴　别
三角试样	与灰铸铁的三角试样检测方法相同，观察试样断面颜色、中心缩松等情况；稀土镁球墨铸铁的中心缩松不明显	（1）球化良好。断口呈银灰色，组织较细，中心有缩松，顶部和两侧有缩凹，试样有大圆角，敲击时有钢声，淬水后砸开有电石气味； （2）球化不良。断口呈银灰色，中心有分散黑点，补加球化剂； （3）不球化。断口呈暗灰色或成黑麻断面，补加球化剂； （4）有球化而孕育不足。断口呈麻口或白口，晶粒呈放射状，可补完孕育 （a）试样尺寸；（b）球化良好断口；（c）未球化断口
圆柱试样	将处理后的铁液浇注（φ20～30）mm × 120mm 的圆柱形试棒，冷却至暗红色（600～700℃）淬水，打断观察断口	（1）试样断口呈银灰色，组织致密，中心有缩松，有电石气味，敲击有钢声，则球化良好； （2）试样断口呈暗灰色，中心无缩松，则表示未球化
铁液表面膜观察	球铁铁液表面有一层很厚的氧化膜，与灰铁铁液表面有以下区别：铁液温度越低，氧化膜越明显，当温度超过1380℃时，则难以鉴别，此法不适用于稀土镁球墨铸铁	 （a）铁液表面平静，覆盖一层皱皮，温度下降后会出现五颜六色的浮皮；（b）表面现象介于两者之间； （c）表面翻腾严重，氧化皮极少，并集中在中央
火苗检验	球化后在补加铁液搅拌、倒包时，铁液表面有火苗蹿出，这是镁蒸气逸出燃烧的现象。火花越多、越蓝、越有力，球化越好。但在铁液温度偏高时有时火苗有萎缩现象，稀土镁球墨铸铁的火苗特征不明显	<table><tr><td>球化情况</td><td>火 苗 特 征</td><td>火苗等级</td></tr><tr><td>良好</td><td>大于40mm的大火苗有三个以上，小火苗多而有力</td><td>大火苗</td></tr><tr><td>良好</td><td>有一两个大火苗，十个以上的小火苗</td><td>中火苗</td></tr><tr><td>一般（衰退快）</td><td>小于15mm的小火苗少而无力</td><td>小火苗</td></tr><tr><td>不球化</td><td>看不到火苗</td><td>无火苗</td></tr></table> 火花判别球化的方法

方法	简　　　述	球　化　鉴　别
敲击声	把试片悬空敲击，利用球铁吸振性差、传音强的特点进行鉴别	球化：尖锐有韵如同钢声； 半球化：尖锐有韵但响声不长； 不球化：声音闷哑
快速金相分析	以直径为 $\phi20mm \times 20mm$ 或 $\phi30mm \times 30mm$ 的试棒，凝固后淬水冷却，在砂轮上磨去表面，经粗磨和抛光后用显微镜观察。但要注意由于铸件比试棒大，试棒化级别要订得比铸件高一些	按球化标准评级； 此法可在 2min 内完成，比较准确可靠
热分析法	用电子电位差计直接记录球墨铸铁试样（$\phi40mm \times 60mm$）的冷却曲线	将记录的曲线与各种球化级别的标准曲线相对照，确定所测试样的球化级别和渗碳体数量，此法约需 2min 即可完成

表 2 – 118　可锻铸铁的炉前控制与检测方法

方法	方法简述及试样规格	质量判断与控制
三角试样	与孕育铸铁的方法相类似，采用湿型竖烧，冷却至 750℃（呈紫红色）以下时淬水，然后打断观察其截面 试样尺寸（mm）（图见表 2 – 116 中三角试样）及适用壁厚（mm）如下： A　　H　　L　　适用壁厚 12.5　　25　　130　　6～10 20　　40　　130　　10～15 25　　50　　130　　15～20 50　　100　　130　　20～30	1. 要求三角试样截面呈全白口或中心有少数灰点； 2. 若断口中心灰点较多，则应用该液浇注较薄的铸件，或铁液补加质量分数为 0.001%～0.003% 的铋
圆柱阶梯试样	 $D = 2d = 2\delta$（δ 为铸件最大壁厚） $h = (2.5\sim3)d$ 采用湿型浇注，冷却至 750℃ 以下淬水，再观察断口	d 截面全部呈白口，D 截面中心有少量小灰点，则碳、硅总量适当
矩形阶梯试样	 试样规格： 采用湿型浇注，冷却至 75℃ 以下淬水，打断不同断面，观察断口	1. 试样全白口截面，铸件适宜壁厚： 阶梯试样白口厚度/mm　铸件适宜壁厚/mm 10　　≤10 20　　≤20 30　　≤30 2. 截面呈无方向性分布的纯白口组织为最好，表明 $w(Si) \geqslant 0.8\%$，$w(C) \leqslant 2.8\%$； 3. 截面由中心向边缘呈方向性分布的白口组织，表明 $w(Si) < 0.6\%$，$w(C) > 2.9\%$，莱氏体量较多，使退火时间延长，甚至发生困难

方法	方法简述及试样规格	质量判断与控制
圆柱试样	采用湿型浇注直径等于铸件最大壁厚的 1.5 ~ 2 倍，长度为 200 ~ 250mm 的圆棒，冷却至 750℃ 以下淬水，打断后观察其截面	1. 整个截面为白口，其中心有 5 ~ 10 个小灰点，则碳、硅总量适当； 2. 试棒顶部收缩小，淬水时有微裂现象，试棒不易敲断，截面无针状碳化物出现，呈灰黑色细密组织，则碳低、硅量低； 3. 试棒顶部不缩，淬水时热裂现象严重，截面呈灰色粒状组织（与碳钢组织相似），试棒易于敲断，则碳高、硅量高； 4. 试棒顶部收缩大，敲打时性脆，截面平直，针状碳化物从边缘伸至中心，粗大发亮，则碳低、硅量高
快速化学分析	浇注一 ϕ20mm × 25mm 试块，冷却至 750℃ 以下淬水，钻取粉末分析成分	根据分析结构，鉴别铁液质量和对铁液成分进行调整

【自我评估】

2 – 1　根据碳在铸铁中的不同存在形式，通常将铸铁分为哪几种？

2 – 2　在灰铸铁中，石墨给铸铁带来的有利和不利影响有什么？

2 – 3　为什么在所有铸铁中灰铸铁的应用最为广泛，它有哪些性能特点？

2 – 4　灰铸铁在国家标准规定的牌号中，各字母和数字代表什么含义？

2 – 5　根据铁 – 碳二元相图，试分析亚共晶、共晶和过共晶灰铸铁按稳定系结晶的过程及所形成的组织。

2 – 6　如何划分铸铁的结晶过程，一次结晶和二次结晶各有什么特点？

2 – 7　何谓孕育铸铁，其组织和性能与普通灰铸铁相比有什么特点？

2 – 8　综合分析硅、硫在铸铁中所起的作用以及它们对铸铁性能的影响。

2 – 9　国家标准中，QT600 – 3 各项代表什么意义？

2 – 10　什么是球化剂？镁和稀土在铁液中有哪些作用？在我国实际生产中常用什么球化剂？

2 – 11　在球墨铸铁生产中常见哪些缺陷？试描述其特征、产生的主要原因及防止的主要措施。

2 – 12　何谓蠕化率？

2 – 13　指出 RuT300 的含义。

2 – 14　简述蠕墨铸铁常见缺陷的特征、产生原因及防止措施。

2 – 15　何谓可锻铸铁第一阶段、第二阶段石墨化？

2 – 16　可锻铸铁的热处理工艺对固态下的石墨化有什么影响？

2 – 17　特种铸铁包括哪几种，分别应用于什么条件下？

2 – 18　什么是冷硬铸铁？

2 – 19　普通冲天炉的基本结构包括哪几个部分，各部分的主要作用是什么？

2 – 20　冲天炉采用曲线炉膛及小风口送风有什么优点？

2 – 21　分析比较常用干法和湿法除尘器所存在的优缺点。

2 – 22　试简述冲天炉熔炼铸铁的基本过程。

2 – 23　冲天炉内焦炭燃烧的基本反应有哪些，其中哪几个反应是放热反应？

2 – 24　冲天炉内铁料的熔化过程分为哪三个阶段？

2 – 25　影响铁液增碳、增硫的主要因素是什么？如何在冲天炉中熔炼出低碳、低硫铁液？

2 – 26　什么是底焦高度，如何控制其高度？层焦和补焦各起什么作用？

2 – 27　试述冲天炉操作的基本步骤。

2 – 28　在冲天炉熔炼过程中如何判断上下棚料、铁液严重氧化及发生漏炉等主要故障？

学习情境 3 铸钢及熔炼技术

【学习目标】

(1) 了解铸钢的种类及性能特点。
(2) 掌握铸钢熔炼分方法。

任务 3.1 铸钢材料的基本知识

【任务描述】

铸钢无论在强度方面还是韧性方面都比较高，常用于承受重载荷，抗冲击的工作条件下，具有较高的可靠性和安全性。铸钢还具有优良的可焊接性能。

【任务分析】

铸钢的相变过程。

【知识准备】

(1) 钢的相变和铸态组织。从铁碳合金双重相图可知，碳的质量分数高于2.10%的铁碳二元合金称为铸铁，碳的质量分数低于2.10%的统称为钢。在钢中，碳的质量分数为0.765%的称共析钢，低于0.765%或高于0.765%的称亚共析钢或过共析钢。钢只发生包晶转变和共析转变。包晶转变温度为1493℃，产生的新相为奥氏体，共析转变温度为727℃，形成的新相为珠光体。

(2) 共析钢的等温转变曲线。共析钢中的奥氏体在不同温度下的等温转变曲线即 S 曲线如图 3-1 (a) 所示，连续冷却转变曲线如图 3-1 (b) 所示。

(3) 共析钢在连续冷却过程中的转变曲线。在连续过冷中，过冷奥氏体的转变是一个温度范围内进行，因而转变后常形成混合组织图 3-1 (b) 中共析钢的连续冷却转变曲线（图中粗实线）。为了对比，图中还画出了等温转变曲线（虚线）。图中几条细实线代表不同的冷却速度，其中 v_c 为临界冷却速度，即为使奥氏体全部转变为马氏体所需的最低冷却速度。

钢的 S 曲线和连续冷却转变曲线的形状和它在图中的位置是由钢的化学成分所决定的。钢的含碳量以及合金元素都对冷却曲线有一定的影响。

(4) 亚共析钢和过共析钢中的相变。

1) 亚共析钢。奥氏体冷却至 GS 线时，开始析出铁素体，随着温度的降低，析出过程持续进行。当温度降至 PK 线时，具有共析成分的奥氏体转变为珠光体，最终得到由铁素体和珠光体构成的两相组织。

2）过共析钢。奥氏体冷却至 PS 线时，开始析出自由渗碳体，随着温度的降低，析出过程持续进行，当温度降至 PK 线时，具有共析成分的奥氏体转变为珠光体。最终得到由渗碳体和珠光体组成的两相组织。

当钢中含有合金元素或冷却条件很快下，亚共析钢和过共析钢也可能生成含有索氏体、屈氏体、贝氏体和马氏体的组织。

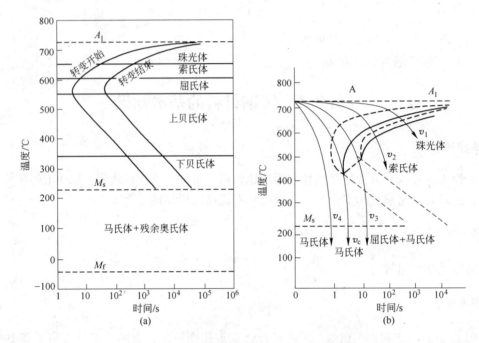

图 3-1　共析钢等温转变和连续冷却转变曲线

（a）等温转变曲线；（b）连续冷却转变曲线

任务 3.2　铸钢牌号表示方法

【任务描述】

铸钢牌号可以强度、化学成分及热处理状态命名。

【任务分析】

铸钢代号用"铸"和"钢"的汉语拼音时的第一个大写正体字母"ZG"表示。

【知识准备】

3.2.1　以强度表示的铸钢牌号

一般工程与结构用铸造碳钢和高强度钢，在 ZG 后面加两组数字，第一组表示屈服强度，第二组表示抗拉强度。之间用"－"隔开，例如：

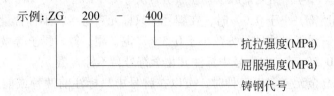

力学性能试验用试样毛坯应在浇注时单独铸出，也允许在铸件上取样。取样部位及性能要求由双方协商确定。试块形状、尺寸及切取位置见图 3 - 2。

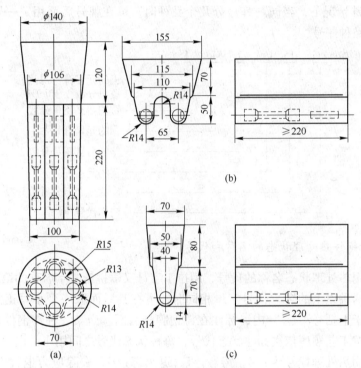

图 3 - 2　力学性能单铸试块

（a）梅花试块；（b）鞍形试块；（c）楔形试块

3.2.2　以化学成分表示的铸钢牌号

（1）在牌号中"ZG"后面的一组数字表示铸钢的名义万分碳质量分数。平均碳质量分数不大于 1% 的铸钢，则在牌号中不表示其名义质量分数；在平均碳的质量分数小于 0.1% 时，其第一位数字为"0"；只给出碳质量分数上限，未给出下限的铸钢牌号中碳的名义质量分数用上限表示。

（2）在碳的名义质量分数后面排列各主要合金元素符号，每个元素符号后面用整数标出其名义质量分数。

（3）锰元素的平均质量分数小于 0.9% 时，在牌号中不标元素符号；平均质量分数为 0.9% ~ 1.4% 时，只标符号不标质量分数。其他合金元素平均质量分数为 0.9% ~ 1.4% 时，在该元素符号后面标注数字 1。

（4）钼元素的平均质量分数小于 0.15%，其他合金化元素平均质量分数小于 0.5%，在牌号中不标元素符号；钼元素的平均质量分数大于 0.15%，小于 0.9%，其他元素平均质量分数大于 0.15%，小于 0.9% 时，在牌号中只标元素符号，不标含量。

（5）当钛、钒元素平均质量分数小于 0.5%，铌、硼、氮、稀土等微量合金元素的平均质量分数小于 0.5% 时，在牌号中标注其化学符号，不标含量。

（6）当主要合金元素多于三种时，可以在牌号中只标注前两种或前三种元素的名义含量。

（7）当牌号中须标两种以上主要合金元素时，各元素符号的标注顺序按它们的名义含量的递降顺序排列。若两种元素名义含量相同，则按元素符号的字母顺序排列。

（8）在特殊情况下，当同一牌号分几个品种时，可在牌号后面用 "—" 隔开，用阿拉伯数字标注品种序号。

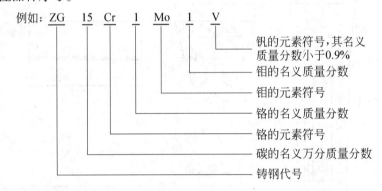

例如：ZG　15　Cr　1　Mo　1　V

- 钒的元素符号，其名义质量分数小于0.9%
- 钼的名义质量分数
- 钼的元素符号
- 铬的名义质量分数
- 铬的元素符号
- 碳的名义万分质量分数
- 铸钢代号

3.2.3　铸钢件热处理状态的名称和代号

铸钢件常用热处理状态名称的代号，用拉丁字母汉语拼音文字名称的第一个大写正体字母表示。当两种以上的名称代号字母相同时，可在其后面取一个小写正体字母予以区分。其代号置于上括号 "（）" 内，标注在铸钢牌号后面。当某一种铸钢件进行两种以上热处理时，可按工艺顺序依次标注状态代号，每种状态代号之间用小圆点 "·" 隔开。

铸钢件常用热处理代号为：Z，铸态；T，退火态；Q，去除应力退火态；J，均匀化退火；W，稳定化处理态；ZH，正火态；C，淬火态；H，回火态，CH，沉淀硬化态；G，固溶处理态。

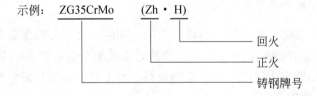

示例：ZG35CrMo　　（Zh·H）

- 回火
- 正火
- 铸钢牌号

任务 3.3　铸 造 碳 钢

【任务描述】

在铁碳二元合金中，$w(C) < 2.11\%$ 的属于钢的范围。根据平衡组织的不同可将铸造碳钢分为：亚共析钢、共析钢和过共析钢。对于铸造碳钢来说，可根据碳的质量分数不同

又分为铸造低碳钢、铸造中碳钢和铸造高碳钢。生产中所使用的铸造碳钢多为共析钢，碳的质量分数在 $w(C) = 0.2\% \sim 0.6\%$ 之间。

【任务分析】

铸造碳钢的化学成分、金相组织和力学性能之间的关系。

【知识准备】

3.3.1　一般工程用铸造碳钢

一般工程用铸造碳钢的化学成分上限见表 3-1。

表 3-1　一般工程用铸造碳钢的化学成分的上限值（质量分数）（GB/T 11352—2009）

（%）

牌　号	C	Si	Mn	S	P	残　余　元　素					残余元素总量
						Ni	Cr	Cu	Mo	V	
ZG 200-400	0.20		0.80								
ZG 230-450	0.30										
ZG 270-500	0.40	0.60	0.90	0.035	0.035	0.40	0.35	0.40	0.20	0.05	1.00
ZG 310-570	0.50										
ZG 340-640	0.60										

注：1. 对上限减少 0.01% 的碳，允许增加 0.04% 的锰，对 ZG 200-400 的锰最高至 1.00%，其余四个牌号锰最高至 1.20%。

2. 除另有规定外，残余元素不作为验收依据。

表 3-2　一般工程用铸造碳钢的力学性能（GB/T 11352—2009）

牌　号	屈服强度 $R_{eH}(R_{p,0.2})$ /MPa	抗拉强度 R_m/MPa	伸长率 A /%	根据合同选择		
				断面收缩率 Z/%	冲击吸收能量 KV/J	冲击吸收能量 KU/J
ZG 200-400	200	400	25	40	30	47
ZG 230-450	230	450	22	32	25	35
ZG 270-500	270	500	18	25	22	27
ZG 310-570	310	570	15	21	15	24
ZG 340-640	340	640	10	18	10	16

注：1. 表中所列的各牌号性能，适应于厚度为 100mm 以下的铸件。当铸件厚度超过 100mm 时，表中规定的 R_{eH} $(R_{p,0.2})$ 屈服强度仅供设计使用。

2. 表中冲击吸收功 KU 的试样缺口为 2mm。

图 3-3 表示铸造碳钢的含碳量及冷却速度对铸态组织中铁素体形态的影响。粒状组织的力学性能最高，具有粒状铁素体和珠光体相互交错分布的组织使钢具有良好的强度和韧性，而魏氏体和网状组织使钢的力学性能，特别是韧性下降。通过适

当的热处理（退火或正火），魏氏体或网状组织即会转变为粒状组织，从而使钢的力学性能得到提高。

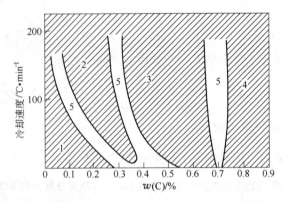

图 3 – 3　碳钢组织中铁素体形状与含碳量和冷却速度的关系

1—铁素体粒状组织；2—魏氏组织；3—铁素体网状组织；4—铁素体片状组织；5—过渡区

3.3.2　焊接结构用碳素钢铸件

焊接结构用碳素钢铸件的化学成分和力学性能分别见表 3 – 3 和表 3 – 4。这类铸钢要求具有良好的可焊性，主要特点是碳含量低。

表 3 – 3　焊接结构用碳素钢铸件的化学成分（质量分数）（GB/T 7659 – 2010）　（%）

| 牌　号 | 主 要 元 素 | | | | | 残 余 元 素 | | | | | |
	C	Si	Mn	P	S	Ni	Cr	Cu	Mo	V	总和
ZG 200 – 400H	≤0.20	≤0.60	≤0.80	≤0.025	≤0.025						
ZG 230 – 450H	≤0.20	≤0.60	≤1.20	≤0.025	≤0.025						
ZG 270 – 480H	0.17 ~ 0.25	≤0.60	0.80 ~ 1.20	≤0.025	≤0.025	≤0.40	≤0.35	≤0.40	≤0.15	≤0.05	≤1.0
ZG 300 – 500H	0.17 ~ 0.25	≤0.60	1.00 ~ 1.60	≤0.025	≤0.025						
ZG 340 – 550H	0.17 ~ 0.25	≤0.80	1.00 ~ 1.60	≤0.025	≤0.025						

注：1. 实际碳含量比表中碳上限每减少 0.01%，允许实际锰含量超出表中锰上限 0.04%，但总超出量不得大于 0.2%。

　　2. 残余元素一般不做分析，如需方有要求时，可做残余元素的分析。

表 3 – 4　焊接结构用碳素钢铸件的力学性能（GB/T 7659—2010）

| 牌　号 | 拉 伸 性 能 | | | 根据合同选择 | |
	上屈服强度 R_{eH} /MPa（min）	抗拉强度 R_m /MPa（min）	断后伸长率 A /%（min）	断面收缩率 Z（≥） /%（min）	冲击吸收功 KV_2 /J（min）
ZG 200 – 400H	200	400	25	40	45
ZG 230 – 450H	230	450	22	35	45
ZG 270 – 480H	270	480	20	35	40
ZG 300 – 500H	300	500	20	21	40
ZG 340 – 550H	340	550	15	21	35

注：当无明显屈服时，测定规定非比例延伸强度 $R_{p,0.2}$。

任务 3.4　铸造低合金钢

【任务描述】

近年来，低合金钢在铸钢工业中的应用增长很快。加入少量的合金元素，配合以适当的热处理，在可以保证良好的综合力学性能的条件下，使钢的抗拉强度、屈服点提高一倍或者更多一些。对于强度有一定要求的结构件，用铸造低合金钢代替铸造碳钢，可使结构的重量减轻，改善可靠性。

【任务分析】

在低合金钢中加入合金元素，主要是为了改善钢的淬透性，细化晶粒和固溶强化铁素体等，通过这些作用来提高钢的力学性能。其次是改善某些物理性能，如增强钢的抗回火脆性、高温强度、低温性能及耐蚀性等。

【知识准备】

3.4.1　一般工程和结构用低合金铸钢件

一般工程和结构用低合金铸钢件的主要要求是力学性能（见表 3 – 5），化学成分只要求硫、磷（见表 3 – 6），其他元素由供方确定，但不作验收依据。铸件均需进行热处理。

表 3 – 5　低合金铸钢件的力学性能（≥）（GB/T 14408—1993）

牌　　　号	屈服强度 R_e/MPa	抗拉强度 R_m/MPa	断后伸长率 A/%	断面收缩率 Z/%
ZGD270 – 480	270	480	18	35
ZGD290 – 510	290	510	16	35
ZGD345 – 570	345	570	14	35
ZGD410 – 620	410	620	13	35
ZGD535 – 720	535	720	12	30
ZGD650 – 830	650	830	10	25
ZGD730 – 910	730	910	8	22
ZGD840 – 1030	840	1030	6	20

3.4.2　微量合金化铸钢

微量合金化铸钢以钒、铌、钽、钛、铍、硼和稀土元素等为合金化元素，它们的含量一般不超过（质量分数）0.10%。微量合金化铸钢的化学成分和力学性质分别见表 3 – 7和表 3 – 8。

表 3 – 6　低合金铸钢件允许硫、磷含量（质量分数）（GB/T 14408—1993）　　　（%）

牌　号	S	P
ZGD270 – 480		
ZGD290 – 510		
ZGD345 – 570		
ZGD410 – 620	0.040	0.040
ZGD535 – 720		
ZGD650 – 830		
ZGD730 – 910	0.035	0.035
ZGD840 – 1030		

表 3 – 7　微量合金化铸钢的化学成分（质量分数）　　　（%）

牌　号		合　金　元　素										杂　质	
		C	Mn	Si	Al	Cu	Ti	Nb	V	Mo	Cr	B	S	P
钒铌系	ZG06MnNb	≤0.07	1.2 ~ 1.6	0.17 ~ 0.37	—	—	—	0.02 ~ 0.04	—	—	—	—	≤0.015	≤0.015
	06Mn2AlCuTi	≤0.06	1.8 ~ 2.0	≤0.20	0.05 ~ 0.12	0.3 ~ 0.6	0.008 ~ 0.040	—	—	—	—	—	≤0.030	≤0.020
	08MnNbAlCuN	≤0.08	0.9 ~ 1.3	≤0.635	0.03 ~ 0.6		0.03 ~ 0.09	—	—	—	—	≤0.035	0.020	
	MnMoNbVTi	0.20	1.39	0.36	—		0.019	0.03	0.064	0.26	—	—	0.021	0.019
硼系	ZG40B	0.37 ~ 0.44	0.5 ~ 0.8	0.17 ~ 0.37	—	—	—	—	—	—	—	0.001 ~ 0.005	数	数
	ZGD40MnB	0.37 ~ 0.44	1.00 ~ 1.40	0.17 ~ 0.37	—	—	—	—	—	—	—	0.001 ~ 0.005	据	据
	ZG40CrB	0.37 ~ 0.44	0.70 ~ 1.00	0.17 ~ 0.37	—	—	—	—	—	—	0.40 ~ 0.60	0.001 ~ 0.005	未	未
	ZG20MnMoB	0.16 ~ 0.22	0.90 ~ 1.20	0.17 ~ 0.37	—	—	—	—	—	0.20 ~ 0.30	—	0.001 ~ 0.005	定	定
	ZG40MnVB	0.37 ~ 0.44	1.10 ~ 1.40	0.17 ~ 0.37	—	—	—	—	0.05 ~ 0.10	—	0.05 ~ 0.10	0.001 ~ 0.005	—	
	ZG40CrMnMoVB	0.35 ~ 0.44	1.10 ~ 1.40	0.17 ~ 0.37	—	—	—	—	0.07 ~ 0.12	0.20 ~ 0.30	0.50 ~ 0.80	0.001 ~ 0.005	—	

表 3 – 8　微量合金化铸钢的力学性质

牌　号	热　处　理	力　学　性　能				
		屈服强度 /MPa	抗拉强度 /MPa	断后伸长率 /%	断面收缩率 /%	冲击韧性 /J·cm^{-2}
ZG06MnNb	900℃正火，600℃回火	262	417	28.7	69.4	250
06Mn2AlCuTi	—	453	528	31.0	68.6	170
08MnNbAlCuN	940℃水淬，正火	≥300	400	≥21	≥69	60

任务 3.5　铸造不锈钢

【任务描述】

铸造不锈钢的种类很多，但基本上都以铬作为耐蚀的主要元素。

【任务分析】

高强度不锈钢及耐腐蚀铸钢的化学成分及力学性能。

【知识准备】

3.5.1　工程结构用中高强度不锈铸钢

此类不锈钢主要是马氏体不锈钢，它是以力学性能作为主要选用和验收依据，对耐蚀性能一般不作为检验项目，化学成分见表 3 – 9，力学性能见表 3 – 10。其中冲击韧度值，如需方无要求，制造厂可不检验。

表 3 – 9　马氏体不锈钢的化学成分（质量分数）（GB/T 6967—2009）　　　（%）

铸铜牌号	C	Si (≤)	Mn (≤)	P (≤)	S (≤)	Cr	Ni	Mo	残余元素（≤）			
									Cu	V	W	总量
ZG20Cr13	0.16 ~ 0.24	0.80	0.80	0.035	0.025	11.5 ~ 13.5	—	—	0.50	0.05	0.10	0.50
ZG15Cr13	≤0.15	0.80	0.80	0.035	0.025	11.5 ~ 13.5	—	—	0.50	0.05	0.10	0.50
ZG15Cr13Ni1	≤0.15	0.80	0.80	0.035	0.025	11.5 ~ 13.5	≤1.00	≤0.50	0.50	0.05	0.10	0.50
ZG10Cr13Ni1Mo	≤0.10	0.80	0.80	0.035	0.025	11.5 ~ 13.5	0.8 ~ 1.80	0.20 ~ 0.50	0.50	0.05	0.10	0.50
ZG06Cr13Ni4Mo	≤0.06	0.80	1.00	0.035	0.025	11.5 ~ 13.5	3.5 ~ 5.0	0.40 ~ 1.00	0.50	0.05	0.10	0.50
ZG06Cr13Ni5Mo	≤0.06	0.80	1.00	0.035	0.025	11.5 ~ 13.5	4.5 ~ 6.0	0.40 ~ 1.00	0.50	0.05	0.10	0.50
ZG06Cr16Ni5Mo	≤0.06	0.80	1.00	0.035	0.025	15.5 ~ 17.0	4.5 ~ 6.0	0.40 ~ 1.00	0.50	0.05	0.10	0.50
ZG04Cr13Ni4Mo	≤0.04	0.80	1.50	0.030	0.010	11.5 ~ 13.5	3.5 ~ 5.0	0.40 ~ 1.00	0.50	0.05	0.10	0.50
ZG04Cr13Ni5Mo	≤0.04	0.80	1.50	0.030	0.010	11.5 ~ 13.5	4.5 ~ 6.0	0.40 ~ 1.00	0.50	0.10	0.10	0.50

表 3 – 10　马氏体不锈钢的力学性能（最小值）（GB/T 6976—2009）

铸钢牌号	屈服强度 $R_{p,0.2}$ /MPa（≥）	抗拉强度 R_m /MPa（≥）	伸长率 A /%（≥）	断面收缩率 Z /%（≥）	冲击吸收能量 KV/J（≥）	布氏硬度 (HBW) /MPa
ZG15Cr13	345	540	18	40	—	163 ~ 229
ZG20Cr13	390	590	16	35	—	170 ~ 235
ZG15Cr13Ni1	450	590	16	35	20	170 ~ 241
ZG10Cr13Ni1Mo	450	620	16	35	27	170 ~ 241
ZG06Cr13Ni4Mo	550	750	15	35	50	221 ~ 294
ZG06Cr13Ni5Mo	550	750	15	35	50	221 ~ 294

铸钢牌号		屈服强度 $R_{p,0.2}$ /MPa（≥）	抗拉强度 R_m /MPa（≥）	伸长率 A /% （≥）	断面收缩率 Z /% （≥）	冲击吸收能量 KV/J （≥）	布氏硬度 （HBW） /MPa
ZG06Cr16Ni5Mo		550	750	15	35	50	221 ~ 294
ZG04Cr13Ni4Mo	HT1[①]	580	780	18	50	80	221 ~ 294
	HT2[②]	830	900	12	35	35	294 ~ 350
ZG04Cr13Ni5Mo	HT1[①]	580	780	18	50	80	221 ~ 294
	HT2[②]	830	900	12	35	35	294 ~ 350

① 回火温度应在 600 ~ 650℃；

② 回火温度应在 500 ~ 550℃。

3.5.2　耐腐蚀（耐酸）铸钢

耐腐蚀铸钢的化学成分见表 3 – 11，其热处理规范和力学性能见表 3 – 12。

表 3 – 11　耐腐蚀铸钢的化学成分（质量分数）（GB/T 2100—2002）

牌　号	化　学　成　分								
	C	Si	Mn	P	S	Cr	Mo	Ni	其　他
ZG15Cr12	0.15	0.8	0.8	0.035	0.025	11.5 ~ 13.5	0.5	1.0	
ZG20Cr13	0.16 ~ 0.24	1.0	0.6	0.035	0.025	12.0 ~ 14.0	—	—	
ZG10Cr12NiMo	0.10	0.8	0.8	0.035	0.025	11.5 ~ 13.0	0.2 ~ 0.5	0.8 ~ 1.8	
ZG06Cr12Ni4（QT1） ZG06Cr12Ni4（QT2）	0.06	1.0	1.5	0.035	0.025	11.5 ~ 13.0	1.0	3.5 ~ 5.0	
ZG06Cr16Ni5Mo	0.06	0.8	0.8	0.035	0.025	15.0 ~ 17.0	0.7 ~ 1.5	4.0 ~ 6.0	
ZG03Cr18Ni10	0.03	1.5	1.5	0.040	0.030	17.0 ~ 19.0	—	9.0 ~ 12.0	
ZG03Cr18Ni10N	0.03	1.5	1.5	0.040	0.030	17.0 ~ 19.0	—	9.0 ~ 12.0	（0.10 ~ 0.20）% N
ZG07Cr19Ni9	0.07	1.5	1.5	0.040	0.030	18.0 ~ 21.0		8.0 ~ 11.0	
ZG08Cr19Ni10Nb	0.08	1.5	1.5	0.040	0.030	18.0 ~ 21.0	—	9.0 ~ 12.0	8 × % C ≤ Nb ≤ 1.00
ZG03Cr19Ni11Mo2	0.03	1.5	1.5	0.040	0.030	17.0 ~ 20.0	2.0 ~ 2.5	9.0 ~ 12.0	
ZG03Cr19Ni11Mo2N	0.03	1.5	1.5	0.040	0.030	17.0 ~ 20.0	2.0 ~ 2.5	9.0 ~ 12.0	（0.10 ~ 0.20）% N

牌　号	化　学　成　分								
	C	Si	Mn	P	S	Cr	Mo	Ni	其　他
ZG07Cr19Ni11Mo2	0.07	1.5	1.5	0.040	0.030	17.0 ~ 20.0	2.0 ~ 2.5	9.0 ~ 12.0	
ZG08Cr19Ni11Mo2Nb	0.08	1.5	1.5	0.040	0.030	17.0 ~ 20.0	2.0 ~ 2.5	9.0 ~ 12.0	8 × %C≤Nb ≤1.00
ZG03Cr19Ni11Mo3	0.03	1.5	1.5	0.040	0.030	17.0 ~ 20.0	3.0 ~ 3.5	9.0 ~ 12.0	
ZG03Cr19Ni11Mo3N	0.03	1.5	1.5	0.040	0.030	17.0 ~ 20.0	3.0 ~ 3.5	9.0 ~ 12.0	(0.10 ~ 0.20)%N
ZG07Cr19Ni11Mo3	0.07	1.5	1.5	0.040	0.030	17.0 ~ 20.0	3.0 ~ 3.5	9.0 ~ 12.0	
ZG03Cr26Ni5Cu3Mo3N	0.03	1.0	1.5	0.035	0.025	25.0 ~ 27.0	2.5 ~ 3.5	4.5 ~ 6.5	(2.4 ~ 3.5)%Cu (0.12 ~ 0.25)%N
ZG03Cr26Ni5Mo3N	0.03	1.0	1.5	0.035	0.025	25.0 ~ 27.0	2.5 ~ 3.5	4.5 ~ 6.5	(0.12 ~ 0.25)%N
ZG03Cr14Ni14Si4	0.03	3.5 ~ 4.5	0.8	0.035	0.025	13 ~ 15	—	13 ~ 15	

注：表中的单个值表示最大值。

表 3-12　耐腐蚀铸钢的热处理规范和力学性能 （GB/T 2100—2002）

牌　号	处　理
ZG15Cr12	奥氏体化 950 ~ 1050℃，空冷；650 ~ 750℃回火，空冷
ZG20Cr13	950℃退火，1050℃油淬，750 ~ 800℃空冷
ZG10Cr12NiMo	奥氏体化 1000 ~ 1050℃，空冷；620 ~ 720℃回火，空冷或炉冷
ZG06Cr12Ni4（QT1）	奥氏体化 1000 ~ 1100℃，空冷；570 ~ 620℃回火，空冷或炉冷
ZG06Cr12Ni4（QT2）	奥氏体化 1000 ~ 1100℃，空冷；500 ~ 530℃回火，空冷或炉冷
ZG06Cr16Ni5Mo	奥氏体化 1020 ~ 1070℃，空冷；580 ~ 630℃回火，空冷或炉冷
ZG03Cr18Ni10	1050℃固溶处理；淬火。随厚度增加，提高空冷速度
ZG03Cr18Ni10N	1050℃固溶处理；淬火。随厚度增加，提高空冷速度
ZG07Cr19Ni9	1050℃固溶处理；淬火。随厚度增加，提高空冷速度
ZG08Cr19Ni10Nb	1050℃固溶处理；淬火。随厚度增加，提高空冷速度
ZG03Cr19Ni11Mo2	1080℃固溶处理；淬火。随厚度增加，提高空冷速度
ZG03Cr19Ni11Mo2N	1080℃固溶处理；淬火。随厚度增加，提高空冷速度
ZG07Cr19Ni11Mo2	1080℃固溶处理；淬火。随厚度增加，提高空冷速度
ZG08Cr19Ni11Mo2Nb	1080℃固溶处理；淬火。随厚度增加，提高空冷速度
ZG03Cr19Ni11Mo3	1120℃固溶处理；淬火。随厚度增加，提高空冷速度
ZG03Cr19Ni11Mo3N	1120℃固溶处理；淬火。随厚度增加，提高空冷速度

牌　号	处　理
ZG07Cr19Ni11Mo3	1120℃固溶处理；淬火。随厚度增加，提高空冷速度
ZG03Cr26Ni5Cu3Mo3N	1120℃固溶处理；水淬。高温固溶处理之后，水淬之前，铸件可冷至1040~1010℃，以防止复杂形状铸件的开裂
ZG03Cr26Ni5Mo3N	1120℃固溶处理；水淬。高温固溶处理之后，水淬之前，铸件可冷至1040~1010℃，以防止复杂形状铸件的开裂
ZG03Cr14Ni14Si4	1050~1100℃固溶；水淬

牌　号	$R_{p,0.2}$/MPa (min)	R_m/MPa (min)	A/% (min)	KV/J (min)	最大厚度 /mm
ZG15Cr12	450	620	14	20	150
ZG20Cr13	440	610	16	58（KU）	300
ZG10Cr12NiMo	440	590	15	27	300
ZG06Cr12Ni4（QT1）	550	750	15	45	300
ZG06Cr12Ni4（QT2）	830	900	12	35	300
ZG06Cr16Ni5Mo	540	760	15	60	300
ZG03Cr18Ni10	180	440	30	80	150
ZG03Cr18Ni10N	230	510	30	80	150
ZG07Cr19Ni9	180	440	30	60	150
ZG08Cr19Ni10Nb	180	440	25	40	150
ZG03Cr19Ni11Mo2	180	440	30	80	150
ZG03Cr19Ni11Mo2N	230	510	30	80	150
ZG07Cr19Ni11Mo2	180	440	30	60	150
ZG08Cr19Ni11Mo2Nb	180	440	25	40	150
ZG03Cr19Ni11Mo3	180	440	30	80	150
ZG03Cr19Ni11Mo3N	230	510	30	80	150
ZG07Cr19Ni11Mo3	180	440	30	60	150
ZG03Cr26Ni5Cu3Mo3N	450	650	18	50	150
ZG03Cr26Ni5Mo3N	450	650	18	50	150
ZG03Cr14Ni14Si4	245	490	$\delta = 60$	270（KU）	150

注：1. $R_{p,0.2}$—0.2%试验应力；

　　2. R_m—抗拉强度；

　　3. δ—断裂后，原始测试长度 L_0 的延伸百分；

　　4. $L_0 = 5.65\sqrt{S_0}$（S_0 为原始横截面积）；

　　5. KV—V形缺口冲击吸收功；

　　6. KU—U形缺口冲击吸收功。

任务 3.6 铸造耐热钢

【任务描述】

一般耐热用低合金钢在 400℃ 以下的温度具有抗氧化性，并能保持其强度，但在更高的温度下已不能满足要求；若要保证其在更高温度下具有耐热性，就需要使用高合金钢。

【任务分析】

常用耐热钢的化学成分及力学性能。

【知识准备】

耐热钢的主要合金元素与不锈钢相近，由于工作温度在 650℃ 以上，所以含碳量较不锈钢高。普通工程用耐热钢牌号、化学成分及力学性能，分别见表 3-13 和表 3-14。

表 3-13 耐热钢的力学性能（最小值）（GB/T 8492—2002）

牌　　号	$R_{p,0.2}$/MPa (min)	R_m/MPa (min)	A/% (min)	HB	最高使用温度 /℃
ZG30Cr7Si2					750
ZG40Cr13Si2				300	850
ZG40Cr17Si2				300	900
ZG40Cr24Si2				300	1050
ZG40Cr28Si2				320	1100
ZGCr29Si2				400	1100
ZG25Cr18Ni9Si2	230	450	15		900
ZG25Cr20Ni14Si2	230	450	10		900
ZG40Cr22Ni10Si2	230	450	8		950
ZG40Cr24Ni24Si2Nb1	220	400	4		1050
ZG40Cr25Ni12Si2	220	450	6		1050
ZG40Cr25Ni20Si2	220	450	6		1100
ZG45Cr27Ni4Si2	250	400	3	400	1100
ZG40Cr20Co20Ni20Mo3W3	320	400	6		1150
ZG10Ni31Cr20Nb1	170	440	20		1000
ZG40Ni35Cr17Si2	220	420	6		980
ZG40Ni35Cr26Si2	220	440	6		1050
ZG40Ni35Cr26Si2Nb1	220	440	4		1050
ZG40Ni38Cr19Si2	220	420	6		1050
ZG40Ni38Cr19Si2Nb1	220	420	4		1100
ZNiCr28Fe17W5Si2C0.4	220	400	3		1200
ZNiCr50Nb1C0.1	230	540	8		1050

续表 3 – 13

牌　　号	$R_{p,0.2}$/MPa (min)	R_m/MPa (min)	A/% (min)	HB	最高使用温度 /℃
ZNiCr19Fe18Si1C0.5	220	440	5		1100
ZNiFe18Cr15Si1C0.5	200	400	3		1100
ZNiCr25Fe20Co15W5Si1C0.46	270	480	5		1200
ZCoCr28Fe18C0.3	由供需双方协商确定	由供需双方协商确定	由供需双方协商确定	由供需双方协商确定	1200

注：1. 1MPa = 1N/mm²。
2. 最高使用温度取决于实际使用条件，所列数据仅供用户参考，这些数据适用于氧化气氛，实际的合金成分对其也有影响。
3. 退火态最大 HB 硬度值，铸件也可以铸态提供，此时硬度限制就不适用。
4. 最大 HB 值。

表 3 – 14　耐热钢化学成分（质量分数）（GB/T 8492—2002）　　　　　（%）

牌　　号	C	Si	Mn	P (≤)	S (≤)	Cr	Mo	Ni	其他
ZG30Cr7Si2	0.20~0.35	1.0~2.5	0.5~1.0	0.04	0.04	6~8	0.5	0.5	
ZG40Cr13Si2	0.3~0.5	1.0~2.5	0.5~1.0	0.04	0.03	12~14	0.5	1	
ZG40Cr17Si2	0.3~0.5	1.0~2.5	0.5~1.0	0.04	0.03	16~19	0.5	1	
ZG40Cr24Si2	0.3~0.5	1.0~2.5	0.5~1.0	0.04	0.03	23~26	0.5	1	
ZG40Cr28Si2	0.3~0.5	1.0~2.5	0.5~1.0	0.04	0.03	27~30	0.5	1	
ZGCr29Si2	1.2~1.4	1.0~2.5	0.5~1.0	0.04	0.03	27~30	0.5	1	
ZG25Cr18Ni9Si2	0.15~0.35	1.0~2.5	2	0.04	0.03	17~19	0.5	8~10	
ZG25Cr20Ni14Si2	0.15~0.35	1.0~2.5	2	0.04	0.03	19~21	0.5	13~15	
ZG40Cr22Ni10Si2	0.3~0.5	1.0~2.5	2	0.04	0.03	21~23	0.5	9~11	
ZG40Cr24Ni24Si2Nb	0.25~0.50	1.0~2.5	2	0.04	0.03	23~25	0.5	23~25	Nb 1.2~1.8
ZG40Cr25Ni12Si2	0.3~0.5	1.0~2.5	2	0.04	0.03	24~27	0.5	11~14	
ZG40Cr25Ni20Si2	0.3~0.5	1.0~2.5	2	0.04	0.03	24~27	0.5	19~22	
ZG40Cr27Ni4Si2	0.3~0.5	1.0~2.5	1.5	0.04	0.03	25~28	0.5	3~6	
ZG45Cr20Co20Ni20Mo3W3	0.35~0.60	1.0	2	0.04	0.03	19~22	2.5 3.0	18~22	Co18~22 W2~3
ZG10Ni31Cr20Nb1	0.05~0.12	1.2	1.2	0.04	0.03	19~23	0.5	30~34	Nb 0.8~1.5
ZG40Ni35Cr17Si2	0.3~0.5	1.0~2.5	2	0.04	0.03	16~18	0.5	34~36	
ZG40Ni35Cr26Si2	0.3~0.5	1.0~2.5	2	0.04	0.03	24~27	0.5	33~36	
ZG40Ni35Cr26Si2Nb1	0.3~0.5	1.0~2.5	2	0.04	0.03	24~27	0.5	33~36	Nb 0.8~1.8
ZG40Ni38Cr19Si2	0.3~0.5	1.0~2.5	2	0.04	0.03	18~21	0.5	36~39	
ZG40Ni38Cr19Si2Nb1	0.3~0.5	1.0~2.5	2	0.04	0.03	18~21	0.5	36~39	Nb 1.2~1.8

牌　号	C	Si	Mn	P (≤)	S (≤)	Cr	Mo	Ni	其他
ZNiCr28Fe17W5Si2C0. 4	0. 35 ~ 0. 55	1. 0 ~ 2. 5	1. 5	0. 04	0. 03	27 ~ 30		47 ~ 50	W4 ~ 6
ZNiCr50Nb1C0. 1	0. 1	0. 5	0. 5	0. 02	0. 02	47 ~ 52	0. 5	a	N0. 16 N + C0. 2 Nb1. 4 ~ 1. 7
ZNiCr19Fe18Si1C0. 5	0. 4 ~ 0. 6	0. 5 ~ 2. 0	1. 5	0. 04	0. 03	16 ~ 21	0. 5	50 ~ 55	
ZNiFe18Cr15Si1C0. 5	0. 35 ~ 0. 65	2	1. 3	0. 04	0. 03	13 ~ 19		64 ~ 69	
ZNiCr25Fe20Co15W5Si1C0. 46	0. 44 ~ 0. 48	1 2	2	0. 04	0. 03	24 ~ 26		33 ~ 37	W4 ~ 6 Co14 ~ 16
ZCoCr28Fe18C0. 3	0. 5	1	1	0. 04	0. 03	25 ~ 30	0. 5	1	Co48 ~ 52 Fe20 最大值

注：1. 表中的单个值表示最大值；
　　2. a 为余量。

任务 3.7　铸造抗磨钢

【任务描述】

铸造抗磨钢以奥氏体锰钢为主，在一定的条件下经适当热处理的低合金钢也有很好的效果。

【任务分析】

高锰钢及抗磨用低合金铸钢的化学成分及力学性能。

【知识准备】

3.7.1　高锰钢

高锰钢是典型的抗磨钢，铸态组织为奥氏体加碳化物。经 1000℃ 左右水淬处理后组织转变为单一的奥氏体或奥氏体加少量碳化物，韧性反而提高，因此称水韧处理。

高锰钢最重要的特点是在工作中受到外力冲击或挤压后表面将产生加工硬化，硬度由原来的 200HBS 左右提高到 450 ~ 55HBS，表面耐磨，内部仍保持较高的韧性。表面层磨掉后，露出新的一层又被加工硬化，始终能保持表面硬而内部韧的特点，其化学成分见表3 – 15，力学性能见表 3 – 16。

表 3 – 15　高锰钢的牌号及化学成分（质量分数）（GB/T 5680—2010）　　　　（%）

牌　号	化学成分（质量分数）								
	C	Si	Mn	P	S	Cr	Mo	Ni	W
ZG120Mn7Mo1	1. 05 ~ 1. 35	0. 3 ~ 0. 9	6 ~ 8	≤0. 060	≤0. 040	—	0. 9 ~ 1. 2	—	—
ZG110Mn13Mo1	0. 75 ~ 1. 35	0. 3 ~ 0. 9	11 ~ 14	≤0. 060	≤0. 040	—	0. 9 ~ 1. 2	—	—

牌　号	化学成分（质量分数）								
	C	Si	Mn	P	S	Cr	Mo	Ni	W
ZG100Mn13	0.90 ~ 1.05	0.3 ~ 0.9	11 ~ 14	≤0.060	≤0.040	—	—	—	—
ZG120Mn13	1.05 ~ 1.35	0.3 ~ 0.9	11 ~ 14	≤0.060	≤0.040	—	—	—	—
ZG120Mn13Cr2	1.05 ~ 1.35	0.3 ~ 0.9	11 ~ 14	≤0.060	≤0.040	1.5 ~ 2.5	—	—	—
ZG120Mn13W1	1.05 ~ 1.35	0.3 ~ 0.9	11 ~ 14	≤0.060	≤0.040	—	—	—	0.9 ~ 1.2
ZG120Mn13Ni3	1.05 ~ 1.35	0.3 ~ 0.9	11 ~ 14	≤0.060	≤0.040	—	—	3 ~ 4	—
ZG90Mn14Mo1	0.70 ~ 1.00	0.3 ~ 0.6	13 ~ 15	≤0.070	≤0.040	—	1.0 ~ 1.8	—	—
ZG120Mn17	1.05 ~ 1.35	0.3 ~ 0.9	16 ~ 19	≤0.060	≤0.040	—	—	—	—
ZG120Mn17Cr2	1.05 ~ 1.35	0.3 ~ 0.9	16 ~ 19	≤0.060	≤0.040	1.5 ~ 2.5	—	—	—

注：允许加入微量 V、Ti、Nb、B 和 RE 等元素。

表 3 – 16　锰钢的力学性能（GB/T 5680—2010）

牌　号	弯曲强度 /MPa（≥）	抗拉强度 /MPa（≥）	伸长率 /%（≥）	冲击韧性 /J·cm⁻²（≥）	HBS
ZGMn13 – 1	—	635	20	—	—
ZGMn13 – 2		685	25	147	≤300
ZGMn13 – 3		735	30		
ZGMn13 – 4	390		20	—	
ZGMn13 – 5		—	—	—	—

3.7.2　抗磨用低合金铸钢

制作抗磨铸件用的低合金钢，含碳量应较高，一般在 0.4% 以上。表 3 – 17 中列出了几种抗磨用低合金钢的主要化学成分。它们除了具有高硬度以外，还个有一定的强度和韧性。

表 3 – 17　抗磨用铸造低合金钢

钢的名称	化学成分（质量分数）/%						热 处 理	组 织
	C	Si	Mn	Cr	Ni	Mo		
高碳铬镍钼铸钢	0.72	0.30	0.88	1.56	0.75	0.38	970℃退火，890℃正火，530℃回火	珠光体和渗碳体
硅锰铬钼镍铸钢	0.4 ~ 0.6	0.7 ~ 1.0	1.3 ~ 1.5	0.7 ~ 0.9	1.5	0.25 ~ 0.75		马氏体
高碳硅合金铸钢	0.6 ~ 0.9	2.3 ~ 2.4	—	—		0.3	等温淬火	奥氏体和马氏体

国内还研制了低合金铬锰硅抗磨钢，一般用于中等以下服役条件，如球磨机衬板等。其化学成分见表 3 – 18，力学性能见表 3 – 19。

表 3 – 18 铬锰硅抗磨钢的化学成分（质量分数） （%）

牌 号	合 金 元 素						杂质
	C	Mn	Si	Cr	Mo	Ti	P
ZG30CrMnSi	0.27 ~ 0.32	1.30 ~ 1.50	1.20 ~ 1.60	1.00 ~ 1.50	0.25 ~ 0.35	0.06 ~ 0.12	≤0.04
ZG50CrMnSi	0.40 ~ 0.60	0.70 ~ 1.50	0.70 ~ 1.30	0.70 ~ 1.30	0.10 ~ 0.20	—	≤0.04

表 3 – 19 铬锰硅抗磨钢的力学性能

牌 号	力学性能（≥）				热处理	应 用
	屈服强度 /MPa	抗拉强度 /MPa	冲击韧性 /J·cm⁻²	HBS		
ZG30CrMnSi	1400	1700	100	—	890℃水淬, 250℃回水	衬板
	1300	1500	70 (有缺口)		900℃水淬, 300℃回水	
ZG50CrMnSi	1400	1700	100	80	900℃水淬, 500℃回水	

任务 3.8 低温用铸钢

【任务描述】

低温用铸钢国家标准尚未制订。可用于低温的铸钢在低温下有较好的韧性，故含碳量很低，磷和硫的含量控制比较严。

【任务分析】

低温用碳钢、低温用低合金钢和低温用高合金钢的化学成分及力学性能。

【知识准备】

低温用碳钢。碳质量分数在 0.30% 以下，常温抗拉强度为 410 ~ 600MPa，磷、硫质量分数均应低于 0.05%。适用于 -45℃以上的低温碳钢。

低温用低合金钢。低温用钢中加入合金元素的目的是保持适当的强度，同时降低含碳量，以改善韧性。我国试用过的低温用低合金钢见表 3 - 20 和表 3 - 21。

表 3 – 20 几种低温用低合金钢的化学成分（质量分数） （%）

牌 号	C	Si	Mn	Al	Cu	N	Nb	V	Re	S≤	P≤
ZG06MnNb	≤0.07	0.17 ~ 0.37	1.60 ~ 1.80	—	—	—	0.03 ~ 0.04	—	—	0.03	0.03
ZG16Mn	0.12 ~ 0.2	0.20 ~ 0.50	12.0 ~ 1.60	—	—	—	—	—	—	0.045	0.04

牌　号	C	Si	Mn	Al	Cu	N	Nb	V	Re	S≤	P≤
ZG09Mn2V	≤0.12	0.20 ~ 0.50	1.40 ~ 1.80	—	—	—	—	0.04 ~ 0.10	0.02 ~ 0.03	0.04	0.04
ZG06AlNbCuN	≤0.08	≤0.35	0.80 ~ 1.25	0.04 ~ 0.15	0.03 ~ 0.40	0.010 ~ 0.015	0.04 ~ 0.08	—	—	0.035	0.02

表 3 – 21　低温用低合金钢的处理和力学性能

牌　号	热处理工艺	V 形缺口冲击吸收能量/J			使用温度/℃
		-40℃	-70℃	-90℃	
ZG06MnNb	900℃	—	18.5	—	-90
ZC16Mn	900℃ 正火 600℃ 回火	12	—	—	-40
ZG09Mn2V	930℃ 正火 670℃ 回火	—	24	—	-70
ZG061NbCuN	900℃ 正火	-60℃ 33	-80℃ 40	-100℃ 1.1	-120

低温用高合金钢。马氏体铬镍钢和奥氏体钢（如 ZG1Gr18Ni9）均可用于低温条件。在超低温（-200℃以下）的条件下，奥氏体钢仍有良好的韧性。

任务 3.9　铸造工具钢

【任务描述】

铸造工具钢，是用以制造切削刀具、模具和耐磨工具的钢。工具钢具有较高的硬度和在高温下能保持高硬度和红硬性，以及高的耐磨性和适当的韧性。

【任务分析】

铸造工具钢主要包括刀具钢和模具钢。

【知识准备】

铸造工具钢的化学成分见表 3 – 22 与表 3 – 23。

表 3 – 22　铸造工具钢的化学成分（质量分数）　　　　　　（%）

牌　号	主元素成分							杂质	
	C	Si	Mn	Cr	W	Mo	V	S	P
ZGW18Cr4V	0.7 ~ 0.8	0.40	0.4	3.8 ~ 4.4	17.5 ~ 19.0	0.3	1.0 ~ 1.4	≤0.03	
ZGW12Cr4V4Mo	1.2 ~ 1.4	0.40	0.4	3.8 ~ 4.4	11.50 ~ 13.0	0.9 ~ 1.2	3.8 ~ 4.4	≤0.03	
ZGW9Cr4V	0.7 ~ 0.8	0.40	0.4	3.8 ~ 4.4	8.5 ~ 10.0	0.3	1.4 ~ 1.7	≤0.03	
ZGW5CrMnMo	0.5 ~ 0.6	0.5 ~ 0.6	1.2 ~ 1.6	0.6 ~ 0.9	—	0.15 ~ 0.35	—	≤0.035	

表 3 - 23 铸造工具钢的热处理工艺

牌　号	热　处　理	用　途
ZGW18Cr4V	油淬 1280℃，或分级冷却（450～650℃），回火 580℃三次	铸造刀具
ZGM9Cr4V	淬火 1240℃，分级冷却（450～650℃），回火 580℃三次	铸造刀具
ZG5CrMnMo	油淬 820～850℃，回火 250℃	铸造模具

任务 3.10　铸 钢 熔 炼

【任务描述】

炼钢是铸钢生产中的一个重要环节。铸钢件的质量高低与钢液有很大关系，铸钢件的力学性能在很大程度上由钢液的化学成分决定，很多种铸造缺陷，如气孔、热裂等也都与钢液质量有很大关系。因此，要保证铸钢件质量就必须炼出优质钢液。

【任务分析】

炼钢用原料。电弧炉炼钢是利用电弧产生的高温来熔化炉料和提高钢液过热温度的。

【知识准备】

3.10.1　炼钢用原材料

3.10.1.1　金属材料

电弧炉炼钢用的金属材料主要有废钢、炼钢生铁和铁合金。

（1）废钢。回炉废钢按外形尺寸及质量分为七类（GB/T 4223—2004）。废钢应有合适的块度（见表 3 - 24），应经预处理，清除表面的泥沙和油污等。对废钢中封闭容器、易燃或爆炸物及毒品等应分别处理和清除。废武器应需经专门安全处理。

碳素废钢不允许混有合金钢、生铁、铁合金及非铁金属，硫、磷质量分数不得大于 0.1%，渣钢含渣量按体积估计量应少于 0.5%；合金废钢用于返回法或返回吹氧法炼钢，不允许含有碳素废钢、生铁、铁合金及非铁金属。废钢应按炉号、化学成分分组存放和使用。

表 3 - 24　电炉用废钢尺寸

电炉容量/t	3	5	10	20～30	50
废钢最大截面（长×宽）约/mm×mm	200×200	250×250	400×400	600×600	800×800
废钢最大长度约/mm	400	500	600	800	1000

（2）炼钢用生铁。炼钢用生铁应符合 GB/T 717—1998 规定。

（3）铁合金。炼钢用主要铁合金和采用标准见表 3 - 25。

3.10.1.2　辅助材料

（1）造渣材料、氧化剂、增碳剂及脱氧还原剂。造渣等材料见表 3 - 26。

表 3 – 25　炼钢用主要铁合金和采用标准

名　称	采用标准	名　称	采用标准
锰铁	GB 3795—96	钨铁	GB 3648—96
硅铁	GB 2272—96	铌铁	GB 7737—87
铬铁	GB 5683—87	硼铁	GB 5682—95
钛铁	GB 3282—87	锰硅合金	GB 4008—96
钒铁	GB 4139—87	硅钙合金	YB/T 5051—93
钼铁	GB 3649—87	硅钡合金	GB/T 15710—95
稀土硅铁	GB 4137—93	混合稀土	GB 4153—93
稀土镁硅铁	GB 4138—93	硅铝合金	YB/T 065—95
硅钡铝合金	YB/T 066—95	硅钙钡铝合金	YB/T 067—95

表 3 – 26　造渣等材料

材料名称	成分要求（质量分数）/%	块度/mm	烘烤温度/℃	烘烤时间/h
铁矿石	$Fe \geqslant 55$，$SiO_2 < 8$，$S < 0.1$，$P < 0.1$	3 ~ 100	≥500	≥2
氧化铁皮	$Fe > 70$，$Si < 3$，$S < 0.04$，$P < 0.05$	无泥沙	≥500	≥2
石灰	$CaO > 85$，$SiO_2 < 2$，$Fe_2O_3 + Al_2O_3 < 3$，$S < 0.15$	20 ~ 60	≥800	≥4
氟石	$CaF_2 > 85$，$SiO_2 \leqslant 4$，$CaO < 5$，$S < 0.2$	5 ~ 50	≤200	≥4
硅铁粉	$Si \geqslant 70$			
硅钙粉	$Ca + Si \geqslant 80$	≤1		
铝粉（屑）	$Al \geqslant 90$	≤1		
电极粉	$C > 95$，$S < 0.1$，灰分 < 2	粉 < 1，屑 < 4		
焦炭粉	$C > 80$，$S < 0.1$，灰分 < 15	0.5 ~ 1 0.5 ~ 1		

（2）其他辅助材料。其他辅助材料见表 3 – 27。

表 3 – 27　其他辅助材料

材料名称	成分要求（质量分数）/%	块度/mm	烘烤温度/℃	烘烤时间/天
镁砂	$MgO \geqslant 83$，$CaO \leqslant 4$，$SiO_2 \leqslant 4$	0 ~ 10	—	—
白云石	$MgO + CaO \geqslant 80$，$SiO_2 \leqslant 6$，$MgO \geqslant 30$	2 ~ 8	—	—
耐火泥	$SiO_2 > 85$，耐火度 $> 1580℃$	（YB 396—63）	—	—
火砖块	废浇道砖	30 ~ 150	—	—
火砖粉	废浇道砖磨成	0.5	80 ~ 120	≥3
沥青	游离碳 $\leqslant 28$，灰分 $\leqslant 0.5$，挥发物 $55 ~ 75$，水分 $\leqslant 5$	—	—	—
水柏油	$H_2O \leqslant 4$，灰分 $\leqslant 0.5$，游离碳 < 6，黏度 E80 $\leqslant 5$	—	—	—
水玻璃	$Na_2O 8.5 ~ 9$、$SiO_2 27 ~ 29$，密度 $1.376 ~ 1.386g/cm^3$	—	—	—
卤水	$MgCl_2$ 含量 $1 ~ 1.8g/mL$，密度 $1.26g/cm^3$	—	—	—
柳毛石墨	$C 20 ~ 40$，挥发物 $5 ~ 7$，灰分 $50 ~ 70$	≤0.5	—	—

（3）石墨电极。

1）普通型石墨电极（YB 4088—1992），用于普通功率电弧炉。

2）高功率型石墨电极（YB 4088—1992），用于高功率电弧炉。

3.10.2 电弧炉

3.10.2.1 电弧炉主要技术性能指标

国产 HX 系列（炉盖旋转式，顶装料）电弧炉结构见图 3-4，主要技术性能指标见表 3-28。

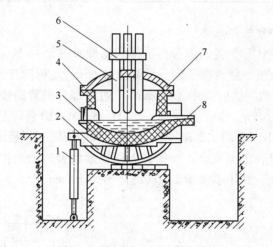

图 3-4　HX 型三相电弧炉结构

1—倾炉液压缸；2—倾炉摇架；3—炉门；4—炉盖；5—电极；6—电极夹持器；7—炉体；8—出钢槽

表 3-28　HX 型电弧炉主要技术参数

项　　目	HX-1.5	HX-3	HX-5	HX-10	HX-20	HX-30	HX-50	HX-75	HX-100
炉壳内径/mm	2000	2700	3240	3800	4200	4600	5400	5800	6400
额定容量/t	1.5	3	5	10	20	30	50	75	100
变压器额定容量/kV·A	1250	2200	3200	5500	9000	12500	18000	25000	32000
电抗器额定容量/kvar	200(内装)	250(内装)	320(内装)	350(内装)	400(内装)	—	—	—	—
变压器一次电压/kV	6 10	6 10	6 10	10 10	35	35 60 110	35 60 110	35 60 110	35 60 110
变压器二次电压/kV	210~104	220~110	240~121	260~139	300~140	340~150	380~160	430~170	480~180
	4 级				13 级				
额定电弧电流/kA	3.40	5.78	7.70	12.20	17.32	21.20	27.34	33.56	38.50
频率/Hz	50								
石墨电极直径/mm	200	250	300	350	3.50	400~450	500	500	600

项　　目	HX – 1.5	HX – 3	HX – 5	HX – 10	HX – 20	HX – 30	HX – 50	HX – 75	HX – 100
倾炉角：出钢方向/出渣方向	45°/14°				45°/12°				
冷却水消耗量/$m^3 \cdot h^{-1}$	14	15	20	25	53	80	130	100	—
金属结构质量/t	8	19	42	62	125	165	277	370	—
炉体总质量/t	16.6	37	66	91	192	243	372	500	—

3.10.2.2　电弧炉砌筑和维修

电弧炉的砌筑分炉体和炉盖两部分。炉体的砌筑如图 3 – 5 所示，在钢极焊成的炉壳上先垫 20mm 厚的石棉板一层，再平砌一层黏土砖 65mm（保险砖）。炉底上平砌两层小镁砖（130mm）；侧面砌一层小镁砖（115mm），边缘部分采取踏步砌法。每砌一层小镁砖，砖缝用 7 号镁砂粉填充。炉底再用 M – 1，M – 8，M – 10 各种型号镁砖（用量比例约为 M – 1∶M – 8∶M – 10＝2∶1∶2 砌筑）。砌砖过程中应随时测量尺寸是否符合要求，砌砖上下两层砖缝应错开，不得重合。在镁砖上用镁砂沥青砖砌工作层厚度为 300mm。不平部位用卤水镁砂填充，并用小锤锤实，砖缝应不大于 2mm。

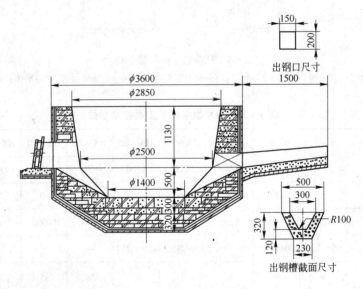

图 3 – 5　5t 电弧炉砌砖图

5t 以上电弧炉的出钢槽采用高温水泥预制的 U 形砖砌筑，预制出钢槽的材料配比为：高铝矾土粗料质量分数为 65%，细料质量分数为 10%，矾土水泥质量分数为 10%，工业磷粉质量分数为 15%。

出钢槽打结后应及时烘烤干燥，再用焦油熬煮 72h，并在 270℃ 退火，使用前烘烤 400℃ 以上。

炉盖的砌筑如图 3 – 6 所示，砌筑前对炉盖圈通水（水压≤0.8MPa）进行水压检查以防渗漏，然后将其平稳安放于预先制成的泥胎上，较正水平，找准中心和三个电极孔位置

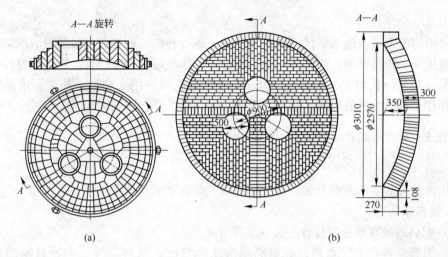

图 3－6　炉盖砌砖图

（a）环形砌砖；（b）人字形砌砖

及拱高。炉盖壁内圈先垫一层 10mm 石棉板，然后用一级高铝砖进行环形（用专用砖形）或人字形砌筑。砌筑环形时，每环中突出三块砖，待打结完毕后敲平，以保证每环紧密。砖缝应小于 2mm，用高铝土粉和工业磷酸混拌成的泥浆填充。人字形砌形，砖缝用的泥浆料由高铝矾土粉质量分数为 85%，耐火黏土质量分数为 15% 及工业磷酸（质量分数为 45%）拌和而成。

砌筑好的炉盖，吊至烘烤处先在 400～500℃ 条件下烘烤 4～8h，再在不低于 800℃ 条件下烘烤 24h 后方可使用。

使用中的炉体需根据衬的损坏程度进行修炉。修炉分三种情况：

（1）大修：全部更换炉底、炉坡和炉墙；

（2）中修：更换部分炉底、炉坡和炉墙的工作层；

（3）挖修：局部更换、修理炉底、炉坡及炉墙。

烘炉：新砌炉和大修炉要进行烘炉，一般采用电烘法。烘炉可酌情在炉底铺石灰 200～400kg，然后将预先备好的直径大于 300mm 的废电极 3～4 根，放在三相电极下，并布置成 "T" 形或 "△" 形，再用焦炭块或碎电极填紧，以免起弧时废电极走动损坏炉底。

5t 电弧炉用沥青、镁砂、白云石砖修砌时，其电烘炉制度见表 3－29，前面几个小时主要是烧结和烘烤炉墙，后几个小时主要是烘烤炉底，烘烤间隙停电时要翻动炉底上的废电极、焦炭块和电极碎块，使炉底温度均匀，以利砌底烘干炉底。

表 3－29　电烘炉制度

序 号	烘炉时间/min		新筑、大修炉		中修炉	
	通电	停电	电压/V	电流/A	电压/V	电流/A
1	50	20	210	10000	210	10000
2	40	15		7000～10000	121	4000～7000
3	40	15	121	4000～7000	121	4000～7000
4	40	15	121	4000～7000	—	—

3.10.2.3　补炉

每次熔炼出钢后，检查炉体局部损坏情况，进行补炉。补炉前先将残渣、残钢清理干净。一般采用干补法补炉；用镁砂或白云石投补。如损坏部分较严重，则进行湿补：将镁砂、白泥（质量分数为 8% ~ 12%）加适量卤水碾成团块用来贴补。补炉要求高温、快速、薄补和勤补。先补低温区，后补高温区。

3.10.3　碱性电弧炉熔炼工艺

3.10.3.1　氧化法熔炼

氧化法是最基本的炼钢方法，能冶炼碳钢、低合金钢和高合金钢。

A　配料原则

（1）配料的最终成分要符合有关标准质量要求。

（2）要符合各自工厂和当地原材料供应实际情况，及时掌握厂内原材料的来源和成分。

（3）要考虑各自工厂的废钢平衡。

（4）要符合炼钢工艺要求及便于装料、通电、缩短熔化期。

（5）要考虑经济合算。

B　配料计算

对不同钢种有不同的配料，应制成各钢种配料计算卡：

（1）弄清所炼钢种要求的规格和欲控制的成分值。

（2）确定炼钢的方法。

（3）根据采用的炼钢方法、自己工厂实测资料和经验确定金属消耗系数，见表 3 – 30。

表 3 – 30　金属消耗系数

序 号	钢 种	熔炼方法	100kg 钢液的金属消耗量/kg	金属消耗系数
1	碳素材料	氧化法	106	1.06
2	低合金铸钢	氧化法 返回吹氧法	106 105	1.06 1.05
3	高合金铸钢	氧化法 不氧化法 返回吹氧法	106 14 106	1.06 1.04 1.06
4	高合金铸钢 （Cr-Mn-N 系）	氧化法 不氧化法 返回吹氧法	106 105 108	1.06 1.05 1.08

（4）掌握合金元素的收得率。这样就可计算出元素的总配质量，由总配质量就可逆算出每 100kg 钢液所需材料的数量。

（5）计算百分比，即每 100kg 钢液所需材料数量。对辅助材料如脱氧硅钙合金、铝等按工艺规定数量配入。扩散脱氧剂（粉料）不计入金属料总量中。

一般作为最后一项待确定的百分比是废钢配入量。它是由金属消耗因数求得的装料量为（质量分数）100%减去已配入的各种炉料的百分比总和而得。把配入的各种炉料所含各种元素分别相加得各元素配入的总量。再由各种炉料的不同加入时机、收得率及进入还原期的原始成分等因素来确定"成品预计"一项。该项数值应与要求的"欲控制的化学成分"相吻合，否则应重新计算。

（6）扩大倍率。如要按熔炼所需得到的钢液吨数配料，应将上面计算的百分比，即100kg 钢液所需各种材料的数量乘以钢液吨数的 10 倍，如炼3t 钢液，需乘以 30。

C　炉前调整成分计算

（1）碳素钢、低合金钢调整成分计算

$$合金加入量 = \frac{钢液量 \times（目标成分 + 已知钢液成分）}{合金成分 \times 收得率} \qquad (3-1)$$

例：熔炼碳素钢，已知炉内钢液质量为 3000kg，还原期取样分析知钢中锰的质量分数为 0.5%，使用锰铁 FeMn65C7.0（GB3795—96），锰的质量分数为 65%，收得率以 975 计算，目标锰的质量分数为 0.6%，需加入多少锰铁？

解：
$$锰铁加入量 = \frac{3000 \times（0.6\% - 0.5\%）}{65 \times 97} = 4.8 kg$$

（2）高合金钢调整成分计算。由于合金元素质量分数大，计算时要考虑目标合金元素的质量分数。

$$锰铁加入量 = \frac{钢液量 \times（目标成分 + 已知钢液成分）}{（合金成分 + 目标成分）\times 收得率} \qquad (3-2)$$

例：炼 ZG1Cr18Ni9 钢，已知钢液量 300kg，还原期取样分析知钢中铬的质量分数为 17%，使用微碳铬铁 FeCr6，铬的质量分数为 60%，收得率为 95%，目标铬的质量分数为 185%，问要加入多少铬铁？

解：
$$铬铁加入量 = \frac{3000 \times（18.5\% - 17.0\%）}{（60\% - 18.5\%）\times 95\%} = 114 kg$$

某厂按上述配料计算方法，对冶炼 ZG20MnSi 低合金铸钢制订的氧化法炼钢配料见表 3－31。

D　装料

（1）装料前应仔细查炉体，炉盖、机械、电器及水冷却系统等是否正常。如发现不正常情况时应停止装料及时排除故障。

（2）通常采用炉顶装料。预先将炉料按布料原则，依次装入料桶。布料原则是：先装部分小料，其次装大、中块料，最后装剩余小料。装料力求紧实。生铁装在大块料上面，碎电极、焦炭块放在桶的下部。

（3）核对配料单，检查料桶装料是否符合要求。新砌炉第一、二炉和挖修炉槽第一炉只能炼一般碳素铸钢。

（4）炉前先在炉底上加质量分数为 1% ～2% 的石灰，然后将料桶平稳、准确地吊入炉内，切忌碰撞炉壁，拉坏水箱，当料桶底距炉底 300 ～500mm 时抽钎落料。

表 3 – 31　ZG20MnSi 氧化法炼钢配料（质量分数）

元素名称	C	Mn	Si	S	P	每100kg钢液需要材料/kg	配入成分/%					加入时机
							C	Mn	Si	S	P	
规格成分/%	0.16~0.22	1.0~1.3	0.6~0.8	≤0.04	≤0.04							加入时机
控制成分/%	0.16~0.22	1.0~1.3	0.6~0.8	≤0.03	≤0.03							
原材料成分/% 碳钢冒口	0.03	0.60	0.30	0.030	0.035	35.0	0.24	0.47	0.24	0.024	0.028	装料
浇口挡子						15.0						
小废钢						28.7						
生铁屑	3.50	0.60	1.80	0.20	20.0	0.70	0.12	0.36	0.01	0.04		装料
刨花压铁	0.10	0.60	0.30	0.030	0.035	5.0	0.005	0.03	0.015	0.0015	0.0018	装料
FeSi75 硅铁	—	—	75.00	0.02	0.040	1.0		0.750	0.0001	0.0003		预脱氧加0.1%，余调整成分时加
低碳锰铁	0.40	83.00	1.50	0.03	0.15	1.2	0.005	1.00	0.018	0.004	0.0018	扒氧化渣后预脱氧时加
纯铝	(A199.0)					0.1	—	—	—	—	—	终脱氧时加
合计						106.0	0.95	1.62	1.38	0.036	0.072	—
成品预计						100.0	0.20	1.10	0.70	0.010	0.030	—

E　碳素铸钢氧化法典型熔炼工艺

碳素铸钢氧化法熔炼工艺见表 3 – 32。

表 3 – 32　碳素铸钢氧化法熔炼工艺

时期	序号	工序	操作摘要
熔化期	1	通电	电极穿井后采用最大功率即最大电流、最大电压供电同时修好炉门假门槛，清理、修理出钢槽
	2	吹氧助熔	当炉料呈暗红色，炉料熔化约60%时，吹氧助熔。吹氧压力为 0.6~0.8MPa；吹氧管不宜插深，吹氧主要是切割炉料。熔化后期推料助熔
	3	早期脱磷	熔化期陆续加入小块矿石和石灰，以利早期去磷
	4	取样扒渣	化清后充分搅拌钢液，取样Ⅰ分析碳、锰、磷或全分析，同时炉前估碳，如果碳低则进入氧化期前先增碳
氧化期	5	氧化脱磷	根据分析的磷含量和渣况，可部分扒渣或流渣，另造新渣。当温度大于 1580℃ 时开始分批加矿石和吹氧，继续脱磷。使沸腾均匀，自动流渣
	6	吹氧脱碳	矿石、吹氧综合脱碳。使氧化后期薄渣脱碳以去除钢液中气体和非金属夹杂。及时补加石灰和氟石。吹氧管插入钢液深度约150mm，吹氧管与钢液面成 15°~20° 角，左右移动吹氧管，切勿接触炉底炉坡，注意防止大沸腾
	7	取样静沸腾扒氧化渣	氧化结束后，立即搅拌均匀。取样Ⅱ分析碳、磷，当磷小于规格上限的 1/2 时，碳的质量分数小于规格下限 0.05%~0.07% 时，静沸腾时间大于 5min 温度达到或超过出钢温度时，扒渣进入还原期

时期	序号	工序	操作摘要
还原期	8	造挡渣 预脱氧	扒渣后,迅速加新渣料(石灰:氟石:火砖块 = 4:1.5:0.2)造挡渣(稀薄渣)渣量的质量分数2% ~3%,同时加入预脱氧剂硅锰合金4kg/t或加入全部锰铁
	9	还原 脱氧 脱硫	化稀薄渣后,加还原剂,一般用石墨粉或石墨粉加硅铁粉(石墨粉2 ~4kg/t,硅铁粉1 ~2kg/t)还原。每隔5 ~7min分批加入,保持白渣还原不少于20min。($w[C] > 0.35\%$ 的钢可造弱电石渣,$w[C] < 0.34\%$ 钢造白渣)
还原期	10	取样调整成分	充分搅拌钢液,取样Ⅲ全分析,并取渣样分析,$w(FeO)$ 应小于 0.8%,根据钢样Ⅲ分析结果,调整成分(含硅量于出钢前10min调整)
还原期	11	测温 出钢	测钢液温度并做圆杯试样检查钢液脱氧情况。当钢液温度符合要求,圆杯试样收缩良好时,停电,升高电极,插铝1kg/t终脱氧,5 ~7min内必须出钢,大口出钢,钢渣同流

3.10.3.2 返回吹氧法熔炼

返回吹氧法主要用于熔炼高合金钢,如高铬、高铬镍合金钢等。能充分利用质量占40% ~60%的合金钢废料,回收其中的合金元素。ZG1Cr18Ni9Ti 返回吹氧法熔炼工艺要点见表 3 - 33,由于需要加入数量较多的合金,引起增碳和增磷,而还原期又不能进行脱

表 3 - 33 **ZG1Cr18Ni9Ti 返回吹氧熔炼工艺**

时期	序号	工序	操作摘要
熔化期	1	通电	用允许最大功率供电
	2	推料助熔	推料助熔,熔化后期加适量石灰,并换较低电压供电
	3	吹氧助熔	熔至90%左右,吹氧助熔。助熔后加质量分数为 0.3%的硅钙粉还原初渣
	4	取样	全熔后充分搅拌,取样Ⅰ分析碳、磷、铬、镍。要求 $w[C] = 0.30\% ~0.50\%$,$w[P] < 0.03\%$。若渣量过多(>2%),可扒去部分炉渣,以保证吹氧脱碳在薄渣下进行
氧化期	5	吹氧脱碳	测温达 1520 ~1600℃,加入 3 ~5kg/t硅铁,即行吹氧脱碳,吹氧压力 0.10 ~1.5MPa,耗氧24 ~30m³/t。火焰大量冒出时,升高电极,停电吹氧,连续进行,不得中断
	6	估碳取样	估碳的质量分数降至 0.06% 左右,停止吹氧,搅拌钢液取样Ⅱ分析碳、磷、铬、镍
还原期	7	预脱氧 加铬铁	加预脱氧剂:铝 0.5kg/t,硅钙块2kg/t和低碳锰铁至中、下限,快速加入经烤红的铬铁,随即复电(用高档电压5min后换低档电压)
	8	取样 扒渣	铬铁熔清,渣转色,充分搅拌,取样Ⅲ分析碳、磷、铬、镍、锰(硅)。扒除绝大部分炉渣(扒渣时升高电极停电,新渣料加好后复电)补加 2 ~3kg/t 新渣料(石灰:氟石 =3.5:1),化渣后继续用硅钙粉和铝粉(比例1:3)混合剂还原。渣白时,取渣样分析(FeO),要求 $w(FeO) \leqslant 0.5\%$,白渣保持 15min 以上
还原期	9	调整成分	根据样Ⅲ分析结果调整成分。调匀护渣,控制好钢液温度,继续用混合剂还原,保持白渣
还原期	10	测温 加钛铁	测温两次,温度达到 1580 ~1600℃(20 ~30s),做圆杯试验,当试样收缩良好,即可升高电极停电,插铝 0.5kg/t。推入炉渣,加入经烘干的钛铁后10min 左右准备出钢
	11	出钢	一切符合要求时,插铝 0.8kg/t,大口出钢,钢渣同流

碳和脱磷操作, 故如何选择合金成分及采取其他措施来控制钢液含碳量和含磷量, 即成为氧化法熔炼高合金钢的关键。

返回吹氧法熔炼时合金元素收得率见表 3 - 34。

表 3 - 34　返回吹氧法合金元素的收得率 (质量分数)　　　　(%)

合金元素	在钢中的含量	收得率	
		装料时加入	还原期加入
Mn	≤1	30 ~ 50	95
	>1	50 ~ 70	95
Si	—	—	90
Ni	—	98	98
Mo	—	95	95 ~ 98
W	<2	70	—
	2 ~ 8	80	95 ~ 98
	>8	90	—
Cr	<2	30 ~ 50	
	2 ~ 8	50 ~ 80	95
	>8	80 ~ 90	—
V	≤0.5	20	85 ~ 95
	>0.5	30	85 ~ 95
Ti	≤0.15	—	30 ~ 60
	>0.15	—	40 ~ 70
Al	>0.8	—	60 ~ 80
B	—	—	30 ~ 60

3.10.3.3　不氧化法熔炼

不氧化法又称为装入法, 炉料熔清后即开始还原。成品钢的成分基本上由炉料所决定, 配料时不必考虑氧化脱碳量。它适宜于熔炼某些高合金钢。优点有:能尽量保留钢液中的合金元素, 缩短熔炼间, 节约电力。缺点是:没有氧化脱碳过程, 不能靠钢液沸腾来清除气体和夹杂物。高锰钢(ZGMn13)不氧化熔炼工艺见表 3 - 35。炉料中合金元素收得率见表 3 - 36。

表 3 - 35　ZGMn13 不氧化法熔炼工艺

时期	序号	工序	操 作 摘 要
溶化剂	1	通电	用允许最大功率供电
	2	推料助熔	推料助熔, 熔化后期加入适量石灰
	3	取样	炉料溶清后, 充分搅拌, 取样 I 分析 C、P、Mn, 钢液温度达 1500℃以上时, 扒除大部分炉渣, 加入氟石的质量分数为 1%, 造稀薄渣
	4	沸腾	稀薄渣形成后, 分批加入质量分数为 2% 的石灰石, 作石灰石沸腾, 必要时可进行低压 0.2 ~ 0.4MPa 吹氧沸腾, 耗氧 4 ~ 6m^3/t

时期	序号	工序	操作摘要
还原剂	5	还原取样	加石墨粉造电石渣还原，加造渣材料；石灰 5～10kg/t，萤石 2～3kg/t，石墨粉 4～5kg/t，电石保持 15min 后，渣变白。取样 Ⅱ 分析碳、硅、锰、磷、硫。并取渣样分析，要求 $w(FeO) \leqslant 5\%$
	6	调整成分	根据钢样 Ⅱ 分析结果，调整钢的成分
	7	测温	测温，要求出钢温度 1470～1490℃。作圆杯试样观察钢液凝固收缩良好，准备出钢
	8	出钢	全部符合要求，即升高电极停电，插铝 0.5kg/t，出钢。要求大口出钢，钢渣同流

表 3 – 36　不氧化法合金元素的收得率（质量分数）　　　　（%）

合金元素	元素含量	收得率
Ni	—	98
Mo	—	95
W	≤2	85～90
	>2	95
Cr	≤2	80
	2～3	85
	>8	95
Mn	≤1	85
	>1	88～90
Al	>1	75～80

3.10.3.4　炉内喷粉技术

电弧炉内喷粉技术是利用一个喷粉罐（见图 3 – 7）以氩、氮或压缩空气为载体将粉料经软管和喷管喷入炉内钢液中，从而达到强化还原、净化非金属夹杂物或增碳等冶金

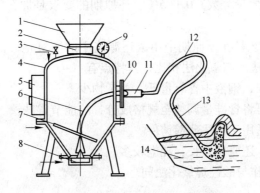

图 3 – 7　喷粉装置示意图

1—进料斗；2—密封蝶阀；3—安全阀；4—缸体；5—控制箱；6—出料管；7—松动管；8—沸腾床；9—压力表；
10—调节滑板；11—助风喷射器；12—输送软管；13—喷管；14—熔池

目的。

（1）喷硅钙粉强化还原。按常规熔炼工艺造稀薄渣，加硅锰合金预脱氧后，以氩为载体喷硅钙粉 1.5 ~ 2.0kg/t 和铝粉 0.5kg/t。喷粉罐容积 0.50m³，工作压力 0.35 ~ 0.45MPa，喷粉速度约 0.5kg/s，粉料粒度小于 2mm，喷管为涂有耐火泥的吹氧钢管。本法工艺简便，能提高钢的质量，缩短还原期，节约电能。

（2）喷稀土 – 硅钙粉变质处理。出钢前，以氩为载体喷稀土硅合金粉（质量分数 0.20% ~ 0.25%）和硅钙合金粉（质量分数 0.05% ~ 0.10%），喷毕立即出钢。本法可提高脱氧率和脱硫率，净化钢液，非金属夹杂物变质为球形稀土氧硫化合物，数量减少，分布均匀。提高了钢的韧性和强度，改善了钢液的流动性和抗热裂倾向性。

（3）喷石墨粉增碳。在氧化末期以压缩空气为载体喷石墨粉（粒度小于 2mm），喷粉强度 20 ~ 30kg/min。本法增碳收得率达（质量分数）60% ~ 83%，增碳命中率达总炉数的 90% 以上。

3.10.4　酸性电弧炉熔炼工艺

3.10.4.1　特点
（1）由于钢液中的气体和夹杂物较少，故钢液流动性好，钢液质量较高。

（2）由于炉衬所用耐火材料（硅砖、硅砂）的热导率约为碱性电弧炉耐火材料的 1/4，因而能节省电能，缩短熔炼时间。

（3）炉衬耐火材料价格较低，炉衬寿命较长。

（4）对炉料限制较严。要求用低磷和低硫的炉料，适用于有大量废钢炉料来源的场合。

（5）熔炼时铁的氧化物渗入炉底和炉墙的表层，每炼一炉之后，都必须用硅砂熔补，以生成高 SiO₂ 含量的表层。

3.10.4.2　熔炼方法
（1）氧化法钢工艺过程包括熔化期、氧化期和还原期三个阶段。

（2）不氧化法炼钢基本上是炉料的重熔过程。炉料含碳量取标准成分的下限，硫、磷含量比规格要求低（质量分数）0.005%。还原期的要求是加石墨粉脱氧，调整好钢液化学成分和钢液温度。

（3）还原法炼钢工艺是在还原期中用碳还源渣中的二氧化硅而使钢液增硅，依靠钢液中的硅进行脱氧的方法。与氧化法相比，其特点有：

1）硅的脱氧能力强，钢液中含氧量低，夹杂物少。

2）在还原过程中可将含硅量调整至规格成分，故能节省硅铁。

3）钢液温度高，适用于浇注薄壁铸件。

4）要求高的炉温，还原期较长，耗电较多。

硅还原法的熔炼操作与酸性炉氧化法同。

3.10.5　炉外精炼

3.10.5.1　炉外精炼的任务
炉外精炼的主要任务是将初炼钢液转注到炉外精炼装置中，完成必要的精炼任务，去除气体，排除夹杂物，降低硫、磷含量，调整化学成分和温度，提高生产率。

3.10.5.2 真空吹氧脱碳精炼法（VOD 法）

VOD 法是在真空条件下，从钢包顶部吹入氧气，同时从钢包底部通过多孔塞吹入氩气搅拌钢液，降低 CO 分压，加还原 C、O 反应，可在抑制铬氧化的情况下，进行脱碳精炼，此法主要用于不锈钢的熔炼。

A 特点

可以使用高碳铬铁等廉价原料生产低碳不锈钢；可节省用来还原氧化铬的还原剂；脱碳反应快；能脱至碳的质量分数低于 0.01%，而铬很少氧化；能实现真空碳脱氧，脱硫、除氢，使钢获得很高的纯净度。缺点是没有外来热源，难以准确控制温度，同时由于吹入大量氧气，钢液喷溅严重，钢包寿命低。

B 设备简介

VOD 法设备由脱气室、氧枪，氧枪提升机构、真空系统、合金加料装置、取样和测量装置及精炼用的钢包组成，如图 3－8 所示。

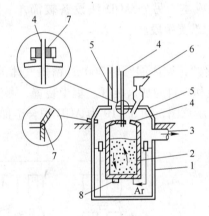

图 3－8 VOD 法设备简图

1—真空室；2—钢包；3—真空抽气管道；4—取样、测温装置；
5—氧枪；6—合金料斗；7—密封圈；8—滑动水口

C 工艺操作

在初炼炉中按常规操作，把碳调整到质量分数为 0.5% 左右，硅调整到质量分数低于 0.3%，磷、硫调整到规范以下，铝和钛都不在初炼中调整，出钢渣要求流动性良好，并保证一定的温度；经初炼的钢液进入 VOD 钢包后要扒渣，使渣量低于质量分数 0.5%；将钢包放入真空罐内，开始供氩；进行吹氧预脱碳，并使硅渣化，在真空条件下吹氧脱碳，氧气压力为 0.8～1.0MPa，氧气流量为 900m³/h 左右；一般可以从废气温度和真空罐内压力开始明显下降时终止吹氧；也可根据钢液成分和加料情况计算出耗氧量，然后根据氧气流量表的数字判断，或根据磁氧分析仪所显示的废气中的氧气浓度电势来判定终止吹氧。过早结束吹氧会导致含碳量高于规定，过晚会造成过分氧化，降低铬的收得率。停氧后，应立即提高真空度，进行真空碳脱氧，在 133MPa 以下保持 10～15min；调整成分并造渣；在真空条件进行还原，真空度应大于 67MPa，保持一定时间后加铝粒脱氧；真空处理结束后加铝终脱氧。

D　效果

钢液中气体含量明显低于电炉钢,氧化物、氮、钛夹杂物都大幅度下降,力学性能明显提高,脱硫效果比较明显,平均脱硫率为(质量分数)50% ~60%,铬和钛的收得率都很高。在真空下吹氧脱碳,不仅降碳保铬效果好,而且可大大提高初炼电弧炉的生产率达30%左右。VOD法采用廉价炉料,经济效应明显,尤其是低碳、超低碳不锈钢,成本分别下降3%、30%。

3.10.5.3　氩、氧脱碳精炼法(AOD法)

AOD法是在常压下,通过侧壁下方的风口把用氩或用氮稀释了的氧气吹入熔池进行脱碳精炼。开始是为生产不锈钢而发展起来的。现已用于生产低合金钢铸件。

A　特点

由于惰性气体的存在,降低了氧的分压,有精确的气体测量,能保证氧气全部参加反应,气体以高速吹入熔池深处。使钢液和炉渣充分混合,增加了反应速度,因而在短时间内就使高铬钢液顺利地脱碳而不致金属被过分氧化,一般可在5min内把碳脱至质量分数为0.05%以下。故可以采用大量廉价的高碳铬铁和回炉料,铬的收得率达到98%(质量分数),大大降低不锈钢的成本。另外AOD法设备较简单,所炼的钢品质很高,目前AOD法已成为生产不锈钢的重要手段。

B　设备简介

AOD法炉体很像侧吹转炉,炉体能倾转360°,精炼气体的吹入系统由阀门和侧壁上的风口组成。此外有铁合金和冷料的加入装置、集尘装置、测温取样装置和炉衬干燥预热装置等。图3-9为AOD法示意图,图3-10为AOD炉合金加料系统示意图。

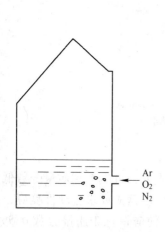

图3-9　AOD法示意图

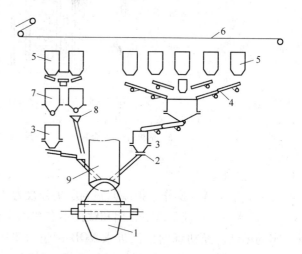

图3-10　AOD炉合金加料系统示意图
1—AOD炉;2—滑动阀;3—料斗;4—振动
给料器;5—料仓;6—供料输送装置;
7—称量料斗;8—螺旋管控制气动门;9—烟气罩

C　工艺操作

AOD法不是熔化装置,钢液在电弧炉、感应炉内初炼。靠碳和硅的氧化反应放热。混合气体由侧下方吹入,造渣材料,燃料和少量合金由炉口加入。因为全部控制计算以钢液质量为基础,装料称量是十分重要的。氧气和惰性气体的比例在整个脱碳过程要不断调整，以获得脱碳速率和温度控制的最佳配合。

近年脱碳技术和还原技术都有了改进：碳高于质量分数0.7%时完全用氧脱碳，增加脱碳速度每分钟达（质量分数）0.02%。中碳范围用计算机程序控制最佳氩氧比例，提高了脱碳效率；低碳范围内用纯氩搅拌脱碳，节省氧气。通过上述改进，节省还原用硅，缩短炼钢时间，炉衬寿命显著提高。还原技术主要是气体流速提高了30%，还原时间从17min缩短为3min。

D　效果

（1）化学成分控制准确，碳的质量分数可控制在±0.005%范围内，含硅、锰的质量分数可控制在±0.04%范围内。还可以除去有害元素铅、锑、铋、锡等，这对改善钢的加工性能和表面质量有利。

（2）提高钢的力学性能，塑性改善明显。

（3）钢中气体含量低，和电炉钢相比，其氧含量（质量分数）低于19%～40%，氮含量低于16%～46%，氢含量低于37%～45%。

（4）非金属夹杂物的质量分数减少近50%。

（5）改善钢的焊接性能，提高抗疲劳性能，降低淬火开裂倾向。

在现有基础上AOD法的装置及工艺等在不断发展中。

【自我评估】

3－1　简述ZG270－500的结晶过程。

3－2　铸钢的晶体组织一般分为哪三个区域，常用的细化晶粒的工艺措施有哪些？

3－3　魏氏组织对铸钢件性能有何危害，生产中怎样消除？

3－4　合金元素在低合金钢中有哪些主要作用？

3－5　高锰钢进行水韧处理后得到什么样的金相组织？

3－6　铸造不锈钢有哪些种类？

3－7　高速钢的铸态组织是什么？

3－8　炼钢熔炼的目的是什么，炼钢的方法有哪些？

3－9　三相电弧炉主要由哪些部分组成？

3－10　炼钢时需要哪些原材料？

3－11　碱性电弧炉氧化法熔炼工艺过程分为哪几个阶段？

3－12　熔化期的主要任务是什么，氧化期的主要任务是什么，还原期的主要任务是什么？

3－13　脱氧的方法有哪几种？

3－14　感应电炉有哪些种类？

学习情境4　铸造有色合金及熔炼技术

【学习目标】

（1）了解铸造非铁合金的化学成分、金相组织及力学性能。

（2）掌握铸造非铁合金熔炼过程中金属液和炉气及周围介质之间的相互作用，精炼原理及工艺等。

任务4.1　铸造铝合金

【任务描述】

铸造铝合金的熔炼，浇注温度低，熔化潜热大，流动性好，特别适用于金属型铸造、压铸、挤压铸造等，可以获得尺寸精度高、表面光洁、内在质量好的薄壁、复杂铸件。

【任务分析】

铸造铝合金的化学成分及力学性能。一个优质铸铝件的获得，需要有一套优化的铸造方法、铸造工艺、熔炼及浇注工艺。

【知识准备】

4.1.1　铸造铝合金的化学成分和力学性能

铸造铝合金的牌号和化学成分、国外相近代号见表4-1。其杂质允许含量见表4-2，其力学性能见表4-3。

几点说明：

铝硅系需要变质的合金用钠（含钠盐）进行变质处理。在不降低合金使用性能的前提下，允许采用其他变质剂或变质方法；在海洋环境中使用时，ZL101中$w(Cu) \leqslant 0.1\%$。用金属型铸造时，ZL203合金中硅的质量分数允许达30%；ZL105合金中$w(Fe) > 0.4\%$时，Mn的质量分数应大于Fe的质量分数的一半；用于制作高温条件下工作的ZL201、ZL201A铸件，其合金中应加入$w(Zr)$ 0.05%~0.20%；为提高力学性能，ZL101，ZL102合金允许含$w(Y) = 0.08\%$~0.20%，在ZL203合金中允许含$w(Ti) = 0.08$~0.02%，但$w(Fe) \leqslant 0.3\%$；与食物接触的铝合金制品，含$w(Be) \leqslant 0.015\%$，$w(As) \leqslant 0.015\%$，$w(Zn) \leqslant 0.3\%$，$w(Pd) \leqslant 0.15\%$。

表 4 – 1　铸造铝合金的牌号和化学成分（质量分数）　　（%）

序号	合金牌号	合金代号	Si	Cu	Mg	Zn	Mn	Ti	其　他	Al
1	ZAlSi7Mg	ZL101	6.5 ~ 7.5		0.25 ~ 0.45					余量
2	ZAlSi7MgA	ZL101A	6.5 ~ 7.5		0.25 ~ 0.45			0.08 ~ 0.20		余量
3	ZAlSi12	ZL102	10.0 ~ 13.0				0.2 ~ 0.5			余量
4	ZAlSi9Mg	ZL104	8.0 ~ 10.5		0.17 ~ 0.35					余量
5	ZAlSi5Cu1Mg	ZL105	4.5 ~ 5.5	1.0 ~ 1.5	0.4 ~ 0.6					余量
6	ZAlSi5Cu1MgA	ZL105A	4.5 ~ 5.5	1.0 ~ 1.5	0.4 ~ 0.55		0.3 ~ 0.5	0.10 ~ 0.25		余量
7	ZAlSi8Cu1Mg	ZL106	7.5 ~ 8.5	1.0 ~ 1.5	0.3 ~ 0.5					余量
8	ZAlSi7Cu4	ZL107	6.5 ~ 7.5	3.5 ~ 4.5						余量
9	ZAlSi12Cu2Mg1	ZL108	11.0 ~ 13.0	1.0 ~ 2.0	0.4 ~ 1.0		0.3 ~ 0.9			余量
10	ZAlSi12Cu1Mg1Ni1	ZL109	11.0 ~ 13.0	0.5 ~ 1.5	0.8 ~ 1.3				Ni0.8 ~ 1.5	余量
11	ZAlSi9Cu2Mg	ZL110	4.0 ~ 6.0	5.0 ~ 8.0	0.2 ~ 0.5		0.10 ~ 0.35	0.10 ~ 0.35		余量
12	ZAlSi9Cu2Mg	ZL111	8.0 ~ 10.0	1.3 ~ 1.8	0.4 ~ 0.6			0.10 ~ 0.20	Be0.04 ~ 0.07[①]	余量
13	ZAlSi7Mg1A	ZL114 A	6.5 ~ 7.5		0.45 ~ 0.60	1.2 ~ 1.8			Sb0.1 ~ 0.25	余量
14	ZAlSi5Zn1Mg	ZL 115	4.8 ~ 6.2		0.4 ~ 0.65			0.10 ~ 0.30	Be0.15 ~ 0.40	余量
15	ZAlSi8MgBe	ZL 116	6.5 ~ 8.5		0.35 ~ 0.55		0.6 ~ 1.0	0.15 ~ 0.35		余量
16	ZAlCu5Mn	ZL201		4.5 ~ 5.3			0.6 ~ 1.0	0.15 ~ 0.35		余量
17	ZAlCu5MnA	ZL201A		4.8 ~ 5.3						余量
18	ZAlCu4	ZL203		4.0 ~ 5.0						余量
19	ZAlCu5MnCdA	ZL204A		4.6 ~ 5.3			0.6 ~ 0.9	0.15 ~ 0.35	Cd0.15 ~ 0.25	余量
20	ZAlCu5MnCdVA	ZL205A		4.6 ~ 5.3			0.3 ~ 0.5	0.15 ~ 0.35	Cd0.15 ~ 0.25 V0.05 ~ 0.3 Zr0.05 ~ 0.2 B0.005 ~ 0.06	余量

续表 4 – 1

序号	合金牌号	合金代号	Si	Cu	Mg	Zn	Mn	Ti	其他	Al
21	ZAlR5Cu3Si2	ZL207	1.6~2.0	3.0~3.4	0.15~0.25		0.9~1.2		Ni0.2~0.3 Zr0.15~0.25 R4.4~5.0②	余量
22	ZAlMg10	ZL301			9.5~11.0					余量
23	ZAlMg5Si1	ZL303	0.8~1.3		4.5~5.5		0.1~0.4			余量
24	ZAlMg8Zn1	ZL305			7.5~9.0	1.0~1.5		0.1~0.2	Be0.03~0.1	余量
25	ZAlZn11Si7	ZL401	6.0~8.0		0.1~0.3	9.0~13.0				余量
26	ZAlZn6Mg	ZL402			0.5~0.65	5.0~6.5		0.15~0.25	Cr0.4~0.6	余量

① 在保证合金力学性能前提下，可以不加铍（Be）。

② 混合稀土中含各种稀土的质量分数总量不小于98%，其中铈（Ce）的质量分数约45%。

表 4 – 2　铸造铝合金杂质允许含量（质量分数）（≤）　　　　（%）

序号	合金牌号	合金代号	Fe S	Fe J	Si	Cu	Mg	Zn	Mn	Ti	Zr	Ti+Zr	Be	Ni	Sn	Pb	其他	杂质总和 S	杂质总和 J
1	ZAlSi7Mg	ZL101	0.5	0.9		0.2		0.3	0.35			0.25	0.1		0.01	0.05		1.0	1.5
2	ZAlSi7MgA	ZL101A	0.2	0.2		0.1		0.1	0.10			0.20			0.01	0.03		0.7	0.7
3	ZAlSi12	ZL102	0.7	1.0		0.30	0.10	0.1	0.5			0.20						2.0	2.2
4	ZAlSi9Mg	ZL104	0.6	0.9		0.1		0.25				0.15			0.01	0.05		1.1	1.4
5	ZAlSi5Cu1Mg	ZL105	0.6	1.0				0.3	0.5			0.15	0.1		0.01	0.05		1.1	1.4
6	ZAlSi5Cu1MgA	ZL105A	0.2	0.2				0.1	0.1						0.01	0.05		0.5	0.5
7	ZAlSi8Cu1Mg	ZL106	0.6	0.8				0.2							0.01	0.05		0.9	1.0
8	ZAlSi7Cu4	ZL107	0.5	0.6			0.1	0.3	0.5						0.01	0.05		1.0	1.2
9	ZAlSi2Cu2Mg1	ZL108		0.7				0.2		0.20				0.3	0.01	0.05			1.2
10	ZAlSi12Cu1Mg1Ni1	ZL109		0.7				0.2	0.2	0.20					0.01	0.05			1.2
11	ZAlSi5Cu6Mg	ZL110		0.8				0.6	0.5						0.01	0.05			2.7
12	ZAlSi9Cu2Mg	ZL111	0.4	0.4				0.1							0.01	0.05		1.0	1.0
13	ZAlSi7Mg1A	ZL114A	0.2	0.2	0.1		0.1		0.1			0.20			0.01	0.03		0.75	0.75
14	ZAlSi5Zn1Mg	ZL115	0.3	0.3		0.1			0.1						0.01	0.05		0.8	1.0
15	ZAlSi8MgBe	ZL116	0.06	0.60		0.3		0.3	0.1			0.20			0.01	0.05	B0.10	1.0	1.0
16	ZAlCu5Mn	ZL201	0.25	0.3	0.3		0.05	0.2				0.2		0.1				1.0	1.0
17	ZAlCu5MnA	ZL201A	0.15		0.1		0.05	0.1				0.15		0.05				0.4	
18	ZAlCu4	ZL203	0.8	0.8	1.2		0.05	0.25	0.1	0.20	0.1				0.01	0.05		2.1	2.1
19	ZAlCu5MnCdA	ZL204A	0.15	0.15	0.06		0.05	0.1				0.15		0.05				0.4	

序号	合金牌号	合金代号	Fe S	Fe J	Si	Cu	Mg	Zn	Mn	Ti	Zr	Ti+Zr	Be	Ni	Sn	Pb	其他	杂质总和 S	杂质总和 J
20	ZAlCu5MnCdVA	ZL205A	0.15	0.15	0.06		0.05							0.01				0.3	0.3
21	ZAlR5Cu3Si2	ZL207	0.6	0.6				0.2										0.8	0.8
22	ZAlMg10	ZL301	0.3	0.3	0.30	0.10		0.15	0.15	0.15	0.20		0.07	0.05	0.01	0.05		1.0	1.0
23	ZAlMg5Si1	ZL303	0.5	0.5	0.1			0.2		0.2								0.7	0.7
24	ZAlMg8Zn1	ZL305	0.3		0.2	0.1			0.1									0.9	
25	ZAlZn11Si7	ZL401	0.7	1.2		0.6			0.5									1.8	2.0
26	ZAlZn6Mg	ZL402	0.5	0.8	0.3	0.25			0.1							0.01		1.35	1.65

注：熔模、壳型铸造的主要元素及杂质含量按表 4 - 1、表 4 - 2 中砂型指标检验。

表 4 - 3　铸造铝合金的力学性能（GB/T 1173—1995）（≥）

序号	合金牌号	合金代号	铸造方法	合金状态	抗拉强度/MPa	断后伸长率/%	布氏硬度（HBS）
1	ZAlSi7Mg	ZL101	S、R、J、K	F	155	2	50
			S、R、J、K	T2	135	2	45
			JB	T4	185	4	50
			S、R、K	T4	175	4	50
			J、JB	T5	202	2	60
			S、R、K	T5	195	2	60
			SB、RB、KB	T5	195	2	60
			SB、RB、KB	T6	225	1	70
			SB、RB、KB	T7	195	2	60
			SB、RB、KB	T8	155	3	55
2	ZAlSi7MgA	ZL101A	S、R、K	T4	195	5	60
			J、JB	T4	225	5	60
			S、R、K	T5	235	4	70
			SB、RB、KB	T5	235	4	70
			JB、J	T5	265	4	70
			SB、RB、KB	T6	275	2	80
			JB、J	T6	295	3	80
3	ZAlSi12	ZL102	SB、JB、RB、KB	F	145	4	50
			J	F	155	2	50
			SB、JB、RB、KB	T2	135	4	50
			J	T2	145	3	50
4	ZAlSi9Mg	ZL104	S、J、R、K	F	145	2	50
			J	T1	195	1.5	65
			SB、JB、RB、KB	T6	225	2	70
			J、JB	16	235	2	70
5	ZAlSi5Cu1Mg	2AL105	S、J、R、K	T1	155	0.5	65
			S、R、K	T5	195	1	70
			J	T5	235	0.5	70
			S、R、K	T6	225	0.5	70
			S、J、R、K	T7	175	1	65
6	ZAlSi5Cu1MgA	ZL105A	SB、R、K	T5	275	1	80
			J、JB	T5	295	2	80

序号	合金牌号	合金代号	铸造方法	合金状态	抗拉强度 /MPa	断后伸长率 /%	布氏硬度 （HBS）
7	ZAlSi8Cu1Mg	ZL106	SB	F	175	1	75
			JB	T1	195	1.5	70
			SB	T5	235	2	60
			JB	T5	255	2	70
			SB	T6	245	1	90
			JB	T6	265	2	70
			SB	T7	225	2	60
			J	T7	245	2	60
8	ZAlSi7Cu4	ZL107	SB	F	165	2	65
			SB	T6	245	2.5	90
			J	F	195	2.5	70
			J	T6	275	3	100
9	ZAlSi2Cu2Mg1	ZL108	J	T1	195	—	85
			J	T6	255	—	90
10	ZAlSi12Cu1Mg1Ni1	ZL109	J	T1	195	0.5	90
			J	T6	245	—	100
11	ZAlSi5Cu6Mg	ZL110	S	F	125		80
			J	F	155		80
			S	T1	145		80
			J	T1	165		90
12	ZAlSi9Cu2Mg	ZL111	J	F	205	1.5	80
			SB	T6	255	1.5	90
			J、JB	T6	315	2	100
13	ZAlSi7Mg1A	ZL114	SB	T5	290	2	85
			J、JB	T5	310	3	100
14	ZAlSi5Zn1Mg	ZL115	S	T4	225	4	70
			J	T4	275	6	80
			S	T5	275	3.5	90
			J	T5	315	5	100
15	ZAlSi8MgBe	ZL116	S	T4	255	4	70
			J	T4	275	6	80
			S	T5	295	2	85
			J	T5	335	4	90
16	ZAlCu5Mn	ZL201	S、J、R、K	T4	295	8	70
			S、J、R、K	T5	335	4	90
			S	T7	315	2	80
17	ZAlCu5MnA	ZL201A	S、J、R、K	T5	390	8	100
18	ZAlCu4	ZL203	S、R、K	T4	195	6	60
			J	T4	205	6	60
			S、R、K	T5	215	3	70
			J	T5	225	3	70
19	ZAlCu5MnCdA	ZL204A	S	T5	440	4	100
20	ZAlCu5MnCdVA	ZL205A	S	T5	440	7	100
			S	T6	470	3	120
			S	T7	460	2	110
21	ZAlR5Cu3Si2	ZL207	S	T1	165	—	75
			J	T1	175	—	75

序号	合金牌号	合金代号	铸造方法	合金状态	抗拉强度/MPa	断后伸长率/%	布氏硬度（HBS）
22	ZAlMg10	ZL301	S、J、R	T4	280	9	60
23	ZAlMg5Si1	ZL303	S、J、R、K	F	145	1	55
24	ZAlMg8Zn1	ZL305	S	T4	290	8	90
25	ZAlZn11Si7	ZL401	S、R、K	T1	195	2	80
			J	T1	245	1.5	90
26	ZAlZn6Mg	ZL402	J	T1	235	4	70
			S	T1	215	4	65

4.1.2　我国与国外铸造铝合金标准相近代号对照

我国与国外铸造铝合金标准相近代号对照见表 4 - 4。

表 4 - 4　我国与国外铸造铝合金标准相近代号对照

序号	国标 GB/T 1173—1995	美国 AA 商业标准	SAE	英国 BS1490	前苏联 ГOCT 1583—93	德国 DIN1725	日本 JISH5205	法国 AFA57 - 702	国际标准 ISO3522
1	ZL101	356.0	323	LM25	AK7ч	G-AlSi7Mg	AC4C	A-S7G	Al-Si7Mg(Fe)
2	ZL101A	A356.0	336	LM6	AK7нч	G-AlSi7MgWa	AC4CH	A-S7Go3	Al-Si7Mg
3	ZL102	413.0	305	LM20	AK12	G-AlSi12	AC3A	A-S13	Al-Si12
4	ZL104	360.0	309	LM9	AK9ч	G-AlSi10Mg	AC4A	A-S10G	Al-Si10Mg
5	ZL105	355.0	322	LM16	AK5M	G-AlSi5Cu1	AC4D	2A-S5U	Al-Si5Cu1Mg
6	ZL105A	C355.0	335		AK5M4				
7	ZL106	328.0	327	LM27	AK8M	G-AlSi8Cu3			
8	ZL107	319.0	326	LM21	AK8M	G-AlSi6Cu4	AC2B		Al-Si6Cu4
9	ZL108	F332.0	328	LM26	AK12M2MrH				
10	ZL109	336.0	321	LM13	AK12MMrH		AC8A	A-12UN	
11	ZL110				AK5M7				
12	ZL111	354.0		LM2	AK9M2			A- 10UG	
13	ZL114A	A357.0							
14	ZL115								
15	ZL116	B358.0			AK8Л				
16	ZL201				AM5				Al-Cu4Ti
17	ZL201A								
18	ZL203			LM11		G-AlCu4Ti	AC1A	A-U5GT	Al-Cu4Ti
19	ZL204A								
20	ZL205A				AM45Kд				
21	ZL207								
22	ZL301	520.0	324		AMr10	G-AlMg10	AC7B		Al-Mg10
23	ZL303	B514.0	320	LM5	AMr5K	G-AlMg5Si	AC7A	A-G6	Al-Mg5Si1
24	ZL305								
25	ZL401				AK7Ц9				
26	2L402	D712.0	310		AЦ4Mr			A-Z5G	Al-Zn5Mg

4.1.3　铸造铝合金热处理工艺参数及操作

铸件在不同的工作条件下对性能的要求不同,因此对于同一种合金的铸件常常采用不同的热处理工艺以满足不同使用性能的要求,各种铸造铝合金不同热处理工艺参数见表 4-5,其中包括了一部分美国的热处理工艺参数。

表 4-5　铸造铝合金热处理工艺参数

合金代号	热处理状态及铸造方法	固　溶　处　理			时　　效		
		加热温度 /℃	保温时间 /h	冷却介质及温度/℃	加热温度 /℃	保温时间 /h	冷却方式
ZL105A①	T51 (S)	—	—	—	227 ± 5	7 ~ 9	空　冷
	T6 (S)	527 ± 5	12	水 65 ~ 100	155 ± 5	3 ~ 5	空　冷
	T61 (S)	527 ± 5	12	水 65 ~ 100	155 ± 5	8 ~ 10	空　冷
	T61 (J)	527 ± 5	8 ~ 12	水 65 ~ 100	155 ± 5	10 ~ 12	空　冷
	T7 (S)	527 ± 5	12	水 65 ~ 100	227 ± 5	3 ~ 5	空　冷
	T71 (S)	527 ± 5	12	水 65 ~ 100	247 ± 5	4 ~ 6	空　冷
	T6 (J)	527 ± 5	8	水 65 ~ 100	155 ± 5	3 ~ 5	空　冷
	T62 (J)	527 ± 5	8	水 65 ~ 100	171 ± 5	14 ~ 18	空　冷
	T7 (J)	527 ± 5	12	水 65 ~ 100	227 ± 5	7 ~ 9	空　冷
	T71 (J)	527 ± 5	8	水 65 ~ 100	246 ± 5	4 ~ 6	空　冷
ZL106	T1	—	—	—	230 ± 5	8	空　冷
	T5	515 ± 5	5 ~ 12	水 80 ~ 100	150 ± 5	3	空　冷
	T7	515 ± 5	5 ~ 12	水 80 ~ 100	230 ± 5	8	空　冷
ZL107	T5	515 ± 5	6 ~ 8	水 20 ~ 100	175 ± 5	6 ~ 8	空　冷
ZL108	T1	—	—	—	190 ± 5	8 ~ 12	空　冷
	T6	515 ± 5	6 ~ 8	水 20 ~ 70	175 ± 5	14 ~ 18	空　冷
	T7	515 ± 5	3 ~ 8	水 20 ~ 70	230 ~ 250	6 ~ 10	空　冷
ZL109	T1	—	—	—	205 ± 5	8 ~ 12	空　冷
	T6	515 ± 5	6 ~ 8	水 20 ~ 70	170 ± 5	14 ~ 18	空　冷
ZL110	T1	—	—	—	210 ± 10	10 ~ 16	空　冷
	T6	480 ~ 495	3 ~ 8	水 20 ~ 100	210 ± 10	8 ~ 12	空　冷
ZL111	T6	490 ± 5 (分级加热)	4	—	—	—	—
		500 ± 5	4				
		510 ± 5	8	水 60 ~ 100	175 ± 5	6	空　冷
	T6	515 ± 5 (分级加热)	4	—	—	—	—
		525 ± 5	8	水 60 ~ 100	175 ± 5	6	空　冷
ZL114A①	T6 (S)	540 ± 5	12	水 56 ~ 100	157 ± 5	3 ~ 5	空　冷
	T6 (J)	540 ± 5	8	水 65 ~ 100	171 ± 5	3 ~ 5	空　冷

合金代号	热处理状态及铸造方法	固溶处理			时效		
		加热温度/℃	保温时间/h	冷却介质及温度/℃	加热温度/℃	保温时间/h	冷却方式
ZL115	T4（S）	550 ± 5	15	水 65 ~ 100	—	—	—
	T5（S）	550 ± 5	16	水 65 ~ 100	160 ± 5	4	空冷
ZL116[①]	T6（S）	540 ± 5	14	水 65 ~ 100	155 ~ 166	3 ~ 8	空冷
	T6（J）	540 ± 5	12	水 65 ~ 100	155 ~ 171	3 ~ 6	空冷
	T62（S）	540 ± 5	14	水 65 ~ 100	160 ~ 177	3 ~ 8	空冷
	T62（J）	540 ± 5	12	水 65 ~ 100	160 ~ 177	4 ~ 12	空冷
ZL117	T6（J）	510 ± 5	4 ~ 8	水 60 ~ 100	180 ± 5	4 ~ 8	空冷
	T7（J）	510 ± 5	4 ~ 8	水 60 ~ 100	210 ± 5	4 ~ 8	空冷
390[①]	T5	—	—	—	177 ± 5	8	空冷
	T6	502 ± 5	2 ~ 8	沸水	177 ± 5	8	空冷
	T7	502 ± 5	2 ~ 8	沸水	232 ~ 5	8	空冷
ZL201	T4	530 ± 5	7 ~ 9		—	—	
		540 ± 5	7 ~ 9	水 60 ~ 100	—	—	—
	T5	530 ± 5	7 ~ 9		—	—	
		540 ± 5	7 ~ 9	水 60 ~ 100	175 ± 5	3 ~ 5	空冷
ZL201A	T5	535 ± 5	7 ~ 9		—	—	
		545 ± 5	7 ~ 9	水 60 ~ 100	160 ± 5	6 ~ 9	空冷
ZL203	T4	515 ± 5	10 ~ 15	水 80 ~ 100	—	—	—
	T5	515 ± 5	10 ~ 15	水 80 ~ 100	150 ± 5	2 ~ 4	空冷
ZL204A	T6	530 ± 5	7 ~ 9		—	—	
		540 ± 5	7 ~ 9	水 40 ~ 100	175 ± 5	3 ~ 5	空冷
	T7	530 ± 5	7 ~ 9		—	—	
		540 ± 5	7 ~ 9	水 40 ~ 100	190 ± 5	3 ~ 5	空冷
ZL205A	T5	530 ± 5	0.5	—	—	—	
		538 ± 5	10 ~ 18	水、室温 ~ 60	155 ± 5	8 ~ 10	空冷
	T6	530 ± 5	0.5	—	—	—	
		538 ± 5	10 ~ 18	水、室温 ~ 60	175 ± 5	3 ~ 5	空冷
	T7	530 ± 5	0.5	—	—	—	
		538 ± 5	10 ~ 18	水、室温 ~ 60	190 ± 5	3 ~ 5	空冷
ZL206	T5	537 ± 5	10 ~ 15	水、室温 ~ 100	150 ± 5	2 ~ 4	空冷
	T6	537 ± 5	10 ~ 15	水、室温 ~ 100	175 ± 5	4 ~ 6	空冷
	T8	537 ± 5	10 ~ 15	水、室温 ~ 100	175 ± 5	4 ~ 6	
					300 ± 5	3 ~ 5	空冷
ZL207	T1	—	—	—	200 ± 5	5 ~ 10	空冷

合金代号	热处理状态及铸造方法	固 溶 处 理			时 效		
		加热温度/℃	保温时间/h	冷却介质及温度/℃	加热温度/℃	保温时间/h	冷却方式
ZL208	T7	540 ± 5	7	水 70 ~ 100	215 ± 5	16	空 冷
ZL209	T6	530 ± 5	0.5	—			
		538 ± 5	10 ~ 18	水、室温 ~ 100	170 ± 5	3 ~ 5	空 冷
KO - 1①	T4	490 ~ 500	2		—		
		521 ~ 530	14 ~ 20	水 65 ~ 100	室温	12 ~ 24	—
	T6	490 ~ 500	2				
		521 ~ 530	14 ~ 20	水 65 ~ 100	152 ~ 158	20	空 冷
	T7	490 ~ 500	2				
		521 ~ 530	14 ~ 20	水 65 ~ 100	185 ~ 190	5	空 冷
206.0①	T4	490 ~ 500	2		—		
		520 ~ 530	14 ~ 20	水 65 ~ 100			
	T6	530 ± 3	14 ~ 20	水 65 ~ 100	155 ± 5	8	空 冷
	T7	530 ± 3	14 ~ 20	水 65 ~ 100	200 ± 5	8	空 冷
ZL301	T4	430 ± 5	12 ~ 20	沸水或油 50 ~ 100	—		—
ZL305	T4	435 ± 5	8	—			
		490 ± 5	6	水 80 ~ 100			
ZL401	T1	—	—	—	200 ± 10	5 ~ 10	空 冷
	T2	—	—	—	300 ± 10	2 ~ 4	空 冷
ZL402	T1	—	—	—	180	10	空 冷
	T5	—	—	—	室温	21 天	
	T5	—	—	—	157 ± 5	6 ~ 8	室 冷

注：没有标注铸造方法的，可适用于任何铸造方法。

① 该合金用的是美国热处理制度。

4.1.4　铸造铝合金的用途

铸造铝合金的用途见表 4 - 6。

表 4 - 6　铸造铝合金的用途

合金代号	应 用 举 例
ZL101	形状复杂、承受一定载荷的零件，以及对气密性要求高的、耐蚀和焊补性能良好的零件。如飞机的各种泵体、汽车传动箱、仪器仪表、抽水机壳体及工作温度不超过 180℃ 的气化器

合金代号	应　用　举　例
ZL101A	形状复杂，强度和韧性要求高、组织致密的零件，如飞机结构件、汽车、摩托车轮毂
ZL102	形状复杂，承载较轻的薄壁零件或要求耐蚀、气密性高的零件，如仪表壳体
ZL104	形状复杂，薄壁、耐蚀及承受高静载荷或冲击载荷的零件，如发动机机匣、气缸体、曲柄箱体等
ZL105	形状复杂，承受高静载荷或在较高温度下工作的零件，焊补性能良好、气密性要求高的零件，如风冷发动机气缸头、油泵壳体、增压器外壳、导气弯管
ZL106	形状复杂，承受静载荷的零件或气密性要求高、在较高工作温度下工作的零件，如各种泵体、水冷气缸头等
ZL107	形状复杂，壁厚不均匀的受力件，如气化器、电气设备外壳、机架等
ZL108	在高温下工作、要求热胀系数小、强度高、耐磨性好的零件，如内燃机活塞
ZL109	用途和 ZL108 相仿，用作内燃机活塞
ZL110	内燃机活塞和其他在较高温度下工作的零件
ZL111	形状复杂，承受高载荷的零件及在高压气体或液体下长期工作的大型铸件，如转子发动机缸体、水泵叶轮、大型壳体等
ZL114A	强度高，韧性好，气密性好，耐蚀，可用作飞机结构件及导弹零件
ZL115	强度较高的耐海水腐蚀的零件，如潜水泵壳体及其他船用零件
ZL116	波导管、高压阀门、飞机挂架和高速转子、叶片等
ZL201	工作温度在 175~300℃ 形状简单的零件，承受高的动、静载荷的零件，如内燃机叶轮、支臂、横梁等
ZL203	形状较简单，承受中等载荷的零件，如托架和工作温度不超过 200℃ 要求切削加工性能好的小零件，如曲柄箱体、飞轮箱体等
ZL205A	承受高载荷、形状不复杂、能在较高温度下工作的飞机和导弹上的构件，如拉杆支臂、环圈等
ZL301	承受高载荷、耐海水腐蚀、工作温度不超过 130℃、形状不复杂的小型零件，如海轮配件、航空配件，起落架零件，潜望镜镜筒，雷达底座，船用舷窗等
ZL303	在腐蚀介质中工作，承受中等载荷的零件，如海轮配件及各种壳体
ZL401	形状复杂，承受较高载荷，工作温度不超过 200℃ 的汽车、飞机零件
ZL402	承受大的静载荷或冲击载荷与腐蚀介质接触，尺寸稳定性高的零件，如高速转动整铸叶轮、阀门配件、精密仪表和光学仪器

4.1.5　铸造铝合金的熔炼

4.1.5.1　中间合金锭、铸铝合金锭化学成分，涂料及熔剂

A　化学成分

（1）铝中间合金锭化学成分见表 4 -7，铸造铝硅合金化学成分见表 4 -8。

表 4-7　铝中间合金锭化学成分（GB/T 8733—2007）

序号	牌号	主要成分（质量分数）/%												杂质（质量分数）/%												熔化温度/℃	备注
		Cu	Si	Mn	Ti	Ni	Cr	B	Zr	Sb	Fe	Be	Al	Cu	Si	Mn	Ti	Ni	Cr	Zr	Fe	Zn	Mg	Pb	Sn		
1	AlCu50	48.0~52.0	—	—	—	—	—	—	—	—	—	—	余量	—	0.4	0.35	0.10	0.20	0.10	—	0.45	0.30	0.30	0.20	0.10	570~600	脆
2	AlSi24	—	22.0~26.0	—	—	—	—	—	—	—	—	—	余量	0.20	—	0.35	0.10	0.20	0.10	—	0.45	0.20	0.40	0.10	0.10	700~800	脆
3	AlSi20	—	18.0~21.0	—	—	—	—	—	—	—	—	—	余量	0.20	—	0.35	0.10	0.20	0.10	—	0.45	0.20	0.40	0.10	0.10	600~700	脆
4	AlMn10	—	—	9.0~11.0	—	—	—	—	—	—	—	—	余量	0.20	0.40	—	0.10	0.20	0.10	—	0.45	0.20	0.50	0.10	0.10	770~830	韧
5	AlTi4	—	—	—	3.0~5.0	—	—	—	—	—	—	—	余量	—	0.2	—	—	—	—	—	0.3	0.1	—	—	—	1020~1070	易偏析
6	AlTi5	—	—	—	4.5~6.0	—	—	—	—	—	—	—	余量	0.15	0.50	0.35	—	0.10	0.10	V: 0.25	0.45	0.15	0.50	0.10	0.10	1050~1100	易偏析
7	AlNi10	—	—	—	—	9.0~11.0	—	—	—	—	—	—	余量	—	0.2	0.1	—	—	—	—	0.5	—	—	0.1	—	680~730	韧
8	AlCr2	—	—	—	—	—	2.0~3.0	—	—	—	—	—	余量	—	0.2	—	—	—	—	—	0.5	0.1	—	—	—	900~1000	易偏析
9	AlB3	—	—	—	—	—	—	2.5~3.5	—	—	—	—	余量	0.1	0.2	—	—	—	—	—	0.4	0.1	—	—	—	800	韧
10	AlB1	—	—	—	—	—	—	0.5~1.5	—	—	—	—	余量	0.1	0.2	—	—	—	—	—	0.3	0.1	—	—	—	800	韧
11	AlZr4	—	—	—	—	—	—	—	3.0~5.0	—	—	—	余量	—	0.2	—	—	—	—	—	0.3	0.1	—	0.1	—	800~850	易偏析
12	AlSb4	—	—	—	—	—	—	—	—	3.0~5.0	—	—	余量	—	0.2	—	—	—	—	—	0.3	—	—	—	—	660	易偏析
13	AlFe20	—	—	—	—	—	—	—	—	—	18.0~22.0	—	余量	0.2	0.3	—	—	—	—	—	—	0.1	—	—	—	1020	脆
14	AlTi5B1	—	—	—	5.0~6.2	—	—	0.9~1.4	—	—	—	—	余量	0.02	0.2	0.02	—	0.04	0.02	0.02	0.30	0.03	0.02	—	—	800	易偏析
15	AlBe3	—	—	—	—	—	—	—	—	—	—	2.0~4.0	余量	—	0.2	—	—	—	—	—	0.25	0.1	—	—	—	820	韧

表 4-8　铸造铝硅合金化学成分（GB/T 8733—2007）（质量分数）　　　（%）

牌　号	代号	主要成分		杂质（≤）							用途举例
		Si	Al	Fe	Mn	Ca	Ti	Cu	Zn	总和	
0 号铸造铝硅合金锭	ZAlSiD-0	115~13.0	余量	0.35	0.10	0.1	0.10	0.03	0.08	0.7	高纯中间合金
1 号铸造铝硅合金锭	ZAlSiD-1	11.5~13.0	余量	0.50	0.50	0.1	0.15	0.03	0.08	1.0	高纯铝硅合金
2 号铸造铝硅合金锭	ZAlSiD-2	11.5~13.0	余量	0.70	0.50	0.2	0.20	0.03	0.08	1.4	所有压力铸造合金

（2）铸造铝合金锭化学成分见表 4-9，铸造铝合金锭杂质含量见表 4-10。

表 4-9　铸造铝合金锭化学成分（GB/T 8733—2007）（质量分数）　　　（%）

序号	合金牌号	合金代号	主要元素							Al
			Si	Cu	Mg	Zn	Mn	Ti	其他	
1	101 号铸铝锭	ZLD101	6.5~7.5	—	0.30~0.50	—	—	—	—	余量
2	102 号铸铝锭	ZLD102	10.0~13.0	—	—	—	—	—	—	余量
3	103 号铸铝锭	2LD103	4.5~6.0	2.0~3.5	0.4~0.7	—	0.3~0.7	—	—	余量
4	104 号铸铝锭	ZLD104	8.0~10.5	—	0.2~0.35	—	0.2~0.5	—	—	余量
5	105 号铸铝锭	ZLD105	4.5~5.5	1.0~1.5	0.45~0.65	—	—	—	—	余量
6	106 号铸铝锭	ZLD106	7.5~8.5	1.0~1.5	0.35~0.55	—	0.3~0.5	0.10~0.25	—	余量
7	107 号铸铝锭	ZLD107	6.5~7.5	3.5~4.5	—	—	—	—	—	余量
8	108 号铸铝锭	ZLD108	11.0~13.0	1.0~2.0	0.5~1.0	—	0.3~0.9	—	—	余量
9	109 号铸铝锭	ZLD109	11.0~13.0	0.5~1.5	0.9~1.5	—	—	—	Ni0.8~1.5	余量
10	110 号铸铝锭	ZLD110	4.0~6.0	5.0~8.0	0.3~0.5	—	—	—	—	余量
11	111 号铸铝锭	ZLD111	8.0~10.0	1.3~1.8	0.45~0.65	—	0.1~0.35	0.1~0.35	—	余量
12	115 号铸铝锭	ZLD115	4.8~6.2	—	0.45~0.7	1.2~1.8	—	—	Sb0.1~0.25	余量
13	116 号铸铝锭	ZLD116	6.5~8.5	—	0.40~0.60	—	—	0.10~0.30	Be0.15~0.40	余量
14	201 号铸铝锭	ZLD201	—	4.5~5.3	—	—	0.6~1.0	0.15~0.35	—	余量
15	202 号铸铝锭	ZLD202	—	9.0~11.0	—	—	—	—	—	余量
16	203 号铸铝锭	ZLD203	—	4.0~5.0	—	—	—	—	Ni 0.2~0.3　Zr 0.15~0.25	余量
17	207 号铸铝锭	ZLD207	1.6~2.0	3.0~3.4	0.2~0.3	—	0.9~1.2	—	RE4.4~5.0	余量
18	301 号铸铝锭	ZLD301	—	—	9.8~11.0	—	—	—	—	余量
19	303 号铸铝锭	ZLD303	0.8~1.3	—	4.6~5.6	—	0.1~0.4	—	—	余量
20	305 号铸铝锭	ZLD305	—	—	7.6~9.0	1.0~1.5	—	0.1~0.2	Be0.03~0.1	余量
21	401 号铸铝锭	ZLD401	6.0~8.0	—	0.15~0.35	9.2~13.0	—	—	—	余量
22	402 号铸铝锭	ZLD402	—	—	0.55~0.70	5.2~6.5	—	0.15~0.25	Be0.4~0.6	余量
23	001 号铸铝锭	ZLD001	—	—	—	—	1.50~1.70	—	—	余量

表 4 – 10　铸造铝合金锭杂质含量（质量分数，≤）　　　　（%）

序号	合金牌号	合金代号	Fe	Si	Cu	Mg	Zn	Mn	Ti	Zr	Si + Zr	Be	Ni	Sn	Pb	其他	杂质总和
1	101号铸铝锭	ZLD101	0.45	—	0.2	—	0.2	0.35	—	—	0.15	0.1	—	0.01	0.05	—	1.4
2	102号铸铝锭	ZLD102	0.6	—	0.3	0.1	0.1	0.5	0.2	—	—	—	—	—	—	—	1.6
3	103号铸铝锭	ZLD103	0.45	—	—	—	0.25	—	—	—	—	—	—	0.01	0.05	—	1.2
4	104号铸铝锭	ZLD104	0.45	—	0.1	—	0.25	—	—	—	0.15	—	—	0.01	0.05	—	1.2
5	105号铸铝锭	ZLD105	0.45	—	—	—	0.2	0.5	—	—	0.15	0.1	—	0.01	0.05	—	1.3
6	106号铸铝锭	ZLD106	0.5	—	—	—	0.2	—	—	—	—	—	—	0.01	0.05	—	1.1
7	107号铸铝锭	ZLD107	0.4	—	—	0.1	0.2	0.3	—	—	—	—	—	0.01	0.05	—	0.9
8	108号铸铝锭	ZLD108	0.4	—	—	—	0.2	—	0.2	—	—	—	—	0.01	0.05	—	0.8
9	109号铸铝锭	ZLD109	0.4	—	—	—	0.2	0.2	0.2	—	—	—	—	0.01	0.05	—	0.9
10	110号铸铝锭	ZLD110	0.5	—	—	—	0.5	0.5	—	—	—	—	0.3	0.01	0.05	—	1.5
11	111号铸铝锭	ZLD111	0.35	—	—	—	0.1	—	—	—	—	—	—	0.01	0.05	—	1.0
12	115号铸铝锭	ZLD115	0.25	—	0.1	—	—	0.1	—	—	—	—	—	0.01	0.05	—	1.0
13	116号铸铝锭	ZLD116	0.5	—	0.3	—	0.3	—	0.2	—	—	—	—	0.01	0.05	B0.1	1.0
14	201号铸铝锭	ZLD201	0.20	0.3	—	0.05	0.2	—	0.2	—	—	—	0.1	—	—	—	1.0
15	202号铸铝锭	ZLD202	0.8	1.0	—	0.3	0.2	0.5	—	—	—	—	0.5	—	—	—	3.0
16	203号铸铝锭	ZLD203	0.6	1.2	—	0.03	0.2	0.1	0.2	0.1	—	—	—	0.01	0.05	—	2.2
17	207号铸铝锭	ZLD207	0.5	—	—	—	—	—	—	—	—	—	—	—	—	—	0.8
18	301号铸铝锭	ZLD301	0.25	0.3	0.1	—	0.15	0.15	0.15	0.2	—	0.07	0.05	0.01	0.05	—	1.0
19	303号铸铝锭	ZLD303	0.45	—	0.1	—	0.2	—	0.2	—	—	—	—	—	—	—	0.7
20	305号铸铝锭	ZLD305	0.25	0.2	0.1	—	—	0.1	—	—	—	—	—	—	—	—	0.9
21	401号铸铝锭	ZLD401	0.6	—	0.6	—	0.5	—	—	—	—	—	—	—	—	—	1.6
22	402号铸铝锭	ZLD402	0.4	0.3	0.25	—	—	0.1	—	—	—	—	—	—	—	每0.05 共0.15	1.25
23	001号铸铝锭	ZLD001	0.3	0.2	—	—	—	—	0.15	—	—	—	—	—	—	RE0.03	

B　涂料

铝合金用坩埚及工具用涂料（见表 4 – 11）。

表 4 – 11　铝合金用坩埚及工具用涂料

序号	涂料成分（质量分数）/%								用途
	氧化锌	白垩粉	滑石粉	水玻璃	耐火黏土	硅砂	碳酸钠	水	
1	5 ~ 7	7 ~ 9	—	4 ~ 6	—	—	—	余量	坩埚及工具
2	—	—	20 ~ 25	5 ~ 6	—	—	—	余量	坩埚及工具 坩埚及工具
3	—	20 ~ 25	—	5 ~ 6	—	—	—	余量	（也可用于铝镁合金）
4	—	—	—	—	30 ~ 35	18 ~ 22	13 ~ 20	余量	坩埚（也可用于铝镁合金）

涂料配制时，将粉料过筛，按配方比例称好混匀；水玻璃溶于热水中，然后徐徐将粉料倒入 60~80℃水玻璃溶液或水中，搅拌均匀，使用前涂料也应仔细拌匀；当用喷枪喷涂时，涂料应过滤。根据涂料使用方法酌情增减加水量。

C 熔剂

铝合金常用熔剂成分见表 4 – 12。

表 4 – 12 铝合金常用熔剂成分

序号	成分（质量分数）/%							用途
	NaCl	KCl	Na_3AlF_6	CaF_2	NaF	$MgCl_2$	其他加入物	
1	50	50						一般铝合金用覆盖剂
2	47	47	6					
3	20	50					$CaCl_2$：30	
4	75						$CaCl_2$：25	
5	45	45		10				精炼熔剂
6			75				$ZnCl_2$：25	
7	45		15		40			铝硅合金精炼，变质兼用的通用熔剂
8	36~38			15~20		44~47		Al-Mg 合金用覆盖剂及精炼熔剂
9	39	50	6.6	4.4				重熔切屑
10	50	35	15					重熔废料
11	40	50			10			重熔废料
12	60			20	20			用于搅拌法熔化切屑
13	60~70		6~10		5~10		$BaCl_2$：14~25	重熔小而氧化严重切屑

注：所有盐类应在 200~300℃下烘烤 3~5h，配制后存放在干燥器中，使用前在 150℃下保温 2h 以上。

4.1.5.2 中间合金的熔炼

中间合金熔炼工艺要点见表 4 – 13。

表 4 – 13 中间合金熔炼工艺要点

合金代号	熔 炼 要 点
AlSi20	1. 将坩埚加热至暗红色，放入经预热至 400~500℃的铝锭，开风熔化，过热至 850~950℃，用石墨钟罩将块度为 10~20mm 的结晶硅分批压入铝液，每次加入时，应充分搅拌，待硅化清后再加下一批。为防止硅的氧化，用铝箔裹硅。 2. 硅全部化清后，升温至 800℃左右，用占炉料质量分数 0.2%~0.4% 的精炼剂除气精炼，静置 5~10min，扒渣，浇成锭，厚度小于 25mm。 3. 为提高合金质量，可在熔剂覆盖下熔炼
AlCu50	1. 坩埚预热后，将铝、铜一次装入，铝锭竖插，周围用铜板插紧。 2. 升温熔化，熔清后于 700℃充分搅拌，除气精炼、扒渣。 3. 静置 5~10min，再搅拌后出炉浇锭，锭厚小于 25mm
AlMn10	1. 先熔化铝锭，熔铝至半熔状态，加入预热的金属锰，粒度 10~15mm。 2. 熔清后，用质量分数为 0.2%~0.4% 的精炼剂精炼。 3. 静置 5~10min，充分搅拌，扒渣后浇锭，锭厚小于 25mm

合金代号	熔　炼　要　点
AlTi5	1. 在冰晶石（占炉料质量分数的 3%～5%）覆盖下熔化铝锭。 2. 铝呈半融状态时，用石墨钟罩压入粒度 5～10mm 经预热的海绵钛，不断搅拌直至化清。 3. 化清后继续升温至 1050～1100℃，充分搅拌。 4. 用精炼剂除气精炼后扒渣，在 900～950℃ 下迅速浇锭
AlB1	1. 将硼砂加入石墨坩埚中加热脱水，约占铝锭质量分数的 1/3。 2. 将铝锭压入已脱水成糊状的硼砂中，加盖密封，升温至 1200～1300℃。 3. 卸盖，用石墨棒将硼砂结壳捣碎，混入铝液使与铝液反应。 4. 反应完毕后，扒渣，待温度降至 950℃ 左右精炼，浇锭

4.1.5.3　熔炼工艺

为优化铝液质量，熔炼操作原则见表 4 – 14。

表 4 – 14　熔炼操作原则

序　号	内　容
1	炉料成分准确，清理干净，充分预热
2	熔炼工具、坩埚仔细清理，喷涂料后烘干，不许铁液直接与铝液接触
3	所用覆盖剂、精炼剂、变质剂严格脱水
4	避免炉气与金属液接触，必要时用覆盖剂
5	快速熔化，避免合金过热
6	保持完整氧化膜，搅拌时注意不破坏表面氧化膜
7	精炼后，扒渣，静置 8～15min 后浇注或进行变质处理

A　精炼（净化）

铝合金常用精炼剂见表 4 – 15、六氯乙烷精炼工艺参数举例见表 4 – 16。

表 4 – 15　铝合金常用精炼制

名　称	使　用　要　点	优　缺　点
六氯乙烷	1. 压成密度为 1.8g/cm³ 左右的饼块，每块质量 50～100g，放在干燥器内备用。 2. 用钟罩压入铝液中，作缓慢螺旋形上、下移动，一般分 3～5 次加入。 3. 工艺参数参see表 4～16。 4. 熔炼中间合金时可按炉料质量分数的 0.3%～0.5% 在浇注温度范围内精炼 8～10min，静置 5～8min 后除渣	1. 吸湿性小，便宜。 2. 精炼效果好。 3. 使用、保管方便。 4. 精炼时，遇热分解，产生氯气，四氯乙烯及氯化氢，对人体有害，腐蚀厂房、设备
氯化锌	1. 使用前应重熔，熔化至白烟转黄烟且不沸腾冒泡时，浇成薄片。 2. 精炼温度为 690～730℃，加入量为炉料质量分数的 0.15%～0.2%	1. 厚壁砂型铸件不易获得满意效果。 2. 除含锌铝合金外，锌作为杂质残留
氯化锰	1. 使用前需烘干，将氯化锰铺开，在 110～200℃ 下烘烤 6～8h，置于密封干燥器内。 2. 精炼温度为 690～720℃，加入量为炉料质量分数的 0.1%～0.3%。 3. 加入方法与氯化锌相同	1. 吸湿性较氯化锌小，使用较氯化锌方便。 2. 进入熔液的锰可抵消铁的有害作用，提高合金热强性。 3. 不易挥发，气泡生成速度慢，直径小，精炼效果较好。 4. 烘烤时如与氧作用，会降低精炼效果。 5. 价格较贵，只用于 ZL201 等 Al-Cu 系合金

名　称	使　用　要　点	优　缺　点
氮气	1. 通入熔液前须经氯化钙干燥处理。 2. 处理温度 690 ~ 720℃，压力 10 ~ 20kPa，以不使熔液飞溅为限，流量 15 ~ 20L/min，通气时间因熔液量而异，一般 5 ~ 10min。 3. 通气时，精炼管距坩埚底 50 ~ 100mm 处作水平缓慢移动。 4. 采用体积比为 9:1 的氮:氯的混合气体，效果好	1. 单一氮气精炼效果欠佳。 2. 价格便宜，对人体无害，不腐蚀厂房、设备。 3. 氮气应大于（均体积分数）99%，氧应低于 1%，干燥器应经常更换。 4. 需一套不复杂的通氮设备
氯气	1. 使用前须经干燥器脱水。 2. 处理温度 675 ~ 690℃，精炼结束后不超过 720℃，压力以 10 ~ 25kPa 为宜。 3. 通氯时间按熔化量而定，60kg 以下 7 ~ 10min，60 ~ 120kg 为 10 ~ 13min，120kg 以上 12 ~ 15min。 4. 需二次精炼时，精炼温度 675 ~ 705℃，时间为第一次的一半，操作工艺同吹氮处理	1. 精炼效果好，成本低。 2. 处理装置复杂，逸出氯对人体有害，腐蚀厂房、设备，需采取通风及安全措施。 3. 精炼时间过长易引起晶粒粗大。 4. 干燥剂应及时更换。 5. 逸出的氯气质量浓度不允许超过 1mg/m³，氯化氢不超过 15mg/m³
固体三气精炼剂	1. 使用前在炉边烘烤，去除表面吸附水，温度不超过 80℃。 2. 处理温度 720 ~ 750℃，加入量为炉料质量的 0.2% ~ 0.4%，分批加入	1. 市场有供应。 2. 使用方便，便于存放。 3. 效果比通氮好
真空处理	1. 在 720 ~ 780℃，真空度为 0.13 ~ 1.3kPa 时处理 10min。 2. 熔液放入真空室内，在熔剂覆盖下处理	1. 精炼效果好，无公害。 2. 抗拉强度可提高 5% ~ 25%，断后伸长率可提高 1.5 ~ 2 倍。 3. 可在变质后处理。 4. 要一套真空设备，真空室要加热保温，以防温度下降

表 4 – 16　六氯乙烷精炼工艺参数举例

合金代号	用量（占炉料的质量分数）/%	温度/℃	时间/min	静置时间/min
ZL101	$0.5 \sim 0.7\left(\dfrac{3}{4}C_2Cl_6 + \dfrac{1}{4}Na_2SiF_6\right)$ $0.6 \sim 0.8$	730 ~ 750 740 ~ 750	8 ~ 12 8 ~ 12	10 ~ 15 10 ~ 15
ZL102	0.3 ~ 0.5	700 ~ 720	8 ~ 10	10 ~ 15
ZL104	0.5 ~ 0.7	720 ~ 740	8 ~ 12	10 ~ 15
ZL105	0.5 ~ 0.7	720 ~ 740	8 ~ 12	10 ~ 15
ZL201	$\dfrac{2}{3}\left(或\dfrac{1}{2}\right)C_2Cl_6 + \dfrac{1}{3}\left(或\dfrac{1}{2}\right)TiO_2$ $0.5 \sim 0.7$	720 ~ 730	5 ~ 7	10 ~ 15
ZL401	0.5 ~ 0.7	720 ~ 730	10 ~ 15	10 ~ 15

移动式旋转除气装置（MDU）和金属处理工作台（MTS）是近年出现的新型除气装置，MTS 是 MDU 的改进型。它增加了一个熔剂输送系统，粒状熔剂（质量分数：Na_3AlF_6 23% + KCl 47% + NaCl 30% 或增加适量的 Na_2AlF_6）随 N_2 或 Ar 气流送入熔体中，可以提高精炼效果（见表 4 – 17）。

MTS 和 MDU 精炼工艺精炼效果好，时间短，改善劳动环境、污染轻，是精炼工艺的发展方向。

B　变质处理

铝硅合金中硅的质量分数超过 7% 的合金，砂型铸造及金属型铸造时，在精炼以后必须进行变质处理，表 4 – 18 为变质剂组成，表 4 – 19 为变质处理工艺，表 4 – 20 为长效变质剂。

表 4 – 17　精炼效果对比

合　金	指　　标	状　态	MTS	增减/%	MDU	增减/%
ZL101A	密度/g · cm⁻³	精炼前 精炼后	2. 27 2. 57	13. 21	2. 43 2. 61	7. 40
	含氢量/×10⁻⁶	精炼前 精炼后	0. 248 0. 129	– 47. 98	0. 16 0. 13	– 18. 7
ZL105A	抗拉强度/MPa	精炼前 精炼后	300. 04 311. 57	3. 72		
	弯曲强度/MPa	精炼前 精炼后	230. 58 235. 50	2. 13	237. 75 242. 11	1. 83
	断后伸长率/%	精炼前 精炼后	4. 14 5. 15	24. 09	5. 33 5. 90	10. 69
ZL101A ZL105A	氧化 夹杂	精炼后		– 41 – 54		– 29 – 34
ZL101A	$w(Sr)$/%	精炼前 精炼后	0. 018 0. 012	– 33. 3	0. 017 0. 011	35. 29
ZL105A	$w(Mg)$/%	精炼前 精炼后	0. 547 0. 517	– 5. 48	0. 537 0. 514	– 4. 28
ZL114A ZL101A ZL105A	精炼后混在熔渣中铝豆占原有铝豆的质量分数/%	MTS	46. 8 39. 0 49. 5		MDU	72. 5 62. 1 86. 3

表 4 – 18　变质剂组成

变　质　剂	组元成分（质量分数）/%				熔点/℃	变质温度/℃	浇注温度/℃	适用合金	用量（质量分数）/%
	NaF	NaCl	KCl	Na₃AlF₆					
二元变质剂	67	33	—	—	810 ~ 850	800 ~ 810	720 ~ 750	ZL102	1 ~ 2
三元变质剂	25	62. 5	12. 5	—	606	725 ~ 740	700 ~ 740	ZL101 ZL401	2 ~ 3
1 号通用变质剂	60	25	—	15	750	~ 800	760 ~ 780	ZL101 ZL104	1 ~ 2
2 号通用变质剂	40	45	—	15	700	~ 750	740 ~ 760	ZL101 ZL104	2 ~ 3
3 号通用变质剂	30	50	10	10	650	720 ~ 750	700 ~ 740	ZL101 ZL104	2 ~ 3

变 质 剂	组元成分（质量分数)/%				熔点/℃	变质温度/℃	浇注温度/℃	适用合金	用量（质量分数)/%
	NaF	NaCl	KCl	Na₃AlF₆					
双色变质块	—	—	—	—	730~760	700~750	700~750	ZL101 ZL102 ZL104	0.8~1.2

（表头 Na_3AlF_6）

表 4 – 19　变质处理工艺

变质剂	变质剂准备	变质处理工艺
粉状变质剂	各组分混均匀后，在 300~400℃下烘干，保温 3~5h，并经 ϕ0.5~1mm 筛子过筛，保存在干燥处，使用前应预热至 300~400℃，干燥不彻底的变质剂撒在液面有爆裂声	将变质剂撒在液面上，保持 10~12min，变质剂熔化后不断打碎硬壳，将硬壳压入合金液下 100~150mm 深处保持 3~5min，使变质反应充分。取出压瓢后撇渣，若渣过稀可加 NaF 调整
双色变质块	双色变质剂有商品供应，剥开双色变质块后在炉边或烘炉中预热（150~180℃，2h）	有色的一面和铝液接触 10min 以上，浇注时将剩余变质块推向坩埚另一侧，防止将变质块和熔渣浇入铸型中

注：1. 砂型铸造在 $h/2$ 内浇完，金属型在 $3h/4$ 内浇完。

　　2. 变质失效，允许二次变质。

　　3. 双色变质块变质有效时间可达 2~3h。

表 4 – 20　长效变质剂

名称	工 艺 参 数	特 点
Sr	加入量（质量分数）：0.02%~0.06%； 变质温度：约720℃； 加入方法：Al-Sr 中间合金或锶盐； 变质有效时间：4~8h	1. 变质潜伏期40min，变质后不能用氯盐精炼； 2. 变质后吸氢倾向增大； 3. 加入量的确定要考虑炉料中残余锶含量； 4. 过变质对力学性能影响小
Sb	加入量（质量分数）：0.1%~0.5%； 变质温度：720~740℃； 加入方法：Al-Sb 中间合金； 变质有效时间：长效	1. 共晶硅呈细条状，只适用于硅量低于 7% 的合金； 2. 重熔时，锑不烧损； 3. 不能和钠盐混用； 4. 生成 Mg_2Sb_2，含镁的铝合金要提高镁含量
Te	加入量（质量分数）：0.05%~0.08%； 变质温度：760~780℃； 加入方法：纯碲； 变质有效时间：8h	1. 共晶硅形态不变，但分枝增多，板片变薄，适用于硅量低于 7%（质量分数）的合金； 2. 变质潜伏期的为 40min，无过变质； 3. 重熔时，力学性能重现性好
Ba	加入量（质量分数）：0.05%~0.08%； 变质温度：760~780℃； 加入方法：Al-Ba 中间合金； 变质有效时间：10h	1. 潜伏期约 1h； 2. 不能用氯盐精炼； 3. 砂型铸造只适用于硅质量分数低于 7% 的合金； 4. 共晶硅形态不发生根本变化
RE	加入量（质量分数）：0.5%； 变质温度：720~780℃； 加入方法：Al-RE 中间合金； 变质有效时间：4~8h	1. 在变质的同时有除氢作用； 2. 与冷速配合能获得良好的变质效果

铝硅合金用钠盐变质时,必须考虑合金中磷的影响。图 4 – 1 为磷对 ZL101A 合金钠盐变质相组织的影响。钠与磷的相互作用如图 4 – 2 所示。另外,用锑变质的铝合金锭、回炉料一定要和用钠或锶变质的合金锭、回炉料严格分开。过共晶铝硅合金变质工艺见表 4 – 21。

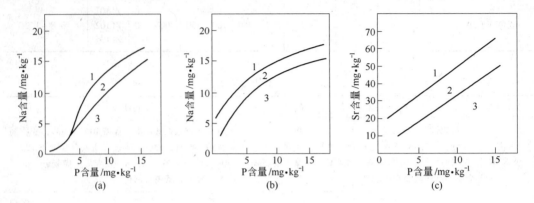

图 4 – 1　磷对钠、锶变质的 ZL101A 合金组织的影响

（a）凝固时间 13 s；（b）凝固时间 60 s；（c）凝固时间 60 s

共晶组织：1—纤维状；2—层片状；3—针状

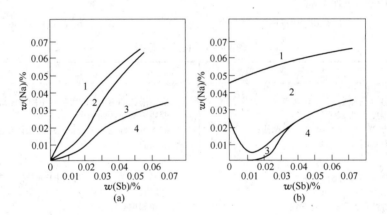

图 4 – 2　锑与钠交互作用对组织的影响（$w(\text{Si}) = 13\%$）

（a）砂型铸造；（b）金属型铸造

共晶组织：1—过变质；2—变质良好；3—亚变质；4—层状

表 4 – 21　过共晶铝硅合金变质工艺

变质剂	变 质 工 艺	特　点
含磷混合盐	加入量（质量分数）：0.1% ~ 0.5%； 变质温度：液相线以上 120 ~ 150℃； 加入方法：以混合盐形式加入,组成有赤磷、NaCl、KCl、C_2Cl_6、K_2TiF_6、K_2ZrF_6 等	赤磷燃点只有 240℃,易燃,产生大量 P_2O_5 烟雾,必须以混合盐形式加入
磷铜 $w(\text{P}) \approx 8\%$	加入量（质量分数）：1% 左右； 变质温度：780 ~ 840℃； 加入方法：将磷铜破碎加入铝液,反应结束后用氯盐精炼、扒渣	操作方便,有商品供应,适用于含铜的活塞合金

变质剂	变 质 工 艺	特 点
磷化物混合盐	加入量（质量分数）：1% ~ 2%； 变质温度：液相线温度以上 120 ~ 150℃； 加入方法：混合盐覆盖在液面上，反应 10 ~ 15min； 成分：$w(NaPO_3) = 80\%$，$w(V_2O_5) = 10\%$，$w(N_2O_3) = 10\%$	吸湿性小，操作简便，能同时细化共晶硅和初晶硅，适用于 $w(Si) \geqslant 16\%$ 的合金
Na_2HPO_4	加入量（质量分数）：2% 左右； 变质温度：液相线温度以下 120℃	对 $w(Si) = 25\%$ 的合金能同时细化共晶硅，初晶硅，但变质效果不稳定
磷盐稀土	残留量：$w(P) = 0.08\%$，$w(RE) = 0.8\%$； 变质温度：液相线温度以上 120 ~ 150℃； 加入方法：磷以化合物形式（如 $PNCl_2$）加入，稀土以混合稀土形式加入	适用于 $w(Si) \geqslant 16\%$ 的合金，能同时细化共晶硅和初晶硅

C　晶粒细化

铝合金晶粒细化剂及细化处理工艺见表 4 – 22。

表 4 – 22　铝合金晶粒细化剂及细化工艺

细 化 剂	细 化 工 艺	特 点
AlTi5B1	残留量：$w(Ti) = 0.015\% ~ 0.03\%$； 细化温度：液相线温度上 120 ~ 150℃； 加入方法：以 Al-Ti-B 中间合金（$w(Ti) = 4.5\%$ ~ 5.5%　$w(R) = 0.80\% ~ 1.3\%$、铝余量）	细化效果好而稳定，有商品供应
$K_2TiF_6 : KBF_4 =$ $(75 ~ 80) : (25 ~ 20)$	加入量（质量分数）：0.15% ~ 0.25%； 加入方法：压成块状的混合盐加入； 处理温度：730 ~ 750℃	细化效果好，使用前必须烘干，拌匀。缺点是有含氟炉气外逸
自沉细化块	加入量（质量分数）：0.05% ~ 0.1%； 加入方法：将混合盐压成块加入； 处理温度：760 ~ 780℃	细化效果好，能自沉、成分准确，便于控制，由钛粉、熔盐、抗氧化剂、还原剂及黏结剂组成

近年来，通过各种渠道，引进数量不少国外品牌的晶粒细化剂，国内也有研究表明，Al-Ti10-B1-C1 的细化效果比 Al-Ti5-B1 更好。

D　常用铸铝合金熔炼工艺

常用铸铝合金熔炼工艺见表 4 – 23。

表 4 – 23　常用铸铝合金熔炼工艺

合金代号	熔炼工艺要点	备 注
ZL102	方法 I： 1. 装料顺序：铝锭、Al-Si 中间合金，回炉料； 2. 化清后搅拌均匀，700 ~ 730℃ 精炼，静置 5 ~ 10min 后除渣，立即浇注； 3. 需变质处理时，精炼后即进行变质处理	1. 变质剂的选用根据浇注温度而定； 2. 方法 II 的直接熔化时，不允许硅块浮于铝液表面

合金代号	熔炼工艺要点	备　注
ZL102	方法Ⅱ： 1. 将铝锭升温至 660 ~ 680℃； 2. 将 3 ~ 6mm 粒度结晶硅分批加入铝液，加硅结束，撒上覆盖剂，升温熔化，不使结晶硅表面氧化，820 ~ 850℃保温，直至结晶硅化清； 3. 降温至 710 ~ 730℃进行精炼、变质	1. 变质剂的选用根据浇注温度而定； 2. 方法Ⅱ的直接熔化时，不允许硅块浮于铝液表面
ZL104	1. 装料顺序：Al-Si 中间合金、铝锭，回炉料及 Al-Mn 中间合金，熔化后进行搅拌，用钟罩将镁锭压入铝液； 2. 升温至 720 ~ 750℃，进行精炼，完毕后，除渣； 3. 升温至 730℃左右进行变质处理	在低于 700℃时加镁。配料时考虑镁的烧损
ZL105	1. 装料顺序：铝锭、Al-Si 中间合金、Al-Cu 中间合金，回炉料； 2. 化清后，搅拌均匀，用钟罩压入镁锭； 3. 除气精炼完毕，清渣，静置 5 ~ 7min，扒渣，至浇注温度浇注	
ZL111	1. 装料顺序：Al-Si 中间合金、铝锭、回炉料，然后依次加入 Al-Cu、Al-Ti、Al-Mn 等中间合金，镁在除气，精炼后加入； 2. 升温至 720℃时精炼，扒渣后，静置 15min，将镁锭压入铝液，再静置后进行变质	金属型铸件可免去变质处理
ZL201	（一）预制合金 1. 装料顺序：铝锭、Al-Mn、Al-Ti 中间合金，化清后升温至 740 ~ 750℃，保温 15min，充分搅拌； 2. 720 ~ 730℃用 $w(MnCl_2) = 0.2\%$ 分批精炼，静置 5 ~ 10min，扒渣，至 670 ~ 720℃浇锭 （二）工作合金 1. 待预制合金锭及回炉料熔化后升温至 740 ~ 750℃，搅拌； 2. 用 $w(MnCl_2) = 0.2\%$ 在 720 ~ 730℃精炼，静置 5 ~ 8min； 3. 扒渣，调整温度后浇注	1. 熔炼质量稳定时，预制合金可浇注铸件； 2. 严格控制成分和杂质含量，防止钛偏析； 3. 回炉料所占比例不超过 60%，配料时要核算钛、硅含量； 4. 用 $MnCl_2$ 精炼应考虑带入的锰； 5. 不要使用熔炼过含镁的铝合金的坩埚
ZL205A	1. 装料次序：预制合金锭、回炉料、铝锭、Al-Mn、Al-Ti、Al-Zr 中间合金； 2. 化清后在 700 ~ 710℃加入 Al-Cu 中间合金及镉，搅拌 5 ~ 10min； 3. 升温至 740 ~ 760℃加入 Al-Ti-B 中间合金，搅拌 10 ~ 15min； 4. 降温至 700 ~ 720℃，把 $w(C_2Cl_6) = 0.5\%$ ~ 0.7%，$w(TiO_2) = 0.3\%$ 混好后用铝箔包好，投入铝液精炼 8 ~ 12min； 5. 静置 15 ~ 25min，扒渣后浇注	1. 浇注后，坩埚底部留下 1/5 ~ 1/7合金液； 2. 严防铁和硅混入铝液； 3. 要搅匀合金液
ZL301	1. 坩埚中先加入占炉料质量 5% ~ 6% 的覆盖剂（表 4 – 12 中 No8 或 $w(KCl) = 5\%$，$w(NaCl) = 25\%$，$w(CaCl_2) = 70\%$），熔化后加入铝锭熔化； 2. 680 ~ 700℃将镁锭压入铝液，并缓慢移动，化清后，搅均匀，静置 5 ~ 8min； 3. 670 ~ 680℃时精炼，然后在熔剂层上撒上熔剂（熔剂成分为 $w(CaF_2) = 20\%$ ~ 30% 或 $w(NaSiF_6) = 30\%$）静置 3 ~ 5min，把熔剂压入铝液，扒渣，浇注	1. 不宜用石墨坩埚或反射炉熔炼； 2. 浇注前，将表面少量带熔渣合金倒入锭； 3. 熔炼温度不超过 700℃； 4. 铝液始终在覆盖剂下熔炼； 5. 质量要求高的铸件可进行二次熔炼
ZL402	1. 装料次序：铝锭、Al-Cr 中间合金、Al-Ti 中间合金，化清后，压入锌锭； 2. 730 ~ 740℃时精炼； 3. 静置 5 ~ 10min，扒渣，压入镁锭； 4. 扒渣、搅拌、调整温度，浇注	

任务 4.2　铸造铜合金

【任务描述】

铸造铜合金是现代工业中广泛应用的结构材料之一。铜合金具有较高的力学性能和耐磨性能，很高的导热性和导电性。铜合金的电极电位高，在大气、海水、盐酸、磷酸溶液中具有良好的抗蚀性，因此常用作船舰、化工机械、电工仪表中的重要零件及换热器。

【任务分析】

铸造铜合金可分为两大类，即青铜和黄铜。

【知识准备】

4.2.1　铸造纯铜和低合金铜

铸造纯铜的导热性能和导电性能显著优于一般的铜合金，一些对比数据见表 4 - 24。因此，尽管这类合金的熔炼和铸造都比较困难，仍常用于制造要求导电性能或导热性能很高的铸件，如电阻焊机的电极、导电部件、高炉风口、结晶器等。

表 4 - 24　铸造纯铜和铜合金的导电性能、导热性能的比较

纯铜或铜合金	电导率/%		电阻率/μΩ·m		热导/W·(m·K)$^{-1}$		
	15℃	200℃	15℃	200℃	与标准纯铜热导率之比/%	15℃	200℃
铸造纯铜	90	54	0.019	0.032	97	372	372
含 Cr0.5% ~ 1.0% 的铸造低合金铜	80	51	0.022	0.034	82	312	317
铸造锡青铜	9 ~ 16	8 ~ 14	0.11 ~ 0.17	0.12 ~ 0.19	12	47 ~ 81	59 ~ 1100
铸造铅青铜	10 ~ 14	9 ~ 12	0.11 ~ 0.17	0.12 ~ 0.19	12 ~ 18	47 ~ 71	59 ~ 90
铸造铝青铜	3 ~ 13	2 ~ 11	0.13 ~ 0.58	0.16 ~ 0.65	4 ~ 16	17 ~ 61	21 ~ 78
铸造普通黄铜（ZCuZn36）	18	15	0.09	0.11	21	81	100
铸造铝黄铜	8 ~ 22	7 ~ 16	0.08 ~ 0.22	0.11 ~ 0.25	10 ~ 22	42 ~ 87	55 ~ 107
铸造铅黄铜	18 ~ 20	15 ~ 16	0.08 ~ 0.09	0.10 ~ 0.11	21 ~ 23	81 ~ 90	100 ~ 109

注：电导率（% IACS）是材料在 20℃下的电导率与国际退火软铜标样电导率之比。

4.2.1.1　铸造纯铜和低合金铜的规格

到目前为止，我国尚未制订有关的标准，此处列出德国、日本和英国的有关标准的摘要，供参考。

（1）JIS H5120—1997《铜及铜合金铸件》，见表 4 - 25。

（2）DIN17655—81《纯铜及低合金铜铸件》，见表 4 - 26。

（3）BS 1 - 400 - 85《纯铜和含铬铜铸件》，见表 4 - 27。

表 4 – 25　日本纯铜铸件的规格（JIS H5120—1997）

材料牌号	化学成分（质量分数）/%			力学性能（最低值）			电导率（≥）/%
	Cu（≥）	Sn（≤）	P（≤）	抗拉强度/MPa	断后伸长率/%	布氏硬度（HB）（10/100）	
CAC101	99.5	(0.4)	(0.07)	175	35	35	50
CAC102	99.7	(0.2)	(0.07)	155	35	33	60
CAC103	99.9	—	(0.04)	135	40	30	80

注：1. Sn 和 P 仅当用户有要求时进行分析，并以圆括号内的数值为规定值。

　　2. 热导率可由材料的电导率推定，标准不另规定热导率的数据。

表 4 – 26　德国纯铜及低合金金铜铸件的规格（DIN 17655—81）

材料牌号	化学成分（质量分数）/%	密度（大约值）/kg·dm⁻³	铸件交货状态	性能及指标（最低值）				
				电导率/m·(Ω·mm²)⁻¹（% IACS）	屈服强度（0.2）/MPa	抗拉强度/MPa	断后伸长率/%	硬度（HBS）（10/1000）
G-CuL35	Cu≥98	8.9	成型铸件不处理	35（60）	45	170	25	42
GK-CuL35			金属型铸件不处理					
G-CuLA5	Cu≥99.6	8.9	成型铸件不处理	45（78）	40	150	25	40
GK-CuLA5			金属型铸件不处理					
G-CuL50	Cu≥99.7	8.9	成型铸件不处理	50（86）	40	150	25	42
GK-CuL50			金属型铸件不处理					
G-CuCrF35	Cr0.4～1.2 Cd≥0.50 Zn≤0.20 杂质总量 ≤0.10 其余为 Cu	8.9	成型铸件淬火	45（78）	250	350	10	110
GK-CuCrF35			金属型铸件淬火					

表 4 – 27　英国纯铜和含铬铜铸件的规格（BS 1400—85）

材料		除 Cu 外，其他元素的含量	热处理	电阻率/μΩ·m	电导率/% IACS	硬度（HBS）
名称	牌号					
纯铜	HCCI	—	不处理	≥0.019	≥90	—
含铬铜	CCI-TF	Cr 0.15%～1.25%	固溶处理后沉淀硬化	≥0.022	≥80	≥100

4.2.1.2　一些元素对纯铜性能的影响

纯铜中的杂质及添加的元素，一般都会使其电导率和热导率下降。杂质是不可避免的，只能通过选用适当的原材料，严格控制工艺过程，使其含量减到最少，特别是一些对纯铜电导率和热导率影响大的杂质。由于纯铜的强度很低，在要求电（热）导率高、又希望有较高的强度时，不得不添加某些合金元素。由于熔制纯铜时脱气、脱氧的需要，有时不得不加入某些元素。下面简述一些元素对纯铜性能的影响。

（1）铬。加入 1% 左右的铬，能使铜的强度大幅度提高，而且经适当的热处理后，对铜的电（热）导率的影响不很大，见表 4 - 25 和表 4 - 27。

含铬的低合金铜是两相组织，基体是 α 固溶体，第二相是不溶物（含铬的 β 相）。

含铬低合金铜铸件需经热处理。先将合金加热到能使铬溶于 α 相的高温（982 ~ 1010℃），淬火，保持过饱和固溶。然后加以低温（490℃）时效处理，使不溶相析出，以提高强度和电（热）导率。

（2）铍。纯铜中加入 0.25% ~ 0.50% 的铍，对电（热）导率的影响不大，但能提高强度。也常和铬配合加入。

铍在铜中以含铍的 γ 相存在，加热到适当温度可溶于 α 基体中，故也应予以固溶处理和时效硬化。

（3）镉。镉对铜的电导率的影响很小，加入 0.9% 的镉，电导率只下降约 10%，而铜的强度则明显提高。

（4）钛、磷、铁、硅和砷。这几种元素对铜的电（热）导率影响很大，应尽量避免其混入金属。

但是，以下两点值得提出。

1）硅本身对铜的电导率影响很大，但如有足够的铬与硅形成化合物，并采用沉淀处理使化合物析出，则其对电导率的影响大为减轻，而铜的强度却明显提高。例如，含硅 0.06% ~ 0.125、铬 0.5% 以上（最好是硅的 10 倍）的铜、抗拉强度为 360MPa，电导率为原来的 85%。

2）磷和铁都是对铜的电导率影响极大的元素，但是，如磷和铁同时存在于铜中，且 P：Fe = 4：1，经沉淀硬化处理后，磷和铁的化合物析出，对电导率的影响就大为减轻。

（5）铋。铋不溶于铜，与铜形成共晶体分布于晶界，对铜的电导率影响不大，但这种共晶体的熔点为 270℃，使铜具有热脆性。故铋应限制在 0.005% 以下。

（6）氧和硫。氧和硫几乎不溶于铜，形成熔点高的 Cu_2O 和 Cu_2S，对铜的电（热）导率影响不大。

（7）镁和锂。镁和锂在铜中含量不高时，对铜的电（热）导率影响不大，常在熔制纯铜时用作终脱氧剂。

4.2.1.3　纯铜和低合金铜的熔炼要点

制造纯铜铸件，主要难点是易出现气孔，其次就是混入杂质，导致导电（热）性能下降。

熔制纯铜或低合金铜，应该用专用的坩埚，不可使用曾熔制过其他合金的坩埚。如果使用感应电炉熔炼，最好是新筑的坩埚。

炉料应清理干净。电解铜料宜预热后装炉。

熔化炉料时不加覆盖剂或熔剂。如果用煤气或焦炭为燃料，火焰应是弱氧化性的。熔化作业应尽量地快些。

炉料全部熔化，铜液温度到 1220℃ 以上，即可用木炭屑或碎石墨覆盖，然后进行脱氧作业。

脱氧是熔制纯铜或低合金铜的重要环节。脱氧良好的铜液浇注的铸件不会有气孔，力学性能也好。

A　脱氧剂

一般铜合金都用磷铜脱氧。对于要求导电（热）性能的纯铜或低合金铜，不能完全用磷铜脱氧，但可用少量磷铜进行预脱氧。

锂是极强的脱氧剂，而且脱氧后残留于铜的锂对导电（热）性能影响很小。其缺点是价格高，而且残留锂易和大气或型砂中的水分反应而影响铸件的质量。

钙也是强脱氧剂，残留钙对导电（热）性能影响也小，通常以含钙 4%～7% 的铜钙合金加入。其缺点是易在铸件表面形成杂质。

硼也是强脱氧元素，常用含硼 3% 左右的铜硼合金加入，也可以用硼化钙 CaB_6 加入，用 CaB_6 脱氧，铜中一般无残留钙，铸件上也不会产生夹杂。

镁是价格低廉的强脱氧剂，残留镁在 0.01% 以下，对铜的导电（热）性能的影响也很小。镁脱氧产生的 MgO 稳定，且易于清除，还兼有脱除硫和铋的作用。

还可用覆盖剂或熔剂精炼脱氧。

各种脱氧剂的用量应根据铜中的含氧量确定，见表 4-28。

表 4-28　各种脱氧剂的用量

脱　氧　剂	磷	含磷 15% 的磷铜	硼	含硼 2% 的铜硼合金	锂	镁
铜中氧，每脱除 0.01%，需加入的脱氧剂/%	0.006～0.007	0.04～0.05	0.003～0.004	0.14～0.23	0.009	0.015

B　脱氧作业

纯铜熔炼，可采用多种脱氧方法，现简述几种，宜根据具体情况选用。

（1）钙-锂两阶段脱氧，效果好，但成本高。按加钙 0.05% 计算加入铜钙合金，出炉前再加入 0.005% 的锂。

（2）磷-锂两阶段脱氧，效果很好。先加入含磷 15% 的磷铜预脱氧，其量为液体的 0.08%～0.10%，最后加锂 0.005% 进行终脱氧。加磷铜脱氧前不加覆盖剂，加磷铜后充分搅拌并清除铜液表面上的渣子，再用木炭覆盖，以免加锂后回磷。

（3）镁-硼两阶段脱氧，是成本较低的作业。在有覆盖剂的情况下，先加镁 0.02%～0.03% 进行预脱氧，出炉加铜硼合金或 CaB_6 终脱氧，按加硼 0.008% 计算。

（4）用硼脱氧。加入量按加硼 0.015%～0.020% 计算。

（5）用磷-钙两阶段脱氧。先用含磷 15% 的磷铜预脱氧，其量为铜液的 0.08%～0.10%，加磷后充分搅拌并清除含磷的渣子，再用木炭覆盖，最后用铜钙合金或 BaB_6 进行终脱氧。

（6）用镁脱氧。加镁量为 0.03%～0.05%，分两次加入。

（7）活性炭过滤。熔制好铜液后，在浇注前用活性炭过滤，经 1～2min 的过滤，可使铜液的含氧量自 2000×10^{-6} 下降到 $(1～2) \times 10^{-6}$。

（8）通过覆盖剂脱氧。石墨粉（经预热）是很有效的脱氧覆盖剂，也可用 CaF_2 和 NaF 各 50% 的混合物或冰晶石（两种都应事先熔化后加入），有时还加入少量碳化钙。铜液面上的覆盖剂以厚 20～25mm 为合适，铜液清后加入，并不断加以搅拌。

熔制含铬的低合金铜时，铜液熔清后加覆盖剂，石墨粉、氟盐熔剂或冰晶石均可。用含铬 5% 左右的铜铬合金加入铬，用炭棒将合金推到覆盖剂之下使其熔化。浇注前再用硼或镁脱氧。

脱氧后，取样检查脱氧是否充分，参看本章铜合金熔炼节。

4.2.2　铸造铜合金

铜合金可分为青铜和黄铜两大类，青铜和黄铜中，又可再按其合金化元素的不同各区分为若干品种。

以锌为主要合金化元素的铜合金称为黄铜，所有不以锌为主要合金化元素的铜合金都称为青铜。青铜中，以锡为主要合金化元素的称锡青铜；以铝为主要合金化元素的称铝青铜；以铅为主要合金化元素的称铅青铜。黄铜中，则按除锌以外的次主要合金化元素区分。铸造铜合金的分类如下：

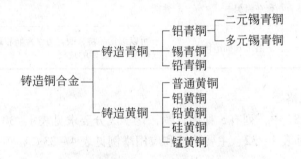

4.2.2.1　锡青铜

锡青铜是含锡 2% ~ 20%，含锌量低于含锡量的铜合金。锡青铜的凝固温度范围很宽，具有典型的浆状凝固特性，凝固过程中产生大量枝状晶，容易造成枝晶偏析和枝晶间疏松，制造耐压铸件比较困难，特别是壁较厚而又要经机械加工的铸件。

由于枝晶的障碍，冒口的补缩作用很差，而且合金倾向于形成分散的疏松而不形成集中的缩孔。所以，锡青铜铸件不必设置大的冒口。

铸态锡青铜的组织为固溶体基体（典型的枝状晶）和 α - δ 共析体（通常为粒状，存在于 α 固溶体基体中）。在显微镜下观察，可见共析体中有发亮的或浅蓝色的硬粒。在高倍显微镜（×500）下观察，可见粒状或球状 α 粒子存在于 δ 基体中。

平衡条件下，温度到 578℃ 时，锡在铜中可固溶 16% 左右。随着温度的下降，溶解度降低，又由于凝固时产生枝晶偏析，含锡量为 7% 左右（有时低到 5%）就会产生 α - δ 共析体。在较软的固溶体基体上分布有硬质析出物，故适于制作轴承。

在锡青铜中，铝、硅和镁都是极有害的杂质，它们的氧化物弥散分布于铜液中，降低合金的流动性，而且在凝固后期阻塞枝晶间的通道，进一步降低铸件的致密性。因此，熔炼不同牌号铜合金的坩埚必须作标记分别存放，不可混用。

A　合金元素在锡青铜中的作用

锡的价格昂贵，常在锡青铜中加入锌、铅等元素以取代一部分锡。这样除降低成本外，还可改善合金的性能。一些合金元素在锡青铜中的作用见表 4 - 29。

表 4 - 29　合金元素在锡青铜中的作用

合金元素	加入量（质量分数）/%	在锡青铜中的形状	对锡青铜性能的影响
P	一般加入量 0.15~0.50，高含量 0.5~1.0	在 α 固溶体中溶解度很低，形成化合物 Cu_3P	P 可以提高青铜的流动性 含 P 在 0.1% 以上，青铜的抗拉强度和塑性都明显提高，含 P 0.5% 时强度达最高值。含 P 0.1% 以上塑性很低 Cu_3P 硬而脆，含 P 量高时，青铜的耐磨性改善含 P 青铜易吸气，铸件易产生气孔缺陷
Zn	5~12	溶于 α 固溶体	Zn 可以缩小青铜的凝固温度范围，减少疏松 由于固溶强化作用，改善青铜的力学性能高锡青铜中，加锌过多，将导致脆化，实际上锌主要用于低锡青铜
Pb	3~5	不溶于 α 固溶体，以软质点的形态分布在组织中	Pb 可以显著改善青铜的耐磨性 熔点低，填补枝晶的孔隙，改善耐水压性能改善切削加工性能
Ni	0.5~2.0	溶于 α 固溶体	Ni 可以细化晶粒，改善力学性能和耐蚀性能 减轻厚截面铸件的疏松

B　锡青铜的规格

GB/T 1176—1987 中，列有 5 种锡青铜，化学成分要求见表 4 - 30，杂质限量见表 4 - 31，力学性能要求见表 4 - 32，主要特性和应用举例见表 4 - 33。

表 4 - 30　铸造锡青铜的化学成分（GB/T 1176—1987）

合金牌号	合金名称	化学成分（质量分数）/%					
		锡	锌	铅	磷	镍	铜
ZCuSn3Zn8Pb6Ni1	3 - 8 - 6 - 1 锡青铜	2.0~4.0	6.0~9.0	4.0~7.0		0.5~1.5	其余
ZCuSn3Zn11Pb4	3 - 11 - 4 锡青铜	2.0~4.0	9.0~13.0	3.0~6.0			其余
ZCuSn5Pb5Zn5	5 - 5 - 5 锡青铜	4.0~6.0	4.0~6.0	4.0~6.0			其余
ZCuSn10P1	10 - 1 锡青铜	9.0~11.5			0.5~1.0		其余
ZCuSn10Pb5	10 - 5 锡青铜	9.0~11.0		4.0~6.0			其余
ZCuSn10Zn2	10 - 2 锡青铜	9.0~11.0	1.0~3.0				其余

表 4 - 31　铸造锡青铜的杂质限量（GB/T 1176—1987）

合金牌号	杂质限量（≤）（质量分数）/%										
	铁	铝	锑	硅	磷	硫	镍	锡	锌	铅	锰	总和
ZCuSn3Zn8Pb6Ni1	0.4	0.02	0.3	0.02	0.05							1.0
ZCuSn3Zn11Pb4	0.5	0.02	0.3	0.02	0.05							1.0
ZCuSn5Pb5Zn5	0.3	0.01	0.25	0.01	0.05	0.10	2.5[①]					1.0
ZCuSn10Pb1	0.1	0.01	0.05	0 02		0.05	0.10		0.05	0.25	0.05	0.75
ZCuSn10Pb5	0.3	0.02	0.3		0.05		1.0[①]					1.0
ZCuSn10Zn2	0.25	0.01	0.3	0.01	0.05	0.10	2.0[①]		1.5[①]	0.2		1.5

注：未列出的杂质元素的含量，计入杂质的总和。
① 杂质不计入杂质的总和。

表 4－32　铸造锡青铜的力学性能（GB/T 1176—1987）

合金牌号	铸造方法	力学性能（≥）			
		抗拉强度 /MPa（kgf/mm²）	屈服强度（0.2）/MPa（kgf/mm²）	伸长率/%	硬度（HBW）
ZCuSn3Zn8Pb6Ni1	S	175（17.8）		8	590
	J	215（21.9）		10	685
ZCuSn3Zn11Pb4	S	175（17.8）		8	590
	J	215（21.9）		10	590
ZCuSn5Pb5Zn5	S、J	200（20.4）	90（9.2）	13	590①
	Li、La	250（25.5）	100（10.2）①	13	635①
ZCuSn10Pb1	S	220（22.4）	130（13.3）	3	785①
	J	310（31.6）	170（17.3）	4	885①
	Li	330（33.6）	170（17.3）	4	885①
	La	360（36.7）	170（17.3）	6	885①
ZCuSn10Pb5	S	195（19.9）		10	685
	J	245（25.0）		10	685
ZCuSn10Zn2	S	240（24.5）	120（12.2）	12	685①
	J	245（25.0）	140（14.3）①	6	785①
	Li、La	270（27.5）	140（14.3）①	7	785①

注：铸造方法的代号：J—金属型铸造，S—砂型铸造，La—连续铸造，Li—离心铸造。
① 数值为参考值。

表 4－33　铸造锡青铜的主要特性和应用举例（GB/T 1176—1987）

合金牌号	主 要 特 性	应 用 举 例
ZCuSn3Zn8Pb6Ni1	耐磨性较好，易加工，铸造性能好，气密性较好、耐腐蚀，可在流动海水下工作	在各种液体燃料以及海水、淡水和蒸汽（≤225℃）中工作的零件，压力不大于 2.5MPa 的阀门和管配件
ZCuSn3Zn11Pb4	铸造性能好，易加工，耐腐蚀	海水、淡水、蒸汽中，压力不大于 2.5MPa 的管配件
ZCuSn5Pb5Zn5	耐磨性和耐蚀性好，易加工，铸造性能和气密性较好	在较高负荷，中等滑动速度下工作的耐磨耐腐蚀零件，如轴瓦、衬套、缸套、活塞离合器、泵件压盖以及蜗轮等
ZCuSn10Pb1	硬度高，耐磨性极好，不易产生咬死现象，有较好的铸造性能和切削加工性能，在大气和淡水中有良好的耐蚀性	可用于高负荷（20MPa 以下）和高滑动速度（8m/s）下工作的耐磨零件，如连杆、衬套、轴瓦、齿轮、蜗轮等
ZCuSn10Pb5	耐腐蚀，特别是对稀硫、盐酸和脂肪酸	结构材料，耐蚀、耐酸的配件以及破碎机衬套、轴瓦
ZCuSn10Zn2	耐蚀性、耐磨性和切削加工性能好，铸造性能好，铸件致密性较高，气密性较好	在中等及较高负荷和小滑动速度下工作的重要管配件，以及阀、旋塞、泵体、齿轮、叶轮和蜗轮等

C　锡青铜的物理性能和其他性能

铸造锡青铜的物理性能等见表 4 - 34 ~ 表 4 - 36。

表 4 - 34　几种锡青铜的物理性能

合金牌号	密度 /g·cm⁻³	比热容 /J·(kg·K)⁻¹	与纯铜热导率之比 /%	在下列温度下的热导率 /W·(m·K)⁻¹		在下列温度下的电阻率 /μΩ·m		在下列温度下的电导率 /% IACS	
				15℃	200℃	15℃	200℃	15℃	200℃
ZCuSn3Zn8Pb6Ni1	8.80	365	21	81	100	0.11	0.12	16	14
ZCuSn5Pb5Zn5	8.83	376	18	71	90	0.11	0.13	15	13
ZCuSn10P1	8.76	396	12	47	59	0.17	0.19	9	8
ZCuSn10Zn2	8.73	376	12	47	59	0.16	0.17	11	10

表 4 - 35　几种锡青铜对铸造工艺的适应性

合金牌号	是否适用于砂型制造耐压铸件		对铸造工艺的适应性				
	薄壁铸件	厚壁铸件	砂型铸造	金属型铸造	连续铸造	离心铸造	激冷型铸造
ZCuSn3Zn8Pb6Ni1	适宜	尚可	极好	可	尚好	尚好	尚好
ZCuSn5Pb5Zn5	适宜	尚可	极好	可	极好	极好	尚好
ZCuSn10P1	不适宜	不适宜	尚好	可	极好	极好	极好
ZCuSn10Zn2	尚可	尚可	尚好	可	极好	尚好	可

表 4 - 36　几种锡青铜对熔焊、钎焊的适应性

合金牌号	电弧焊	薄壁气焊	氧 - 乙炔铜焊钎焊	银钎焊	软钎焊
ZCuSn3Zn8Pb6Ni1	用特殊工艺可行	不好	用特殊工艺可行	尚好	很好
ZCuSn5Pb5Zn5	用特殊工艺可行	不好	用特殊工艺可行	尚好	很好
ZCuSn10P1	用特殊工艺可行	不好	尚好	很好	很好
ZCuSn10Zn2	用特殊工艺可行	不好	很好	很好	很好

4.2.2.2　铝青铜

含铝 5% ~ 15%、含铁 10% 以下、含锰或不含锰、含硅 0.5% 以下的铜合金为铝青铜。

铝青铜是凝固温度范围很窄的合金，具有典型的硬皮形成方式凝固的特性，不易产生疏松而倾向于形成集中的缩孔。工艺上应在热节部位设补缩冒口。

铝青铜的力学性能优异，抗拉强度和伸长率均相当于铸钢。而且，在成分方面作不大的调整，就可以显著改变其性能。

铝青铜在酸、碱介质中的耐蚀性优于锡青铜。

铝青铜铸件的致密度高，可作为在高压下工作的重要阀类。

铝青铅铸件的成本约比锡青铜低 20% ~ 25%。

铝青铜一般可分为两类：

（1）可以热处理的。含铝量少于9%，其组织是铝在铜中的α固溶体，这类合金热处理无作用，其力学性能不高，不是重要的铸造合金。加入少量的铁，或加入锰和镍，或只加入锰，或只加入镍，都可显著提高力学性能。

（2）不经热处理。含铝量在9%以上，通常不加入铁、锰或镍等元素。这类铸造合金的应用远比第一类多。第二类铝青铜又可分为两种：

1）含铝9%～11%，组织为α+β，两相所占的比例决定于铝含量和冷却速率。铝含量在此范围内，抗拉强度和屈服强度均高，韧性也好。但是，在566℃以下缓冷，将使β转变为α+γ₂或共析组织，导致韧性下降。此外，如果没有足够量的Ni，在某些腐蚀条件下易于脱铝。

2）含铝量大于11%，组织中有大量的β或β+γ₂，韧性较差，除某些特殊用途外，很少采用。

合金元素在铝青铜中的作用以及铝青铜中常用的合金元素和它们的作用，见表4-37。

表 4-37　合金元素在铝青铜中的作用

合金元素	加入量（质量分数）/%	在铝青铜中的形态	对铝青铜性能的影响
Fe	1～4	形成化合物 CuFeAl	细化晶粒，提高力学性能和耐磨性 减轻铝青铜的缓冷脆性 过量会使合金脆化，超过5%则耐蚀性能显著恶化
Mn	一般加入量为1.0～2.5，高含量为11.0～14.5	在α固溶体中的溶解度甚高	能最有效地抑制缓冷脆性 有固溶强化作用，抗拉强度随含 Mn 量的增加不断提高，同时塑性下降很少
Ni	1～6	能固溶于α相，超过固溶限后形成 Ni-Al 新相	抑制缓冷脆性 改善耐热性能和抗腐蚀能力
Ti、B	0.01～0.03		细化晶粒，提高力学性能
Pb	0.5～2	不溶于α固溶体，以软质点的形态分布于组织中	改善耐磨性和切削加工性能

铝青铜的规格，GB/T 1176—1987 中列有 6 种铝青铜，化学成分要求见表4-38，杂质限量见表4-39，力学性能要求见表4-40，主要特性和应用举例见表4-41。

铝青铜的物理性能和其他性能见表4-41～表4-44。

表 4-38　铸造铝青铜的化学成分（GB/T 1176—1987）

合金牌号	合金名称	化学成分（质量分数）/%				
		镍	铝	铁	锰	铜
ZCuAl8Mn13Fe3	8-13-3 铝青铜		7.0～9.0	2.0～4.0	12.0～14.5	其余
ZCuAl8Mn13Fe3Ni2	8-13-3-2 铝青铜	1.8～2.5	7.0～8.5	2.5～4.0	11.5～14.0	其余
ZCuAl9Mn2	9-2 铝青铜		8.0～10.0		1.5～2.5	其余
ZCuAl9Fe4Ni4Mn2	9-4-4-2 铝青铜	4.0～5.0	8.5～10.0	4.0～5.0	0.8～2.5	其余
ZCuAl10Fe3	10-3 铝青铜		8.5～11.0	2.0～4.0		其余
ZCuAl10Fe3Mn2	10-3-2 铝青铜		9.0～11.0	2.0～4.0	1.0～2.0	其余

表4-39　铸造铝青铜的杂质限量（GB/T 1176—1987）

合金牌号	杂质限量，不大于（质量分数）/%										
	锑	硅	磷	砷	碳	镍	锡	锌	铅	锰	总和
ZCuAl8Mn13Fe3		0.15			0.10			0.3①	0.02		1.0
ZCuAl8Mn13Fe3Ni2		0.15			0.10			0.3①	0.02		1.0
ZCuAl9Mn2	0.05	0.20	0.10	0.50			0.2	1.5①	0.1		1.0
ZCuAl9Fe4Ni4Mn2		0.15			0.10				0.20		1.0
ZCuAl10Fe3		0.20				3.0①	0.3	0.4	0.2	1.0①	1.0
ZCuAl10Fe3Mn2	0.05	0.10	0.01	0.01			0.1	0.5①	0.3		0.75

注：未列出的杂质元素的含量，计入杂质总量。
① 杂质含量不计入杂质总量。

表4-40　铸造铝青铜的力学性能（GB/T 1176—1987）

合金牌号	铸造方法	力学性能（≥）			
		抗拉强度 /MPa（kgf/mm²）	屈服强度（0.2）/MPa（kgf/mm²）	伸长率/%	硬度（HB）
ZCuAl8Mn13Fe3	S	600（61.2）	270（27.5）①	15	1570
	J	650（66.3）	280（28.6）①	10	1665
ZCuAl8Mn13Fe3Ni2	S	645（65.8）	280（28.6）①	20	1570
	J	670（68.3）	310（31.6）①	18	1665
ZCuAl9Mn2	S	390（39.8）		20	835
	J	440（44.9）		20	930
ZCuAl9Fe4Ni4Mn2	S	630（64.3）	250（25.5）	16	1570
ZCuAl10Fe3	S	490（50.0）	180（18.4）	13	980①
	J	540（55.1）	200（20.4）	15	1080①
	Li、La	540（55.1）	200（20.4）	15	1080①
ZCuAl10Fe3Mn2	S	490（50.0）		15	1080
	J	540（55.1）		20	1175

注：铸造方法的代号：J—金属型铸造，S—砂型铸造，La—连续铸造，Li—离心铸造。
① 数值为参考值。

表4-41　铸造铝青铜的主要特性和应用举例（GB/T 1176—1987）

合金牌号	主要特性	应用举例
ZCuAl8Mn13Fe3	具有很高的强度和硬度，良好的耐磨性能和铸造性能，合金致密性高，耐蚀好，作为耐磨件工作温度不大于400℃，可以焊接，不易钎焊	适用于制造重型机械用轴套，以及要求强度高、耐磨、耐压零件，如法兰、阀体、泵体等
ZCuAl8Mn13Fe3Ni2	有很高的化学性能，在大气、淡水和海水中均有良好的耐蚀性，腐蚀疲劳强度高，铸造性能好，合金组织致密，气密性好，可以焊接，不易钎焊	要求强度高耐腐蚀的重要铸件，如船舶螺旋桨、高压阀体、泵体，以及耐压、耐磨零件，如蜗轮、齿轮、法兰、衬套等

合金牌号	主 要 特 性	应 用 举 例
ZCuAl9Mn2	有高的力学性能，在大气、淡水和海水中耐蚀性好，铸造性能好，组织致密，气密性高，耐磨性好，可以焊接，不易钎焊	耐蚀、耐磨零件，形状简单的大型铸件：如衬套、齿轮、蜗轮，以及在250℃以下工作的管配件和要求气密性高的铸件，如增压器内气封
ZCuAl9Fe4Ni4Mn2	有很高的力学性能，在大气、淡水、海水中耐蚀性好，铸造性能好，组织致密，气密性高，耐磨性好，不易钎焊，铸造性能尚好	要求强度高，耐蚀性好的重要铸件，是制造船舶螺旋桨的主要材料之一，也可用于耐磨和400℃以下工作的零件，如轴承、齿轮、蜗轮、螺帽、法兰、阀体、导向套管
ZCuAl10Fe3	具有高的力学性能，耐磨性和耐蚀性能好，可以焊接，不易钎焊，大型铸件自700℃空冷可以防止变脆	要求强度高、耐磨、耐蚀的重型铸件，如轴套、螺母、蜗轮以及250℃以下工作的管配件
ZCuAl10Fe3Mn2	具有高的力学性能和耐磨性，可热处理，高温下耐蚀性和抗氧化性能好，在大气、淡水和海水中耐蚀性好，可以焊接，不易钎焊，大型铸件自700℃空冷可以防止变脆	要求强度高、耐磨、耐蚀的零件，如齿轮、轴承、衬套、管嘴，以及耐热管配件等

表 4 – 42　两种铝青铜的物理性能

合金牌号	密度/g·cm⁻³	比热容/J·(kg·K)⁻¹	与纯铜热导率之比/%	在下列温度下的热导率/W·(m·K)⁻¹		在下列温度下的电阻率/μΩ·m		在下列温度下的电导率/%	
				15℃	200℃	15℃	200℃	15℃	200℃
ZCuAl8Mn13Fe3Ni2	7.50	439	4	17	21	0.58	0.65	3	2
ZCuAl10Fe3	7.45	377	16	61	78	0.13	0.16	13	11

表 4 – 43　两种铝青铜对铸造工艺的适应性

合金牌号	是否适用于砂型制造耐压铸件		对铸造工艺的适应性					
	薄壁铸件	厚壁铸件	砂型铸造	金属型铸造	连续铸造	离心铸造	激冷型铸造	
ZCuAl8Mn13Fe3Ni2	适宜	适宜	尚好	尚好	可	尚好	尚好	
ZCuAl10Fe3	适宜	适宜	尚好	极好	可	尚好	—	

表 4 – 44　两种铝青铜对熔焊、钎焊的适应性

合金牌号	电弧焊	薄壁气焊	氧 – 乙炔铜焊钎焊	银钎焊	软钎焊
ZCuAl8Mn13Fe3Ni2	很好	不好	用特殊工艺可行	用特殊工艺可行	用特殊工艺可行
ZCuAl10Fe3	很好	不好	用特殊工艺可行	用特殊工艺可行	用特殊工艺可行

4.2.2.3　铅青铜

铅青铜，也称高铅锡青铜，含锡量在15%以下，含铅量在6%以上。

铅青铜广泛用于轴承和轴套，很少用于制造结构件，表 4 – 45 中所列 GB/T 1176—1987 中有关铅青铜的几个牌号，除 ZCuPb17Sn4Zn4 外，均列在 GB/T 1174—1992"铸造轴承合金"中。

表 4 - 45　铅青铜的化学成分（GB/T 1176—1987）

合金牌号	合金名称	化学成分（质量分数）/%															
		基本元素				杂质含量，不大于											
		锡	锌	铅	铜	铁	铝	锑	硅	磷	硫	砷	铋	镍	锡	锌	锰	总和
ZCuPb10Sn10	10 - 10 铅青铜	9.0 ~ 11.0	—	8.0 ~ 11.0	其余	0.25	0.01	0.5	0.01	0.05	0.10	—	—	2.0①	—	2.0①	0.2	1.0
ZCuPb15Sn8 ZCuPb15Sn8	15 - 8 铅青铜 15 - 8 铅青铜	7.0 ~ 9.0	—	13.0 ~ 17.0		0.25	0.01	0.5	0.10	0.10	0.10	—	—	—	—	2.0①	0.2	1.0
ZCuPb17Sn4Zn4	17 - 4 - 4 铅青铜	3.0 ~ 5.0	2.0 ~ 6.0	14.0 ~ 20.0		0.40	0.05	0.3	0.02	0.05	—	—	—	—	—	—		0.75
ZCuPb20Sn5	20 - 5 铅青铜	4.0 ~ 6.0	—	18.0 ~ 23.0		0.25	0.01	0.75	0.01	0.01	0.01	—	—	2.5①	—	2.0①	0.2	1.0
ZCuPb30	30 铅青铜	—	—	27.0 ~ 33.0		0.50	0.01	0.2	0.02	0.08	—	0.10	0.005	—	1.0①	—	0.3	1.0

注：表中未列的杂质的含量计入杂质总量。

① 杂质含量不计入杂质总量。

　　铅不能固溶于铜，而以夹杂物的形态分布于合金中，故能改善润滑性能。铅最好能细小而分散，均匀地分布于基体中。为获得理想的组织，浇注后铸件的冷却速率至关重要。冷却愈快，则铅粒愈细，分布也更均匀。浇注铅青铜双金属轴瓦时，无论是静型浇注或是离心铸造，喷水激冷都是不可少的工序。

　　易产生密度（比重）偏析也是制造铅青铜铸件应该注意的问题，提高冷却速率也是减少偏析的重要措施。

　　A　合金元素在铅青铜中的作用

　　铅青铜中常用的合金元素和它们的作用见表 4 - 46。

表 4 - 46　合金元素在铅青铜中的作用

合金元素	加入量（质量分数）/%	在铅青铜中的作用
Sn	4 ~ 6	减轻铅的偏析，明显提高力学性能
	7 ~ 11	力学性能进一步提高，可制铸造轴承
Mn	1 ~ 7	减轻铅的偏析，提高力学性能
Zn	2 ~ 6	提高力学性能，减少气孔倾向
Ag	3 ~ 5	减轻偏析，用于重要的轴承

　　B　铅青铜的规格

　　GB/T 1176—1987 中列有 5 种铅青铜，化学成分要求见表 4 - 45，力学性能见表 4 - 47，主要特性和应用举例见表 4 - 48。

表 4 – 47　铸造铅青铜的力学性能（GB/T 1176—1987）

合金牌号	铸造方法	力学性能（≥）			
		抗拉强度 /MPa（kgf/mm²）	屈服强度（0.2） /MPa（kgf/mm²）	伸长率/%	硬度（HB）
ZCuPb10Sn10	S	180（18.4）	80（8.2）	7	635[①]
	J	220（22.4）	140（14.3）	5	685[①]
	Li、La	220（22.4）	110（11.2）[①]	6	685[①]
ZCuPb15Sn8	S	170（17.3）	80（8.2）	5	590[①]
	J	220（20.4）	100（10.2）	6	635[①]
	Li、La	220（22.4）	100（10.2）[①]	8	635[①]
ZCuPb17Sn4	S	150（15.3）		5	540
	J	175（17.8）		7	590
ZCuPb20Sn5	S	150（15.3）	60（6.1）	5	440[①]
	J	150（15.3）	70（7.1）[①]	6	540[①]
	La	180（18.4）	80（8.1）[①]	7	540[①]
ZCuPb30	J	—	—		245

注：铸造方法的代号：J—金属型铸造，S—砂型铸造，La—连续铸造，Li—离心铸造。
① 数值为参考值。

表 4 – 48　铸造铅青铜的主要特性和应用举例（GB/T 1176—1987）

合金牌号	主 要 特 性	应 用 举 例
ZCuPb10Sn10	润滑性能、耐磨性能和耐蚀性能好，适合用作双金属铸造材料	表面压力高，又存在侧压力的滑动轴承，如轧辊、车辆用轴承、负荷峰值 60MPa 的受冲击的零件，以及最高峰值达 100MPa 的内燃机双金属轴瓦，以及活塞销套、摩擦片等
ZCuPb15Sn8	在缺乏润滑剂和用水质润滑剂条件下，滑动性和自润滑性能好，易切削，铸造性能差，对稀硫酸耐蚀性能好	表面压力高，又有侧压力的轴承，可用来制造冷轧机的铜冷却管，耐冲击负荷达 50MPa 的零件，内燃机的双金属轴瓦，主要用于最大负荷达 70MPa 的活塞销套，耐酸配件
ZCuPb17Sn4Zn4	耐磨性和自润滑性能好，易切削，铸造性能差	耐磨件，高滑动速度的轴承等
ZCuPb20Sn5	有较高的滑动性能，在缺乏润滑介质和以水为介质时有特别好的自润滑性能，适用于双金属铸造材料，耐硫酸腐蚀，易切削，铸造性能差	高滑动速度的轴承，及破碎机、水泵、冷轧机轴承，负荷达 40MPa 的零件、抗腐蚀零件，双金属轴承，负荷达 70MPa 的活塞销套
ZCuPb30	有良好的自润滑性，易切削，铸造性能差，易产生比重偏析	要求高滑动速度的双金属轴瓦、耐磨零件等

C　铅青铜的物理性能和其他性能

铅青铜的物理性能等见表 4 –49 ～ 表 4 –51。

表 4-49　3 种铅青铜的物理性能

合金牌号	密度 /g·cm⁻³	比热容 /J·(kg·K)⁻¹	与纯铜热导率之比 /%	在下列温度下的热导率 /W·(m·K)⁻¹		在下列温度下的电阻率 /μΩ·m		在下列温度下的电导率 /%	
				15℃	200℃	15℃	200℃	15℃	200℃
ZCuPb10Sn10	8.9		12	47	59	0.17	0.19	10	9
ZCuPb15Sn8	9.1		12	47	59	0.16	0.17	11	10
ZCuPb20Sn5	9.2		18	71	90	0.11	0.12	14	12

表 4-50　3 种铅青铜对铸造工艺的适应性

合金牌号	是否适于用砂型制造耐压铸件		对铸造工艺的适应性				
	薄壁铸件	厚壁铸件	砂型铸造	金属型铸造	连续铸造	离心铸造	激冷型铸造
ZCuPb10Sn10	尚可	尚可	尚好	不适宜	极好	尚好	极好
ZCuPb15Sn8	尚可	不适宜	可	不适宜	极好	尚好	极好
ZCuPb20Sn5	尚可	不适宜	可	不适宜	可	可	尚好

表 4-51　3 种铅青铜对熔焊、钎焊的适应性

合金牌号	电弧焊	薄壁气焊	氧-乙炔铜焊钎焊	银钎焊	软钎焊
ZCuPb10Sn10	不好	不好	不好	用特殊工艺可行	很好
ZCuPb15Sn8	用特殊工艺可行	不好	尚好	很好	很好
ZCuPb20Sn5	不好	不好	不好	用特殊工艺可行	尚好

4.2.2.4　铍青铜

铍青铜也称铜铍合金，是低合金铜的一种，但其导电（热）性能比纯铜和含铬低合金铜差。

铍可以少量溶于铜，在 864℃可溶 27%，室温下只能溶 0.2%。所以，铍青铜为两相组织，第一相是固溶体 α 相，第二相是含铍的 γ 相。

铍青铜的热处理是固溶处理加沉淀硬化。先将合金加热到铍可溶于 α 相的高温，淬火，保持铍在铜中过饱和固溶，然后在低温下沉淀硬化，使不溶相析出，以提高其力学性能。

铍青铜的强度高、弹性好，有优良的耐蚀性，高温抗氧化性优于纯铜和一些青铜。

铍青铜的流动性好，适于砂型铸造、金属型铸造、压铸和离心铸造。铍青铜撞击时不产生火花，故也用以制造防爆、防燃烧条件下使用的工具。

铸造铍青铜不能广泛采用的原因有两个：一是成本昂贵；二是铍的化合物对人有危害，生产中要注意防护。

A　合金元素在铍青铜中的作用

铸造铍青铜可分为两种：一种是低铍青铜，含铍量在 0.8%以下；另一种是高铍青铜，含铍 1.6%~2.9%。

低铍青铜中加入钴和镍，可以与铍形成化合物而使合金强化。加入少量的铬，可以形成含铬的 β 相而提高合金的强度。

高铍青铜中加入钴和镍，可增强合金的热处理效果，显著提高强度。

含钴铍青铜中加入少量的硅，可和钴形成化合物，稍稍提高合金的强度。

B　铍青铜的规格

目前我国还未制订铍青铜的标准，现列出美国（ASTM B700—96）中铍青铜的化学成分要求（见表 4 - 52）和力学性能要求（见表 4 - 53），供参考。

表 4 - 52　砂型铸造铍青铜的化学成分（ASTM B770—96）　　　　（%）

合金牌号（UNS 编号）	主要元素含量（其余为铜）					杂质限量（≤）						
	铍	钴	镍	硅	其　他	铁	硅	锌	铬	铅	铝	锡
C81400	0.02 ~ 0.10 (0.06)	—	—	—	Cr0.60 ~ 1.00 (0.8)	—	—	—	—	—	—	—
C82000	0.45 ~ 0.80 (0.5)	2.40 ~ 2.70 (2.5)	≤0.20	—	—	0.10	0.15	0.10	0.10	0.02	0.10	0.10
C82200	0.35 ~ 0.80 (0.5)	—	1.0 ~ 2.0 (1.5)	—	—	—	—	—	—	—	—	—
C82400①	1.60 ~ 1.85 (1.7)	0.20 ~ 0.65 (0.5)	≤0.20	—	—	0.20	—	0.10	0.10	0.02	0.15	0.10
C82500①	1.90 ~ 2.25 (2.0)	0.35 ~ 0.70 (0.5)	≤0.20	0.20 ~ 0.35 (0.3)	—	0.25	—	0.10	0.10	0.02	0.15	0.10
C82510	1.90 ~ 2.25 (2.0)	1.0 ~ 1.2 (1.1)	≤0.20	0.20 ~ 0.35 (0.3)	—	0.25	—	0.10	0.1	0.02	0.15	0.10
C82600①	2.25 ~ 2.55 (2.4)	0.35 ~ 0.65 (0.5)	≤0.20	0.20 ~ 0.35 (0.3)	—	0.25	—	0.10	0.10	0.02	0.15	0.10
C82800①	0.50 ~ 2.85 (2.6)	0.35 ~ 0.70 (0.5)	≤0.20	0.20 ~ 0.35 (0.3)	—	0.25	—	0.10	0.10	0.02	0.15	0.10
C96700	1.10 ~ 1.40 (1.2)	—	29.0 ~ 33.0 (31.0)	—	Fe0.40 ~ 1.0 (0.6) Zr、Sn 各 0.15 ~ 0.35 (0.3) Mn0.40 ~ 1.0 (0.6)	—	—	—	0.01	—	—	—

注：括弧内数字为名义含量。

① 此合金，在规定要求细晶粒铸件时，加 Ti 0.02% ~ 0.12% 以细化晶粒。

表 4 - 53　砂型铸造铍青铜的力学性能（最低值）

合金牌号（UNS 编号）	抗拉强度/MPa		屈服强度（0.2）/MPa		断后伸长率/%	
	经固溶处理和沉淀硬化	铸态	经固溶处理和沉淀硬化	铸态	经固溶处理和沉淀硬化	铸态
C81400	366	311	248	104	11	15
C82000	621	311	483	104	3	15
C82200	621	380	483	173	5	15
C82400	1001	483	932	242	1	15
C82500	1035	518	828	274	1	15
C82510	1104	552	1035	311	1	10
C82600	1139	552	1070	311	1	10
C82800	1139	—	1070	—	0.5	—
C96700	863	—	552	—	10	—

C 热处理

铍青铜铸件的热处理，见表 4 – 54。

表 4 – 54 铍青铜铸件的热处理

合金牌号 （UNS 编号）	固溶处理		沉淀硬化处理	
	温度/℃	时间及冷却	温度/℃	时间/h
C81400，C96700	982 ~ 1010	按截面厚度每25mm 保温 1h，然后水冷	482 ~ 510	2
C82000，C82200	913 ~ 927		454 ~ 482	3
C82400，C82500，C82510，C82600，C82800	802 ~ 816		330 ~ 343	3

4.2.2.5 硅青铜

铸造铜硅合金最早出现于第一次世界大战期间，但当时未被重视。

铜硅合金的价格低廉，力学性能优于锡青铜，在某些条件下可作为锡青铜的代用材料。

含硅 5% 以上、含锌 7% 以上的铜硅合金称为硅黄铜，含硅 5% 以上、含锌 7% 以下的合金称为硅青铜。

含硅 4% 以下的硅青铜，组织基本上是 α 固溶体，所以塑性很好，伸长率比锡青铜高很多。

硅青铜中配入较大量的铝，可改善合金的流动性，使凝固温度范围窄一些、减少缩松，并提高力学性能。这种合金也称为铝硅青铜。

目前我国尚未制订硅青铜的标准，现将英国标准中铝硅青铜的规格、ASTM 标准中硅青铜的规格列于表 4 – 55 和表 4 – 56 供参考。

表 4 – 55 铸造硅青铜的化学成分（质量分数） （%）

牌号	主要元素含量						杂质限量（≤）							来源
	铜	硅	锌	铝	铁	锰	铁	锡	镍	锰	锌	铅	镁	
AB3	其余	2.0 ~ 2.4	—	6.0 ~ 6.4	0.5 ~ 0.7	—	—	0.10	0.10	0.50	0.40	0.30	0.05	英，BS1400—85
C87300	≥94.0	3.6 ~ 5.0	—	—	—	0.8 ~ 1.5	0.2	0.2						美，ASTM B584—00
C87600	≥88.0	3.5 ~ 5.5	4.0 ~ 7.0	—	—	—					0.50	—		
C87610	≥90.0	3.0 ~ 5.0	3.0 ~ 5.0	—	—	—	0.20			0.25		0.20	—	

表 4 – 56 砂型铸造硅青铜的力学性能（最低值）

合金（表 4 – 55 中的序号）	抗拉强度/MPa	屈服强度（0.5）/MPa	伸长率/%
AB3	460	180[①]	20
C87300	310	124	20
C87610	310	124	20

① 此处 180 为 0.2% 永久变形的屈服强度。

4.2.2.6 黄铜

黄铜是以锌为主要合金元素的铜基合金。锌在铜中的溶解度很高，在常温下，在平衡

条件下 α 固溶体中可溶锌 37%，在铸件冷却的条件下也可溶 30% 左右。α 固溶体的塑性很好，其强度则随含锌量增加而不断提高。含锌量超过 α 固溶体的溶解度后，黄铜的组织中就出现 β 相。含锌 37% ~ 47% 的黄铜，组织为 α + β。β 相硬而脆，随着 β 相的增多，黄铜的强度提高，塑性下降。含锌量在 47% ~ 57% 之间，黄铜的组织为单一的 β 相，强度达最高值，但塑性极低，实际上已不能作为结构铸件的材料。工业中采用的黄铜，含锌量一般都不超过 45%。

含锌量高的黄铜，组织中还可能出现比 β 相还脆的 γ 相，极为有害，应尽量避免这种情况。

黄铜是凝固温度范围很窄的合金，倾向于产生集中的缩孔，铸件冒口的设置应类同于铝青铜。

A　合金元素在黄铜中的作用

简单的铜锌二元合金也称普通黄铜，由于其力学性能不高，实际上采用不多。为改善黄铜的性能，通常都加合金元素，如铝、锰、铁、硅、锡、镍和铅等。这些元素在黄铜中的作用见表 4 - 57。

表 4 - 57　合金元素在黄铜中的作用

合金元素	加入量（质量分数）/%	在黄铜中的形态	对黄铜性能的影响
Fe	普通黄铜中 0.3 ~ 0.5 加有合金元素时 1 ~ 3	固溶度 0.1% ~ 0.2% 超过此量后形成高熔点的富铁相化合物	细化晶粒，提高强度和硬度 含量过多时，晶界上出现脆性化合物太多，导致强度、塑性及耐蚀性降低
Mn	2 ~ 4	能溶于 α 黄铜中，常温下可析出富 Mn 的脆性相	少量的 Mn 有固溶强化作用，提高合金的强度而塑性不明显下降 黄铜中 Zn 含量超过 35% 后，如 Mn 超过 4%，则出现脆性相，损害塑性和韧性
Al	2 ~ 7	稳定 β 相，防止出现脆性的 γ 相	少量的 Al 就可使 α 黄铜中出现 β 相，（α + β）黄铜中 β 相增多，是高强度黄铜中的重要合金元素 含量高时，合金的塑性、韧性下降，含 Zn 量高时，引起铸件的"冷脆"
Si	2 ~ 4.5	形成脆性相 Cu_2Si_2	少量的 Si 就能使合金的强度和硬度显著提高，塑性下降缩小合金的凝固温度范围，改善铸造性能
Pb	1 ~ 3	细小游离颗粒	改善切削加工性能，提高耐磨性。超过 3% 后，显著降低强度和塑性
Sn	<1	溶于 α 固溶体	在铸件表面形成 SnO_2 保护膜，显著提高黄铜的耐海水腐蚀性能，故加 Sn 的黄铜适用于造船业，有"海员黄铜"之称
Ni	1 左右	扩大 α 相区	提高强度的作用不显著 细化组织，提高抗腐蚀性能

铝、锰、铁、锡、镍 5 种合金元素含量的总和超过 2% 的黄铜，通常称为高强度黄铜。

为了能利用 Cu - Zn 二元相图判断合金黄铜的组织，用实验方法测定了黄铜中各种合金元素的锌当量系数，见表 4 - 58。由黄铜中合金元素的实际含量和其锌当量系数，可按下式算出黄铜的锌当量 x。

$$x = \frac{A + \sum (C\eta)}{A + B + \sum (C\eta)} \times 100\%$$

式中　A——黄铜中的含锌量，%；

　　　　B——黄铜中的含铜量，%；

　　　　C——黄铜中各合金元素的含量，%；

　　　　η——各元素的锌当量系数；

$\sum (C\eta)$——黄铜中各合金元素的含量与其锌当量系数的乘积的总和。

由计算所求得的锌当量，参看 Cu-Zn 二元相图，可近似地估计黄铜的组织。

B　黄铜的规格

GB/T 1176—2013 中，列有 11 种黄铜，其化学成分要求见表 4 - 58，杂质限量见表 4 - 59，力学性能见表 4 - 60，主要特性和应用举例见表 4 - 61。

表 4 - 58　铸造黄铜的化学成分（GB/T 1176—1987）

合金牌号	合金名称	化学成分（质量分数）/%									
		锡	锌	铅	磷	镍	铝	铁	锰	硅	铜
ZCuZn38	38 黄铜		其余								60.0 ~ 63.0
ZCuZn25Al6Fe3Mn3	25 - 6 - 3 - 3 铝黄铜		其余				4.5 ~ 7.0	2.0 ~ 4.0	1.5 ~ 4.0		60.0 ~ 66.0
ZCuZn26Al14Fe3Mn3	26 - 4 - 3 - 3 铝黄铜		其余				2.5 ~ 5.0	1.5 ~ 4.0	1.5 ~ 4.0		60.0 ~ 66.0
ZCuZn31Al2	31 - 2 铝黄铜		其余				2.0 ~ 3.0				66.0 ~ 68.0
ZCuZn35Al12Mn2Fe1	35 - 2 - 2 - 1 铝黄铜		其余				0.5 ~ 2.5	0.5 ~ 2.0	0.1 ~ 3.0		57.0 ~ 65.0
ZCuZn38Mn2Pb2	38 - 2 - 2 锰黄铜		其余	1.5 ~ 2.5					1.5 ~ 2.5		57.0 ~ 60.0
ZCuZn40Mn2	40 - 2 锰黄铜		其余						1.0 ~ 2.0		57.0 ~ 60.0

合金牌号	合金名称	化学成分（质量分数）/%									
		锡	锌	铅	磷	镍	铝	铁	锰	硅	铜
ZCuZn40Mn3Fe1	40 – 3 – 1 锰黄铜		其余					0.5 ~ 1.5	3.0 ~ 4.0		53.0 ~ 58.0
ZCuZn33Pb2	33 – 2 铅黄铜		其余	1.0 ~ 3.0							63.0 ~ 67.0
ZCuZn40Pb2	40 – 2 铅黄铜		其余	0.5 ~ 2.5			0.2 ~ 0.8				58.0 ~ 63.0
ZCuZn16Si4	16 – 9 硅黄铜		其余							2.5 ~ 4.5	79.0 ~ 81.0

表 4 – 59　铸造黄铜的杂质限量（GB/T 1176—1987）

合金牌号	杂质限量不大于（质量分数）/%														
	铁	铝	锑	硅	磷	硫	砷	碳	铋	镍	锡	锌	铅	锰	总和
ZCuZn38	0.8	0.5	0.1		0.01			0.002		1.0[①]					1.5
ZCuZn35Al6Fe3Mn3				0.10						3.0[①]	0.2		0.2		2.0
ZCuZn26Al4Fe3Mn3				0.10						3.0[①]	0.2		0.2		2.0
ZCuZn31Al2	0.8									1.0[①]		1.0[①]		0.5	1.5
ZCuZn35Al2Mn2Fe1				0.10						3.0[①]	1.0[①]			0.5	2.0
ZCuZn38Mn2Pb2	0.8	1.0[①]	0.1							2.0[①]					2.0
ZCuZn40Mn2	0.8	1.0[①]	0.1							1.0					2.0
ZCuZn40Mn3Fe1		1.0[①]	0.1								0.5		0.5		1.5
ZCuZn33Pb2	0.8	0.1		0.05	0.05					1.0[①]	1.5[①]			0.2	1.5
ZGuZn40Pb2	0.8			0.05						1.0[①]	1.0[①]			0.5	1.5
ZCuZn16Al4	0.6	0.1	0.1								0.3		0.5	0.5	2.0

注：1. 未列出的杂质元素的含量，计入杂质总和。

　　2. ZCuZn35Al2Mn2Fe1 合金中 Sb + P + As 的总量应≤0.04。

① 杂质含量不计入杂质的总和。

表 4 – 60　铸造黄铜的力学性能（GB/T 1176—1987）

合金牌号	铸造方法	力学性能（≥）			
		抗拉强度 /MPa（kgf/mm²）	屈服强度（0.2） /MPa（kgf/mm²）	伸长率/%	硬度（HB）
ZCuZn38	S	295（30.0）		30	590
	J	295（30.0）		30	685
ZCuZn25Al6Fe3Mn3	S	725（73.9）	380（38.7）	10	1570①
	J	740（75.5）	400（40.8）	7	1665①
	Li、La	740（75.5）	400（40.8）	7	1665①
ZCuZn26Al4Fe3Mn3	S	600（61.2）	300（30.6）	18	1175①
	S	600（61.2）	300（30.6）	18	1275①
	Li、La	600（61.2）	300（30.6）	18	1275①
ZCuZn31Al2	S	295（30.0）		12	785
	J	390（39.8）		15	885
ZCuZn35Al2Mn2Fe2	S	450（39.8）		15	885
	S	450（45.9）	170（17.3）	20	890①
	J	475（48.4）	200（20.4）	18	1080①
	Li、La	475（48.4）	200（20.4）	18	1080①
ZCuZn38Mn2Pb2	S	245（25.0）		10	685
	J	345（35.2）		18	785
ZCuZn40Mn2	S	345（35.2）		20	785
	J	390（39.8）		25	885
ZCuZn40Mn3Fe1	S	440（44.9）		18	980
	J	490（50.0）		15	1080
ZCuZn33Pb2	S	180（18.4）	70（7.1）①	12	490①
ZCuZn40Pb2	S	220（22.4）		15	785①
	J	280（28.6）	120（12.2）	20	885①
ZCuZn16Si4	S	345（35.2）		15	885
	J	390（39.8）		20	980

注：铸造方法的代号：J—金属型铸造，S—砂型铸造，La—连续铸造；Li—离心铸造。
① 数值为参考值。

表 4 – 61　铸造黄铜的主要特性和应用举例（GB/T 1176—1987）

合金牌号	主 要 特 性	应 用 举 例
ZCuZn38	具有优良的铸造性能和较高的力学性能，切削加工性能好，可以焊接，耐蚀性较好，有应力腐蚀开裂倾向	一般结构件和耐蚀零件，如法兰、阀座、支架、手柄和螺母等
ZCuZn25Al6Fe3Mn3	有很高的力学性能，铸造性良好，耐蚀性较好，有应力腐蚀开裂倾向，可以焊接	适用于高强、耐磨零件，如桥梁支承板、螺母、螺杆、耐磨板、滑块和蜗轮等

合金牌号	主要特性	应用举例
ZCuZn26Al4Fe3Mn3	有很高的力学性能，铸造性能良好，在空气、淡水和海水中耐蚀性较好，可以焊接	适用于高强、耐蚀零件
ZCuZn31Al2	铸造性能良好，在空气、淡水、海水中耐蚀性较好，易切削，可以焊接	适用于压力铸造，如电机、仪表等压铸件以及造船和机械制造业的耐蚀零件
ZCuZn35Al2Mn2Fe1	具有高的力学性能和良好的铸造性能，在大气、淡水、海水中有较好的耐蚀性，切削性能好，可以焊接	管路配件和要求不高的耐磨件
ZCuZn38Mn2Pb2	有较高的力学性能和耐蚀性，耐磨性较好，切削性能良好	一般用途的结构件、船舶、仪表等使用的外形简单铸件，如套筒、衬套、轴瓦、滑块等
ZCuZn40Mn2	有较高的力学性能和耐蚀性，铸造性能好，受热组织稳定	在空气、淡水、海水、蒸汽（小于300℃）各种液体燃料中工作的零件和阀体、阀杆、泵、管接头，以及需要浇注巴氏合金和镀锡的零件等
ZCuZn40Mn3Fe1	有高的力学性能，良好的铸造性能和切削加工性能，在空气、淡水、海水中耐蚀性较好，有应力腐蚀开裂倾向	耐海水腐蚀的零件，以及300℃以下工作的管配件，制造船舶螺旋桨等大型铸件
ZCuZn33Pb2	结构材料，给水温度为90℃时抗氧化性能好，电导率约为 10 ~ 14MS/m	煤气和给水设备和壳体，机器制造业，电子技术，精密仪器和光学仪器的部分构件配件
ZCuZn40Pb2	有好的铸造性能和耐磨性，切削加工性能好，耐蚀性能好，在海水中有应力腐蚀倾向	一般用途的耐磨、耐蚀零件，如轴套、齿轮等
ZCuZn16Si4	具有较好的力学性能和良好的耐蚀性，铸造性能好，流动性高，铸件组织致密，气密性好	接触海水工作的管配件以及水泵、叶轮、旋塞和在空气、淡水、油、燃料，以及工作压力在 4.5MPa 和 250℃ 以下蒸汽中工作的铸件

C　黄铜的物理性能和其他性能

黄铜的物理性能等见表 4 - 62 ~ 表 4 - 64。

表 4 - 62　几种黄铜的物理性能

合金牌号	密度 /g·cm^{-3}	比热容 /J·(kg·K)$^{-1}$	与纯铜热导率之比 /%	在下列温度下的热导率 /W·(m·K)$^{-1}$		在下列温度下的电阻率 /μΩ·m		在下列温度下的电阻率 /%	
				15℃	200℃	15℃	200℃	15℃	200℃
ZCuZn36	8.43	387	21	81	100	0.09	0.11	18	15
ZCuZn26Al4Fe3Mn3	7.85	376	10	42	55	0.22	0.25	8	7
ZCuZn35Al2Mn2Fe1	8.50	376	22	87	107	0.08	0.10	22	16
ZCuZn33Pb2	8.55	377	23	90	109	0.08	0.11	20	16
ZCuZn40Pb2	8.50	377	21	81	100	0.09	0.11	18	15

表4-63　几种黄铜对铸造工艺的适应性

合金牌号	是否适于用砂型制造耐压铸件		对铸造工艺的适应性				
	薄壁铸件	厚壁铸件	砂型铸造	金属型铸造	连续铸造	离心铸造	激冷型铸造
ZCuZn36	适宜	适宜	—	极好	—	尚好	—
ZCuZn26Al4Fe3Mn3	适宜	适宜	尚好	不适宜	—	尚好	—
ZCuZn35Al2Mn2Fe1	适宜	适宜	尚好	尚好	—	尚好	—
ZCuZN33Pb2	适宜	适宜	极好	—	尚好	可	—
ZCuZn40Pb2	适宜	适宜	—	极好	可	尚好	—

表4-64　几种黄铜对熔焊、钎焊的适应性

合金牌号	电弧焊	薄壁气焊	氧-乙炔铜焊钎焊	银钎焊	软钎焊
ZCuZn36	用特殊工艺可行	用特殊工艺可行	用特殊工艺可行	很好	尚好
ZCuZn26Al4Fe3Mn2	尚好	尚好	不好	用特殊工艺可行	用特殊工艺可行
ZCuZn35Al2Mn2Fe1	很好	用特殊工艺可行	不好	很好	尚好
ZCuZn33Pb2	用特殊工艺可行	用特殊工艺可行	用特殊工艺可行	很好	很好
ZCuZn40Pb2	不好	不好	不好	很好	很好

4.2.2.7　测定合金力学性能用的标准试块和试棒

为保证各铸造厂测得的力学性能的数据具有可比性，除供试验用的拉伸试样应按照标准制备外，制备试样所用的坯料也应采用标准的试块或试样。

GB/T 1176—2013 中除规定力学性能要求外，还以补充件规定了铸造试棒、试块及其浇注系统，供单铸试块或试棒用。

（1）砂型铸件用的试棒和试块。适用于锡青铜、铅青铜和硅黄铜的砂型成形试棒及浇注系统，如图4-3所示。适用于铝青铜和黄铜的砂型试块，如图4-4所示。

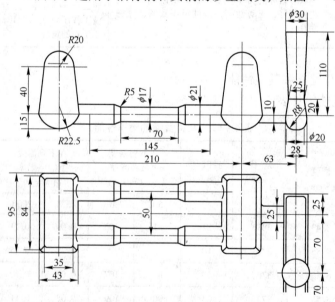

图4-3　砂型成型试棒
（适用于锡青铜、铅青铜和硅黄铜）

（2）金属型铸件用的试块。适用于各种铜合金金属型铸件的单铸金属型试块，如图 4-5 所示。

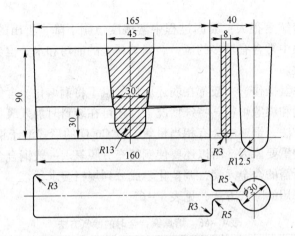

图 4-4 砂型试块

（适用于铝青铜和黄铜）

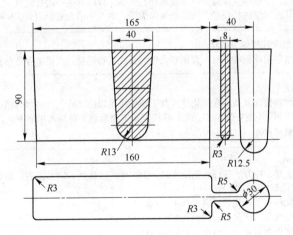

图 4-5 金属型试块

（适用于各种牌号的铜合金）

（3）取自铸件的本体试样。力学性能试样允许取自铸件本体，砂型铸件本体试样的抗拉强度不得低于表 4-32、表 4-40、表 4-47 和表 4-61 中相应的数值，伸长率则不应低于上述各表中相应数值的 50%。

（4）压铸有色合金的试样按 GB/T 13822—1992 的规定。

（5）离心棒铸造用的试棒。采用离心铸造工艺时，除供需双方有商定者外，可用与铸件类同的铸型浇注截取试棒用的试件。即：用砂套离心铸造时，也用砂套浇注试件；用金属型浇注者，试件也用金属型。

（6）连续铸造用的试棒。连续铸造时，试棒应取自连续铸造的产品，或由供需双方商定取样部位。

4.2.3　铜合金的熔炼

4.2.3.1　除气

氢在铜液中的溶解度很大，凝固过程中溶解度急剧下降，析出的氢在铸件上形成气孔。电解铜、电解镍中常含有较多的氢，金属炉料上的油污和水分也会在熔炼过程中产生氢而为金属液所吸收。

氧化是有效的除氢操作，一般都在弱还原性气氛下将铜熔化。含氢多的情况下，则在氧化性气氛下熔化铜和镍等炉料。特殊情况下，还可在装料时加入氧化熔剂。

采用上述作业方法，铜液中会有相当量氧，以 Cu_2O 的形式溶于铜中，这也是铸件中产生微裂纹或气孔的重要原因，所以还要使铜液充分脱氧。一般铜合金，都用磷铜合金脱氧。脱氧后再加入所需的合金元素，调整化学成分到规格要求。

熔炼铜合金时采用的除气方法，见表 4 – 65。

表 4 – 65　熔炼铜合金时的除气方法

除气方法	操　作　要　点
氧化法	1. 在弱氧化性气氛下熔化 所有的铜合金熔炼时都先将铜熔化，然后再加其他合金； 熔铜时，一般都应保持炉气为弱氧化性气氛，以降低铜中的含氢量； 弱氧化性气氛的特征是：火焰光亮而无烟，炉气中的含氧量为 0.3% ~ 0.5% 2. 在氧化性气氛下熔化 熔化电解铜或铜和镍时，宜用氧化性气氛，其特征是：火焰呈强烈白光，并有淡绿色透明焰冠 3. 加入氧化熔剂 金属炉料情况复杂，在氧化性气氛下熔化不足以达到除气目的时采用； 将占炉料 1% 左右的 MnO_2 或 CuO 连同熔剂材料随炉料加入坩埚中，在炉料熔化过程中使铜液中的含氧量提高 4. 脱氧 采用上述 3 种方法进行氧化除气时，铜熔化后加热到 1200℃ 左右，随即用磷铜脱氧，磷铜加入量（以 CuP10 计）如下： 弱氧化气氛下熔化，加磷铜 0.4% ~ 0.6%； 氧化性气氛下熔化，加磷铜 0.6% ~ 1.0%； 用氧化熔剂氧化，加磷铜 1.5% ~ 2.0%
吹氮除气	适用于各种铜合金，可在熔炼后期出炉前进行； 氮气应经脱湿处理，用石墨管或耐热铜管导入，用多孔吹头效果更好； 氮气压力为 20 ~ 30kPa，流量 20 ~ 25L/min，每吨金属耗氮 180 ~ 200L； 吹氮时，保持金属液面微微波动，不得有飞溅现象
$ZnCl_2$ 除气精炼	本法适用于含铝的铜合金（如铝青铜）； 氯化锌加入前须加热到熔点以上，脱除结晶水，冷凝后成玻璃状； 加入量为金属液的 0.15% ~ 0.25%
锌沸腾除气	熔炼黄铜时，由于 Zn 的蒸发而使铜合金液沸腾，有除气作用； 含 Zn 量≥30% 的黄铜，沸腾除气效果良好，不必采取其他除气措施； 含 Zn 量 <30% 的黄铜，在通常熔炼温度下不会沸腾，应在熔炼后期将金属液加热到 1200 ~ 1300℃，使 Zn 沸腾，然后再降温

4.2.3.2　合金的加入

常规的铜合金熔炼工艺，除锡、锌和铅是以金属锭块的形式加入外，其他合金元素均以中间合金的形式加入。

采用中间合金的好处有：合金元素的成分较易控制；加入高熔点合金元素的操作较简便；避免某些元素加入铜液后降低合金熔点而使合金过热。

铸造厂自行配制中间合金，不仅增加熔炼设备的负荷，增加生产成本，而且在合金的分析和分批管理方面也有诸多不便。建议按 YS/T 283—1994《铜中间合金锭》、YS/T 260—1994《铜铍中间合金锭》和 YS/T 282—2000《铝中间合金锭》购买相宜的中间合金锭作为炉料。

近年来，采用一次熔炼法的铸造厂不断增多，用感应电炉熔炼尤为适宜。其基本做法是：除磷和铍必须用中间合金加入外，其他合金元素都用纯金属（含结晶硅）直接加入。

4.2.3.3　熔炼作业

熔炼铜合金，要特别强调两点：一是应快速熔炼，尽量缩短熔炼过程；二是要严格控制温度，避免合金过热。常用的一些铜合金的熔炼过程，见表 4 – 66。

4.2.3.4　各种铜合金的熔炼温度和浇注温度

各种铜合金的熔炼温度和浇注温度见表 4 – 67。

表 4 – 66　常用的一些铜合金的基本熔炼过程

合金类别	基本熔炼过程	炉内气氛	覆盖剂	备　注
锡青铜	先熔化铜（含镍时一并加镍），熔清后升温到1200℃左右，加磷铜脱氧，然后依次加入回炉料→锌锭→锡块→铅	弱氧化性或氧化性	—	可采用氧化熔剂除气
含磷锡青铜	先熔化铜，熔清后升温到1200℃左右，加入1/5～1/3的磷铜，然后依次加入回炉料→锡块，最后加入剩下的磷铜	氧化性	—	可采用氧化熔剂除气
铝青铜	先熔化铜，熔清后升温到1200℃左右，加磷铜0.2%～0.3%脱氧，然后依次加入锰铜合金→铝铁合金→铝铜合金→回炉料，最后用ZnCl₂除气	弱氧化性	冰晶石40% 食盐60%	
	坩埚中装铜、镍、铁、金属锰，熔清后加回炉料，然后加铝，最后用ZnCl₂精炼除气	中性或弱氧化性	冰晶石40% 食盐60%	
铅青铜	先熔化铜，熔清后升温到1200℃左右，加磷铜脱氧，然后依次加入回炉料→锌→锡→铅	弱氧化性或氧化性	—	可采用氧化熔剂除气
普通黄铜	先熔化铜，熔清后分批加入锌	中性或弱氧化性	—	沸腾除气
铝黄铜	先将铜、铁、金属锰熔化，然后加铝、回炉料，最后加锌	中性或弱氧化性	冰晶石40% 食盐60%	可在加锌前，用ZnCl₂除气
锰黄铜	先将铜、金属锰和铁熔化，熔清后加回炉料，然后加锌、最后加入铅（含铅的锰黄铜）	中性或弱氧化性	玻璃和硼砂	沸腾除气
铅黄铜	先熔化铜，然后依次加回炉料→锌→铝	中性或弱氧化性	玻璃和硼砂	沸腾除气
硅黄铜	先熔化铜，熔清后升温到1200℃左右，加磷铜脱氧，然后依次加入铜硅合金→回炉料→锌→铅	弱氧化性	碳酸钠50% 硼砂50%	可加热到1300℃使合金液沸腾、除气、然后冷却

表 4-67　铜合金的熔炼温度和浇注温度

合金牌号	熔炼温度/℃	浇注温度/℃	合金牌号	熔炼温度/℃	浇注温度/℃
ZCuSn3Zn8Pb6Ni1	1220 ~ 1250	1100 ~ 1200	ZCuAl18Mn13Fe3Ni2	1220 ~ 1270	1120 ~ 1170
ZCuSn3Zn11Pb4	1200 ~ 1250	1100 ~ 1200	ZCuAl9Mn2	1200 ~ 1250	1100 ~ 1200
ZCuSn5Pb5Zn5	1200 ~ 1250	1100 ~ 1200	ZCuAl9Fe4Ni4Mn2	1220 ~ 1270	1102 ~ 1170
ZCuSn10P1	1150 ~ 1180	1050 ~ 1100	ZCuAl10Fe3	1200 ~ 1250	1100 ~ 1200
ZCuSn10Pb5	1150 ~ 1180	1050 ~ 1100	ZCuAl10Fe3Mn2	1200 ~ 1250	1100 ~ 1200
ZCuSn10Zn2	1200 ~ 1250	1100 ~ 1200	ZCuZn38	1120 ~ 1150	1020 ~ 1050
ZCuPb10Sn10	1120 ~ 1150	1020 ~ 1050	ZCuZn25Al6Fe3Mn3	1080 ~ 1120	980 ~ 1020
ZCuPb15Sn8	1100 ~ 1130	1000 ~ 1030	ZCuZn26Al4Fe3Mn3	1080 ~ 1120	980 ~ 1020
ZCuPb17Sn4Zn4	1100 ~ 1130	1000 ~ 1030	ZCuZn31Al2	1080 ~ 1120	980 ~ 1020
ZCuPb20Sn5	1180 ~ 1120	1080 ~ 1120	ZCuZn35Al2Mn2Fe1	1080 ~ 1120	980 ~ 1020
ZCuPb30	1150 ~ 1170	1050 ~ 1070	ZCuZn38Mn2Pb2	1050 ~ 1100	980 ~ 1020
ZCuAl18Mn13Fe3	1200 ~ 1250	1100 ~ 1200	ZCuZn40Mn2	1050 ~ 1100	980 ~ 1020
ZCuZn40Mn3Fe1	1080 ~ 1120	980 ~ 1020	ZCuZn40Pb2	1050 ~ 1100	980 ~ 1020
ZCuZn33Pb2	1050 ~ 1100	980 ~ 1020	ZCuZn18Si4	1100 ~ 1180	980 ~ 1060

4.2.3.5　炉前质量控制

熔炼铜合金时，应在炉前进行含气量试验，弯曲试验和断口检查。如有问题，应采取适当的措施，或继续精炼，或补以脱氧。

A　含气量试验

常规的含气量试验，用预热过的取样勺，自坩埚或熔池的下部取样，浇注到图 4-6 所示的铸型，然后观察其表面收缩的情况。表面凹下即说明合金可进行浇注，收缩不明显或凸起都表示含气量太多，浇注的铸件会产生气孔。

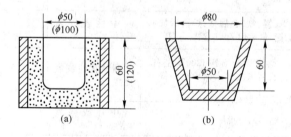

图 4-6　浇注含气量试样的铸型
(a) 砂型; (b) 金属型

制造重要的铸件，可使试样在负压下凝固以观察其收缩。浇注试样后，将其置于 5 ~ 4kPa 的负压室中凝固，表面凹下或稍稍凸起但不破裂者为合格。

B　弯曲试验

弯曲试验是熔炼铜合金常用的炉前检查方法，用取样勺自金属液溶池或坩埚的下部取样，用图 4-7 所示的金属型，浇注图 4-7 (a) 所示的试样。试样在金属型中冷却 2 ~

3min后（呈暗红色），即投入水中冷却。

　　将冷却了的试样夹在台钳上，用手锤打击（见图4-8），直到试样折断。几种铜合金折断时的弯曲角见表4-68，可供参考。

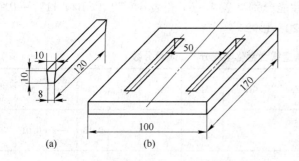 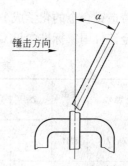

图4-7　弯曲试样和浇注试样的金属型　　　　　图4-8　弯曲试验示意图
（a）弯曲试样；（b）浇注试样的金属型

表4-68　几种铜合金的折断弯曲角

合 金 牌 号	折断弯曲角 α/(°)	合 金 牌 号	折断弯曲角 α/(°)
ZCuSn5Pb5Zn5		ZCuAl10Fe3	70~80
ZCuSn6Zn6Pb3	30~60	ZCuZn16Si4	60~90
ZCuSn10P1		ZCuZn24Al5Fe2Mn2	30~70
ZCuAl7Mn13Zn4Fe3Sn1	>30	ZCuZn25Al6Fe3Mn3	40~60
ZCuAl8Mn13Fe3Ni2	50~80	ZCuZn35Al2Mn2Fe1	120~170
ZCuAl9Fe4Ni4Mn2	40~70	ZCuZn40Mn2	90~180
ZCuAl9Mn2	50~100	ZCuZn40Mn3Fe1	50~80

C　断口观察

　　观察弯曲试验时试样断裂后的断口，可判断其组织是否致密、有无气孔、颜色是否均匀，结合折断弯曲角，即可对合金的质量作大致的评定。

任务4.3　铸造镁合金

【任务描述】

　　镁合金具有比强度和比刚度高，抗冲击、吸震性好，抗EMI电磁波，尺寸稳定性高，较高的抗蠕变性能，并可进行快速切削加工等优点，且又是目前工业材料中最轻的金属之一，绝大多数镁合金可以焊接。因此，镁合金材料广泛地运用于航空航天、汽车摩托车工业及电子产业等领域。

【任务分析】

　　铸造镁合金的化学成分、力学性能及熔炼工艺。

【知识准备】

4.3.1　铸造镁合金的化学成分和力学性能

铸造镁合金的化学成分和力学性能分别见表 4-69 和表 4-70（GB/T 1177—1991），镁合金铸件国家标准参见 GB/T 13820—1992。

表 4-69　铸造镁合金化学成分[①]（质量分数）　　　　　　（%）

合金牌号	合金代号	Zn	Al	Zr	RE	Mn	Ag	Si	Cu	Fe	Ni	杂质总量
ZMgZn5Zr	ZM1	3.5 ~ 5.5	—	0.5 ~ 1.0	—	—	—	—	0.10	—	0.01	0.30
ZMgZn4RE1Zr	ZM2	3.5 ~ 5.0	—	0.5 ~ 1.0	0.75[②] ~ 1.75	—	—	—	0.10	—	0.01	0.30
ZMgRE3ZnZr	ZM3	0.2 ~ 0.7	—	0.4 ~ 1.0	2.5[②] ~ 4.0	—	—	—	0.10	—	0.01	0.30
ZMgRE3Zn2Zr	ZM4	2.0 ~ 3.0	—	0.5 ~ 1.0	2.5[②] ~ 4.0	—	—	—	0.10	—	0.01	0.30
ZMgAl8Zn	ZM5	0.2 ~ 0.8	7.5 ~ 9.0	—	—	0.15 ~ 0.5	—	0.30	0.20	0.05	0.01	0.50
ZMgRE2ZnZr	ZM6	0.2 ~ 0.7	—	0.4 ~ 1.0	2.0[③] ~ 2.8	—	—	—	0.10	—	0.01	0.30
ZMgZn8AgZr	ZM7	7.5 ~ 9.0	—	0.5 ~ 1.0	—	—	0.6 ~ 1.2	—	0.10	—	0.01	0.30
ZMgAl10Zn	ZM10	0.6 ~ 1.2	9.0 ~ 10.2	—	—	0.1 ~ 0.5	—	0.30	0.20	0.05	0.01	0.50

① 合金可加入铍，其质量分数≤0.002%。
② 含铈质量分数≥45%的铈混合稀土金属，其中稀土金属总质量分数≥98%。
③ 含钕质量分数≥85%的钕混合稀土金属，其中 Nd + Pr 质量分数≥95%。

表 4-70　铸造镁合金力学性能

合金牌号	合金代号	热处理状态	抗拉强度/MPa	屈服强度 (0.2) /MPa	伸长率/%
			≥		
ZMgZn5Zr	ZM1	T1	235	140	5
ZMgZn4RE1Zr	ZM2	T1	200	135	2
ZMgRE3ZnZr	ZM3	F	120	85	1.5
		T2	120	85	1.5
ZMgRE3Zn2Zr	ZM4	F1	140	95	2
ZMgAl8Zn	ZM5	F	145	75	2
		T4	230	75	6
		T6	230	100	2

合金牌号	合金代号	热处理状态	抗拉强度/MPa	屈服强度（0.2）/MPa	伸长率/%
				≥	
ZMgRE2ZnZr	ZM6	T6	230	135	3
ZMgZn8AgZr	ZM7	T4	265	—	6
		T6	275	—	4
ZMgAl10Zn	ZM10	F	145	85	1
		T4	230	85	4
		T6	230	130	1

4.3.2　铸造镁合金的工艺性能

铸造镁合金的工艺性能见表 4 - 71。

4.3.3　铸造镁合金的热处理规范

铸造镁合金的热处理规范见表 4 - 72 ~ 表 4 - 74。

表 4 - 71　铸造镁合金的工艺性能

序号	合金代号	密度/g·cm⁻³	液相线温度/℃	固相线温度/℃	铸造温度/℃	线收缩率/%	体收缩率/%（800℃ ~ 液相线）	充型能力	显微缩松倾向	热裂倾向
1	ZM1	1.82	640	550	705 ~ 815	1.5		中等	较重	大
2	ZM2	1.85	645	525	675 ~ 815	1.5		良好	轻	中等
3	ZM3	1.80	645	590	720 ~ 800	1.3 ~ 1.5		良好	轻微	小
4	ZM4	1.82	645	545	705 ~ 815	1.3 ~ 1.4	5.45	良好	轻微	小
5	ZM5	1.81	600	430	690 ~ 800	1.2 ~ 1.3		良好	重	中等
6	ZM6	1.77	640	550	720 ~ 800	1.3 ~ 1.5		良好	轻微	小
7	ZM7	1.81	600	440	690 ~ 800	1.1 ~ 1.2		良好	重	较小

注：铸造镁合金铸件在进行阳极化处理后，表面应涂漆覆盖。

表 4 - 72　铸造镁合金的热处理规范

合金代号	热处理状态	固溶处理			时效处理			退火		
		加热温度/℃	保温时间/h	冷却介质	加热温度/℃	保温时间/h	冷却介质	加热温度/℃	保温时间/h	冷却介质
ZM1	T1	—	—		175 ± 5	12	空气	—	—	—
					218 ± 5	8				
ZM2	T1	—	—		325 ± 5	5 ~ 9	空气	—	—	—
ZM3	T2	—	—		—	—		325 ± 5	3 ~ 5	空气
ZM4	T1	—	—		200 ~ 250	5 ~ 12	空气	—	—	—
ZM6	T6	530 ± 5	12 ~ 16	空气	200 ± 5	12 ~ 16	空气	—	—	—

注：ZM2 在低锌、高稀土时，采用（330 ±5）℃，2h +（175 ±5）℃,16h 或（330 ±5）℃,2h +（140 ±5）℃,48h 热处理规范,使合金性能改善。

表 4 – 73　ZM5、ZM10 合金热处理规范

合金代号	铸造方法	铸件组别	热处理状态	固溶处理					时效处理		
				第一阶段		第二阶段		冷却介质	加热温度/℃	保温时间/h	冷却介质
				加热温度/℃	保温时间/h	加热温度/℃	保温时间/h				
ZM5	S、J	—	T2						350（退火）	2 ~ 3	空气
		Ⅰ	T4	415 ± 5	12 ~ 24			空气			
			T6	415 ± 5	12 ~ 24			空气	175 ± 5 或 200 ± 5	16 8	空气
		Ⅱ	T4	360 ± 5	3	420 ± 5	21 ~ 29	空气			
			T6	360 ± 5	3	420 ± 5	21 ~ 29	空气	175 ± 5 或 200 ± 5	16 8	空气
		Ⅲ	T4	415 ± 5	8 ~ 16			空气			
			T6	415 ± 5	8 ~ 16			空气	175 ± 5 或 200 ± 5	16 8	空气
ZM10	S、J	—	T4	360 ± 5	3	410 ± 5	21 ~ 29	空气			
			T6	360 ± 5	3	410 ± 5	21 ~ 29	空气	190 ± 5	4 ~ 8	空气

注：1. Ⅰ组铸件指壁厚 20mm 以下，安装边"凸台"厚大部分的厚度或直径 40mm 以下，厚大部分用冷铁的铸件。若不用冷铁，应列入Ⅱ组；Ⅱ组铸件指壁厚 20mm 以下，厚大部分不小于 40mm 的铸件；Ⅲ组铸件为金属型铸件。

2. 壁厚小于 10mm，有冷铁的厚大部分厚度在 20mm 以下的 ZM5 合金Ⅰ组铸件，可采用 415℃，8h 的固溶处理。

3. ZM5 合金Ⅱ组铸件可采用 415℃，24 ~ 32h 的单级处理规范。

4. 不带砂芯的小型 ZM5 金属型铸件固溶处理，保温时间取 6h。

5. ZM5 合金的防晶粒长大处理工艺：(415 ± 5)℃，6h；(350 ± 5)℃，2h；(415 ± 5)℃，10h。

6. 升温至保温温度所需时间不计入保温时间内，在两阶段处理时，升温至第二阶段保温温度的时间计入第二阶段保温时间内。

7. ZM5 和 ZM10 合金固溶处理应在 260℃左右装炉，然后缓慢升至保温温度。保温时间取决于装载量、铸件成分、尺寸、截面厚度等，一般取 2h。

表 4 – 74　ZM5 合金热处理规范

铸件组别	热处理状态	固溶处理			时效处理		
		温度/℃	时间/h	冷却介质	温度/℃	时间/h	冷却介质
Ⅰ	T4	415 ± 5	14 ~ 24	空气	—	—	—
	T6	415 ± 5	14 ~ 24	空气	175 ± 5 200 ± 5	16 8	空气
Ⅱ	T4	415 ± 5	6 ~ 12	空气	—	—	—
	T6	415 ± 5	6 ~ 12	空气	175 ± 5 200 ± 5	10 8	空气

注：1. Ⅰ组铸件指壁厚大于 12mm 或壁厚小于 12mm，但安装边厚度或"凸台"直径大于 25mm 的砂型铸件，其余均为Ⅱ组铸件。

2. Ⅰ组铸件固溶处理时先在 (375 ± 5)℃，保温 2h，再升温至 (415 ± 5)℃保温。第一阶段保温时间不计入固溶处理保温时间之内。

镁合金在空气中的燃点约为 400℃ 以上，燃烧难易程度与铸件大小及形状有关。当固溶处理温度超过 400℃ 时，必须采用保护气氛，如 SO_2、CO_2 等。

4.3.4 铸造镁合金的用途

铸造镁合金的用途见表 4 - 75。

表 4 - 75 铸造镁合金的用途

合金代号	应 用 举 例
ZM1	小型、形状简单、截面均匀受力件或抗冲击件，如飞机轮毂、轮缘、起落架支架等
ZM2	在 200℃ 以下长期工作的飞机、导弹发动机及高强铸件，如发动机机匣、整流舱、电机壳体、要求气密的直升飞机齿轮箱
ZM3	在 250℃ 下长期工作的发动机部件或高气密的发动机增压机匣、压缩机机匣、扩散泵壳体、进气管道、齿轮箱
ZM4	在 250℃ 下长期工作或气密性铸件，如液压恒速装置壳体、仪表底盘、壳体
ZM5	中等受力件，如机舱连结隔框、电机壳体、轮毂、轮缘、增压机匣
ZM6	250℃ 以下长期工作的高强、气密铸件，如飞机机翼翼肋、液压恒速装置支架、汽轮发电机转子引线压板
ZM7	高应力铸件
ZM10	一般受力件

4.3.5 国内外铸造镁合金相近牌号对照

国内外铸造镁合金相近牌号对照见表 4 - 76。

表 4 - 76 国内外铸造镁合金相近牌号对照

序号	中国 GB/T 13820—1992	美国 ASTM 1380—1980	前苏联 ГОСТ 2856—1979	英国 BS 2970—1972	德国 DIN 1729—1973	日本 JISH 5203—1975	国际标准 ISO 121—1980(E) ISO 3115—1981(E)
1	ZM1	ZK51A	MJI12	MAG4 3L122	G-MgAl8Zn1 G-MgAl9Zn1	MC6，MC7	Mg-Zn5Zr
2	ZM2	ZE41A	MJI15	MAG5 3L125	G-MgZn4SElZr1		Mg – Zn4REZr
3	ZM3		MJI11	MAG6			
4	ZM4				G-MgRE3Zn2Zr1	MC8	
5	ZM5	AZ91A，AZ91C	MJ15	MAG1，3L125	G-MgAl9Zn1	MC1，MC2	Mg-Al8Zn Mg-Al9Zn
6	ZM6						
7	ZM7						
8	ZM10	AM100A	MJ16		GK-MgAl9Zn1		Mg-Al9Zn

4.3.6　铸造镁合金的熔炼

4.3.6.1　镁合金中间合金、熔剂及涂料

A　镁合金中间合金

镁合金用中间合金的化学成分（见表 4 - 77）。

表 4 - 77　铸造镁合金用中间合金化学成分（质量分数）

名　称	牌　号	标　准	主要组元含量/%
铝 - 锰中间合金	AlMn10	HB5371—87	Mn：9 ~ 11
铝 - 铍中间合金	AlBe3	BH5371—87	Be：2 ~ 4
镁 - 锆中间合金		Q/6S93—80	Zr：≥25
镁 - 钕中间合金	MgNd - 35 MgNd - 25	HUACH - 37—90 （上海路龙有色金属有限公司生产）	RE30 ~ 40，Nd/RE≥85 RE20 ~ 30，Nd/RE≥85

常用中间合金配制工艺参数（见表 4 - 78）。

表 4 - 78　常用中间合金配制工艺参数

名　称	成分（质量分数）/%	原材料	料块尺寸/mm	加入温度/℃	浇注温度/℃
铝 - 锰中间合金	Mn9 ~ 11	金属锰	10 ~ 5	900 ~ 1000	850 ~ 900
铝 - 铍中间合金	Be2 ~ 3	金属铍	5 ~ 10	1000 ~ 1200	900 ~ 950

B　熔剂

溶剂的化学成分（见表 4 - 79）。

表 4 - 79　溶剂的化学成分（质量分数）　　　　　　　（%）

牌号	主　要　成　分					配料成分	用　途
	$MgCl_2$	KCl	$BaCl_2$	CaF_2	其他		
光卤石	44 ~ 52	36 ~ 46				天然光卤石	洗涤、熔炼、浇注或配制熔剂
RJ - 1	40 ~ 46	34 ~ 40	5.5 ~ 8.5			光卤石 93，$BaCl_2$ 7	同光卤石：镁屑重熔用
RJ - 2	38 ~ 46	34 ~ 40	5 ~ 8	3 ~ 5		1）光卤石 88，$BaCl_2$ 7，$CaF_2$5 2）RJ - 195，$CaF_2$5	ZM5，ZM10 合金的覆盖剂 精炼剂
RJ - 3	34 ~ 40	25 ~ 36		15 ~ 20	MgO 7 ~ 10	光卤石 75，CaF_2 17.5，MgO 7.5	有挡板坩埚熔炼 ZM5，ZM10 作覆盖剂
RJ - 4	32 ~ 38	32 ~ 36	12 ~ 16	8 ~ 10		1）光卤石 76，$BaCl_2$ 15，CaF_2 9 2）RJ - 182，$BaCl_2$ 9，CaF_2 9	ZM1 合金精炼，覆盖剂

牌号	主要成分					配料成分	用　途
	$MgCl_2$	KCl	$BaCl_2$	CaF_2	其他		
RJ - 5	24~30	20~26	28~31	13~15		1）光卤石 56，$BaCl_2$ 30，CaF_2 14 2）RJ - 160，$BaCl_2$ 26，CaF_2 14	ZM1，ZM2，ZM3，ZM4 和 ZM6 合金、覆盖剂、精炼剂
RJ - 6		54~56	14~16	1.5~2.5	$CaCl_2$ 27~29	$BaCl_2$ 15，KK KCl55、CaF_2 2、$CaCl_2$ 28	ZM3、ZM4、ZM6 合金精炼剂

熔剂配制工艺见表 4 - 80。

表 4 - 80　镁合金熔剂配制工艺

牌　号	配制方法	备　注
光卤石	将光卤石装入坩埚，升温至 750~800℃时备用	定时清理坩埚底部熔渣，补充新料
RJ - 1	按表 4 - 80 配料，装入坩埚，升温至 750~800℃，保持至沸腾停止，搅拌均匀，浇注成块	冷却后装入密封容器中备用。RJ - 1 由熔剂厂供应
RJ - 2	将 RJ - 1 熔剂和 CaF_2 装入球磨机磨成粉状，用 20 号~10 号筛过筛	RJ - I 熔剂中 $w(H_2O) > 3\%$ 时，必须经 650~700℃重熔至沸腾停止，浇注成块后再次球磨成粉
RJ - 3	按表 4 - 80 配料，装入球磨机，混磨成粉，用 20 号~40 号筛过筛	配好的熔剂应装入密封容器中备用
RJ - 4 RJ - 5 RJ - 6	按表 4 - 80 配料，除 CaF_2 外，其余组分均装入坩埚，升温至 750~800℃，保持至沸腾停止，搅匀，浇注成块，破碎后与 CaF_2 一起装入球磨机，混磨成粉状，用 20 号~40 号筛过筛	配好的熔剂应装入密封容器中备用

C　涂料成分及配制工艺

涂料成分及配制工艺见表 4 - 81。

表 4 - 81　涂料成分及配制工艺

牌号	组成 （质量分数）/%	配制方法	备　注
TL - 4	白垩粉：33 石墨粉：11 硼酸：11 水：100	先将硼酸倒入 60℃左右的热水中，搅拌至全部溶解 将白垩粉和石墨粉干混均匀 将混合料加入硼酸水溶液中，搅匀 配制好涂料置于有盖容器中备用	涂料存放时间不超过 24h 使用前应搅拌均匀，若有结块或沉淀，应将其过滤
TL - 8	白垩粉：12 硼酸：1.5 水玻璃：2 水：100	先将水玻璃及硼酸倒入 60℃左右的热水槽中，搅拌直至物料全部溶解，将白垩粉加入上述溶液中，拌匀，配好后倒入有盖容器中备用	涂料存放时间不超过 24h，使用前搅匀，如有结块或沉淀，须经过滤

4.3.6.2　熔炼工艺

（1）铸造镁合金熔炼用防护气氛（见表 4-82）。

（2）铸造镁合金精炼工艺（见表 4-83）。

（3）铸造镁铝系合金熔炼的变质处理（见表 4-84）。

表 4-82　镁合金熔炼防护气氛

组成（体积分数）/%	特　点
Ⅰ. CO_2 25、大气 75 Ⅱ. CO_2 100、SF_6 0.2~2 Ⅲ. CO_2 100 每分钟流量为镁液上部封闭空间的 5 倍	保护效果好，对水气不敏感。为防止污染，需抽风装置，不能用 C_2Cl_6 精炼，以防产生剧毒光气
SF_6	低毒，无腐蚀性，在 500℃ 以上会分解出有毒的低氟化物，但量较少 防护效果好

表 4-83　铸造镁合金精炼工艺

工艺程序	操作要点	
1. 炉料熔化后，升温至精炼温度，扒去熔渣，重新撒上熔剂 2. 用搅拌勺强烈搅拌溶液 3. 熔液呈银白色镜面时，精炼完毕	把经熔剂洗好的搅拌勺放入镁液，让勺柄靠坩埚边缘，使搅拌勺自下向前，转向上连续不断地运动。合金液在坩埚内不断翻动时的波峰高度保持不变。搅动时，勺子距坩埚底部最小距离约 100~150mm	 1—撒熔剂；2—镁液； 3—精炼勺；4—底部熔渣

注：搅拌时，经常在液流波峰前面慢慢地撒下熔剂；含水量过多熔剂应通过预熔方法去除。

表 4-84　铸造镁铝系合金熔炼的变质处理

变质方法	变质工艺参数				备　注
	（占炉料质量分数）/% 加入量	处理温度/℃	处理时间/min	操作工艺	
变质剂　碳酸镁	0.3~0.4	710~740	8~12	除去表面熔渣，用钟罩分批压入铝箔紧包的碳酸镁等变质剂（六氯乙烷压成块状），用钟罩分批压入镁液。钟罩浸入熔池约一半深处，并缓慢水平移动。反应完毕后，再加下一批变质剂	变质后精炼或变质前后两次精炼，使用前应破碎成 10mm 块度，最少用量不小于 0.5kg。使用前在 150~200℃ 下烘烤 3h
变质剂　碳酸钙	0.5~0.6	760~780	2~5		使用前在 150~300℃ 下烘烤 3h 精炼后变质处理 使用不及碳酸镁广泛
变质剂　六氯乙烷	0.3~0.4	740~760	8~12		兼有除气作用，变质后精炼或变质前后两次精炼

注：变质后再次精炼，其时间较短约 2~3min，仅起去除在变质时可能产生的新的氧化夹杂的辅助作用。

（4）典型铸造镁合金熔炼工艺（见表 4 – 85）。

表 4 – 85　典型铸造镁合金熔炼工艺

工序	ZM-1　ZM-2　ZM-3	ZM-5
准备	将炉料预热到150℃以上，坩埚顶热至暗红色，并在坩埚底部撒上 RJ-5 或 RJ-6（炉料重的1%～2%）作覆盖剂（ZM1 用 RJ-4）	将炉料预热至150℃以上，坩埚预热至暗红色，并在坩埚底部撒上 RJ-1 或 RJ-2 熔剂作覆盖剂
熔化	加入镁锭及回炉料，升温熔化，温度至720～740℃时加锌（必要时，同时加入铍氟酸钠），继续升温，780～810℃时分批加入镁锆中间合金（ZM-2，ZM-3，还同时加稀土），全部熔化后，捞底搅拌2～5min使成分均匀	加入回炉料、镁锭、铝锭、升温熔化，当合金液温度为700～720℃时，加入预热的 Al-Mn，（或 Al-Mg-Mn）中间合金及 Al-Be（或 Al-Mg-Be）中间合金，待中间合金熔化后，加入锌，熔化后搅拌均匀
分析	合金液不低于760℃时，浇注断口试样	浇注光谱试样；成分不合格者加料调整
变质		按表 4 – 84 进行
精炼	精炼温度750～760℃（ZM2 为760～780℃），精炼时间4～10min，用量为炉料质量分数的1.5%～2.5%；精炼剂：ZM-1 为 RJ-4，ZM-2、ZM-3 为 RJ-5 或 ZM-3 为 RJ-6	精炼温度710～740℃；精炼时间：5～8min，用量为炉料质量分数的1.5%～2%，精炼剂 RJ-2
镇静	1. 清除浇嘴，坩埚内壁及液面熔渣，撒以覆盖剂：ZM-2、ZM-3 为 RJ-5（或 ZM-3 为 RJ-6），ZM-1 为 RJ-4； 2. 升温至780～820℃，静置15min； 3. 必要时检查断口（晶粒度、氧化夹杂）； 4. 进行浇注，对 ZM-2，ZM-3 总静置时间为30～35min，即可出炉	1. 清除浇嘴、坩埚内壁及液面上的熔渣，并撒以 RJ-2； 2. 升温至760～780℃，静置10～20min； 3. 检查断口（晶粒度，氧化夹杂）； 4. 调整温度准备浇注

注：1. ZM-5 断口不合格，允许重复二次变质及精炼处理，仍不合格则浇锭。

2. ZM-1 炉前断口不合格，酌情加 w(Mg-Zr) = 1%～2% 中间合金，再次检查断口，允许重复两次；对 ZM-2，ZM-3 允许重复一次。出炉前断口不合格，允许从工序炉前分析一项开始重复熔炼。

3. 熔炼成的合金液静置结束后，应在 1h 内浇完，否则重新检查断口。

4. 熔炼，浇注时间总计不超过 8h。

4.3.6.3　铸造镁合金的浇注

铸造镁合金的浇注见表 4 – 86。

表 4 – 86　铸造镁合金的浇注

方　法	浇　注　注　意　要　点
有挡板坩埚浇注	1. 弄清浇嘴；浇注时，浇嘴尽量靠近浇口杯，保持液流平稳连续，浇口杯中应有2/3以上合金液； 2. 浇注过程中，应向燃烧处不断撒硼酸、硫黄等量配比的混合料； 3. 剩余在坩埚内的合金液不应少于坩埚容量的10%～20%
浇包浇注	1. 用光卤石熔剂洗涤浇包，取出后滴净； 2. 用包底推开液面熔剂层，平稳舀取合金液，熔剂不进入浇包； 3. 浇注时，燃烧处理及浇注操作和坩埚浇注相同； 4. 浇注后剩余溶液浇锭，剩余量按坩埚浇注规定

4.3.6.4　安全技术

铸造镁合金熔铸安全措施见表 4 - 87。

表 4 - 87　铸造镁合金熔铸安全措施

对　象	措　　施
环境及灭火剂	1. 场地干燥、整洁、通风、道路畅通，熔化工部铺铁地板； 2. 厂房内备有干燥熔剂及砂子；镁合金燃烧时，禁止用泡沫灭火剂或水灭火； 3. 干燥熔剂保存在封密筒中，蜡封，定期检查
浇注、清理	1. 熔炉底部应有防坩埚渗漏安全装置；坩埚用前应仔细检查，炉料、锭模须预热；浇注工具经熔剂洗涤后方可使用； 2. 炉料不超过坩埚容量的 90%； 3. 注意熔炼过程意外，炉内冒黄烟或白色 MgO 烟雾时，先切断电源，停止加热。坩埚渗漏不严重时，吊出坩埚，放入盛干燥 MgO 粉的容器中，且快速浇锭；渗漏严重应向坩埚内撒入大量干燥熔剂； 4. 清理工段，定期检查并处理镁粉及锯屑

任务 4.4　铸造锌合金

【任务描述】

锌合金的耐磨性好，也可用砂型铸造大中型轴承、轴套等耐磨件，与巴氏合金相比，具有价廉、质量较小、硬度高、容易成型、切削加工容易等优点。

【任务分析】

以纯锌为基加入合金元素铝、铜、镁等可组成一系列锌合金。

【知识准备】

4.4.1　锌合金中常用元素的基本性能

许多金属或非金属元素能和锌形成化合物或固溶体。表 4 - 88 及表 4 - 89 为常见元素的基本物理性能及力学性能。铝是锌合金中最重要的元素之一。铝的主要特性有：密度轻，只有钢的三分之一；有良好的导电性，当截面面积和长度相同时铝的导电性为铜的 64%，而在重量相同时为铜的 200%；有良好的导热性，是铁的四倍；由于能形成致密的氧化铝膜，在大气、水及部分腐蚀介质中具有耐蚀性；有好的塑性；具有可焊性。镁也是锌合金中的重要元素之一。镁是工业中使用的最轻的一种金属，密度仅为铝的三分之二，纯镁的腐蚀抗力非常差。由于镁的力学性能低，不能用它制作机械零件。锌合金中也经常使用铜。铜具有良好的导电性，导电性在金属中仅次于银；它有良好的导热性，导热性仅次于金和银。铜在大气、淡水及海水中具有很好的耐蚀性。此外铜的塑性好，但强度及硬度较低。

稀土是有色合金中使用的重要元素，也是锌合金中常用的元素。化学周期表中原子序数为 39 的钇、21 的钪以及从 57 到 71 的镧系元素统称为稀土元素。根据稀土元素原子的特征，稀土元素可分为两组，一种为轻稀土也叫铈组，共有八个元素，它们分别为镧

（La）、铈（Ce）、镨（Pr）、钕（Nd）、钷（Pm）、钐（Sm）、铕（Eu）及钆（Gd）。另外一组为重稀土，也称钇组，有九个元素：铽（Tb）、镝（Dr）、钬（Ho）、铒（Er）、铥（Tm）、镱（YB）、镥（Lu）、钪（Se）及钇（Y）。锌合金中常用的稀土元素有镧、铈、镨、钕、钇等。稀土元素的常用物理性能见表 4 – 90。

表 4 – 88　锌合金中常用低熔点（ < 1000℃）元素的基本物理性能及力学性能

性　能	Al	Mg	Pb	Bi	Cd	Sn（β）	Sb
熔点/℃	660	649	327.4	271	320.9	231.9	630.5
沸点/℃	2510	1090	1740	1564	767	2602	1587
晶体结构[①]	ccp	hcp	ccp	单斜	hcp	正方	三方
密度/g·cm^{-3}	2.7	1.74	11.34	9.8	8.64	7.284	6.69
电阻率（20℃）/×10^{-8}Ω·m	2.66	3.9	—	—	—	—	—
抗拉强度/MPa	45	200	18	极脆	65	52	脆
杨氏模量/GPa	70.5	44	—	—	—	—	—
伸长率/%	40	10	45	极脆	20	40	脆
硬度 HB	20	25	4	9	20	5	30

① ccp—面心立方，hcp—密排六方。

表 4 – 89　锌合金常用高熔点（ > 1000℃）元素的基本物理性能及力学性能

性能	熔点/℃	晶体结构	密度/g·cm^{-3}	电阻率/Ω·m	线膨胀系数/K^{-1}	抗拉强度/MPa	伸长率/%	硬度（HB）/MPa
Cu（软）	1080	ccp	8.93	1.67×10^{-6}	—	270	50	35
Ti	1660	hcp	4.34	0.475×10^{-6}	—	30		
Si	1414	金刚石	2.33	—	2.7×10^{-6}	脆性	脆性	30
Mn（a）	1260	立方	7.3	0.044×10^{-6}	23.0×10^{-6}	脆性	脆性	20
Be	1278 ± 5	hcp	1.86	0.055×10^{-6}	—	—	—	140
W	3422	bcc	19.10	0.0491×10^{-6}	4.0×10^{-6}	1500		290
Mo	2692	bcc	10.2	0.0503×10^{-6}	4.0×10^{-6}	700	脆性	35
Cr	1765	bcc	7.1	0.15×10^{-6}	8.2×10^{-6}	脆性	45	90
Ni	1455	ccp	8.85	0.1175×10^{-6}	12.8×10^{-6}	500		60
Ta	3027	bcc	16.6	0.14×10^{-6}	7.0×10^{-6}	900		

注：bcc—体心立方。

表 4 – 90　稀土元素的物理性质

元素	原子序数	相对原子质量	离子半径/cm	密度/g·cm^{-3}	熔点/℃	沸点/℃	氧化物熔点/℃	电阻率/Ω·m	R^{3+}离子磁矩（玻尔磁子）
La	57	138.96	1.22×10^{-8}	6.19	920 ± 3	4230	2315	79.8×10^{-6}	0.00
Ce	58	140.13	1.18×10^{-8}	6.768	804 ± 5	2930	1950	75.3×10^{-6}	2.56
Pr	59	140.92	1.16×10^{-8}	6.769	935 ± 5	3020	2500	68.0×10^{-6}	3.62
Nd	60	144.27	1.15×10^{-8}	7.007	1024 ± 5	3180	2270	64.3×10^{-6}	3.68

元素	原子序数	相对原子质量	离子半径 /cm	密度 /g·cm⁻³	熔点 /℃	沸点 /℃	氧化物熔点/℃	电阻率 /Ω·m	R³⁺离子磁矩（玻尔磁子）
Pm	61	147.00	1.14×10^{-8}	—	—	—	—	—	2.83
Sm	62	150.35	1.13×10^{-8}	7.504	1052 ±5	1630	2350	88.0×10^{-6}	1.55 ~ 1.65
Eu	63	152.00	1.13×10^{-8}	5.166	826 ±10	1490	2050	81.3×10^{-6}	3.40 ~ 3.50
Gd	64	157.26	1.11×10^{-8}	7.868	1350 ±20	2730	2350	140.3×10^{-6}	7.94
Tb	65	158.93	1.09×10^{-8}	8.253	1336	2530	2387	—	9.7
Dy	66	162.51	1.07×10^{-8}	8.565	1485 ±20	2330	2340	56.0×10^{-6}	10.6
Ho	67	164.94	1.05×10^{-8}	8.799	1490	2330	2360	87.0×10^{-6}	10.6
Er	68	167.27	1.04×10^{-8}	9.085	1500 ~ 1550	2630	2355	107.0×10^{-6}	9.6
Tm	69	168.94	1.04×10^{-8}	9.318	1500 ~ 1600	2130	2400	79.0×10^{-6}	7.6
Yb	70	173.04	1.00×10^{-8}	6.959	824 ±5	1530	2346	27.0×10^{-6}	4.5
Lu	71	174.99	0.99×10^{-8}	9.849	1650 ~ 1750	1930	1400	79.0×10^{-6}	0.00
Sc	21	44.97	0.83×10^{-8}	2.995	1550 ~ 1600	2750	—	—	—
Y	39	88.92	1.06×10^{-8}	4.472	1552	3030	2680	—	—

4.4.2　锌基二元合金体系

4.4.2.1　Zn-Al 合金体系

锌铝系合金的组织随成分、温度的变化可用铝锌二元合金相图表示。对铝锌系合金二元相图的研究已有 100 年左右的历史。直到近 20 年，才得到较为完整的铝锌合金相图（如图 4 - 9 所示）。图 4 - 9 表示的铝锌合金相图与以往所用相图之间的最大区别是在 443℃（716K）有否包晶转变。

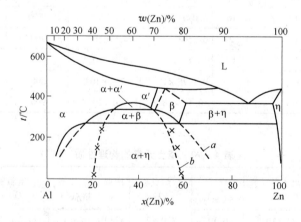

图 4 - 9　Al-Zn 二元合金相图

由铝锌二元相图可以看出，锌和铝在液态下无限互溶，而在固态下有限互溶。锌在铝中的最大溶解度为质量分数 1.14%。成分即质量分数［本任务（4.4）无特别指明者均质量分

数]为 86% Zn 的合金液体在 443℃(716K)与成分为 70% Zn 时的 α′ 相作用生成成分为
70% Zn 的 β 相,即发生包晶反应。β 相为富锌面心立方结构。成分为 94.9% Zn 的合金液
体在 328℃(655K)时发生共晶反应,形成富锌的具有密排六方晶格的 η 相(含 98.9% Zn)
和 β 相(含 82.8% Zn)组成的共晶体。在 275℃,β 相进行共析转变,生成 α 相及 β 相。

在铝锌二元相图中有一条调幅分解线。在铝锌二元相图的共析侧,存在有 α′ 和 α 的
两相区,表明冷却时单相固溶体分解成晶体结构相同而成分不同的两相混合物。图中两相
区内的 α′ 和 α 是平衡的,所以自由能曲线必有一公切线存在。在两极小值之间,曲线有
一个极大值。在两个拐点之间的成分范围内,$d^2G/dC^2 < 0$,称为拐点区。各温度下拐点
连成的曲线就是调幅分解线。α′ 相和 α 相皆为面心立方晶体。

4.4.2.2 Zn-Cu 合金体系

锌铜合金体系可用铜锌二元相图说明(见图 4 - 10)。该合金体系由五个包晶转变、
一个共析转变和一个有序化转变。固态下有 α、β、γ、ε 及 η 六个相组成,其中有两个主
要相。一是面心立方的 α 相,它是锌溶于铜中的固溶体,晶格与铜相同,塑性好。另一
个相是体心立方的 β 相,它是以电子化合物为基的固溶体。该相从高温冷却经 465 ~
468℃进行有序化转变,转变成有序 β′ 相,β′ 相脆性大。

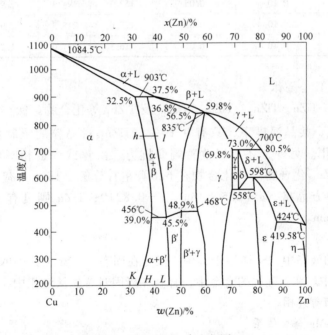

图 4 - 10 Cu-Zn 合金相图

锌和铜可以以任何比例构成合金。随锌的增加,黄铜的颜色由红到黄到金黄变化。随
着锌含量的增高,合金先出现 α 相;在 40% Zn 左右时出现 α + β 组织;在到 50% Zn 时,
出现单相 β 组织。在平衡缓冷时,α 相区分界线是向右下方倾斜的,在 456℃锌在铜中的
最大溶解度可达 39%。

在平衡缓冷时,β 相区是随温度降低而缩小,从 β 相中可析出 α 相或 γ 相。

在锌铜系统中,铜在锌中的固溶度由 424℃时的 2.7% 变化至室温时的 0.3%,过量的
铜会由过饱和固溶体中析出并引起轻微的体积膨胀。但是。在这种情况下,铜在室温下析

出进行得很慢，需要几年的时间才能结束。在以锌为基的合金中，随着 Cu 量增加，合金的屈服强度及极限抗拉强度增加。含 Cu < 2% 的合金的延伸率较低，含有 5% Cu 及 7% Cu 的合金延伸率增高，达到 11.3% Cu 时，合金的延伸率降得较低（见表 4 - 91）。纯锌及具有 < 2% Cu 的合金完全由 η 构成。超过 2% Cu 后，出现 ε 相，分布于 η 基体中。ε 相和 η 相皆具有密排六方晶格结构。随着 Cu 量增加，ε 相的体积分数及平均尺寸增大。由性能观察可以看出，ε 相的存在，不仅能提高合金的强度，还能提高合金的韧性。当 ε 相增长到其枝晶相互接触时，合金的韧性开始降低。铜比铝具有大的强化和硬化效果。铜的存在，提高了锌的蠕变抗力。

表 4 - 91　含 Cu 锌合金的力学性能

合金	Cu(质量分数)/%	Al(质量分数)/%	Mg(质量分数)/%	拉伸屈服强度(0.2)/MPa	抗拉强度/MPa	断后伸长率/%	压缩屈服强度(0.5)/MPa
Zn	0.00	0.00	0.00	46.5	52.5	—	—
001	1.10	0.10	0.05	79.7	86.7	1.4	—
002	2.01	0.10	0.05	97.7	108.1	1.4	—
005	4.90	0.10	0.05	152.3	194.3	2.9	194.5
007	7.00	0.10	0.05	173.0	215.3	2.9	216.6
012	11.30	0.10	0.05	216.5	247.0	1.2	242.5

4.4.2.3　Zn-Ti 合金体系

该合金体系有 TiZn、$TiZn_2$、$TiZn_3$、$TiZn_5$ 及 $TiZn_{15}$ 等化合物。钛在锌中的固溶度很小，在 $Zn - TiZn_{15}$，共晶温度下，只有 0.19%。$TiZn_{15}$ 对晶粒的限制作用极强，即具有细化晶粒的作用。另外，还可以改善蠕变抗力。由锌钛合金相图可以看出，组织中存在不稳定 $TiZn_{15}$ 化合物。该化合物在 620℃ 左右分解。TiZn 具有 CsCl 式的结构；$TiZn_2$ 可能属于六方晶格，$a = 0.5064nm$，$c = 0.8210$；$TIZn_3$ 则具有 Cu_3Au 式的立方晶格，$a = 03029nm$。

4.4.2.4　Zn-Si 合金体系

该合金体系的液态中，Si 能溶于锌中。但是在固态下，Si 在锌中的溶解度很低。而 Zn 几乎不溶于硅中。在富硅锌的合金中，合金在凝固时首先从液相中析出硅相。室温组织为锌基体中分布着硅相。

4.4.2.5　Zn-Mg 合金体系

镁在锌中的固溶度在 358℃ 时为 0.1%，在室温时约为 0.04%。含 51.2% Zn 的锌镁合金，在 340℃ 发生共晶反应：$L \rightarrow \delta(Mg) + \beta(Mg_7Zn_3)$。温度下降至 312℃ 时又发生共析反应，即：$\beta(Mg_7Zn_3) \rightarrow \delta(Mg) + \gamma'(MgZn)$。在 Zn-Mg 合金体系中镁基合金可单独被使用。由于 Mg-Zn 二元系合金的结晶温度间隔较大（特别是在不平衡状态下），其最大不平衡结晶温度间隔达 290℃，故二元合金的铸造性能很差。但在 Mg-Zn 合金中加入少量锆便能显著改善合金的铸造性能，尤其是大大的降低了合金的缩松倾向，并使铸件中的缩松比较集中在铸件壁的中央，这样分布的缩松对铸件的力学性能影响较小。加锆能改善铸造性能的原因是：

（1）锆与镁能形成包晶型状态图。在包晶温度下镁液中仅能溶解约 0.5% 的锆，当合金中加入锆量大于包晶成分时，即能在镁液中形成大量难熔的 α-Zr 弥散质点；由于 α-Zr 与 δ(Mg) 均为密排六方晶格，晶格常数十分相近，故这些 α-Zr 质点就起着外来晶核的作用。因此加锆能对合金起变质作用，细化了 δ(Mg) 的晶粒，这样既有利于补缩，又能减少热裂倾向。

（2）加 Zr 后显著缩小了合金的结晶温度间隔，例如在 Mg-Zn 合金中加入 4.5% Zr 后，其平衡状态的结晶温度间隔由 180℃ 降至 90℃，不平衡状态的结晶温度间隔则由 290℃ 降为 110℃。

（3）锆与镁液中的氢形成固态的 ZrH_2 化合物，大大降低了镁液中的含氢量，也有利于减轻缩松。另外，由于锆能与镁液中的铁、硅等杂质形成化合物下沉，故有去除杂质的作用，并且还能在合金表面生成致密的氧化膜，因此加锆后显著提高了合金的抗蚀性。

锌对镁有很好的时效强化作用。Mg-Zn 合金时效时，过饱和固溶体中析出弥散分布的细小的 γ′(MgZn) 相质点，显著地强化了合金。随着合金中锌量的增加，其强化作用也不断地增加；当锌量增加到 5%～6% 时，其抗拉强度和条件屈服强度 (0.2) 均达到最大值。锌量更多时，由于其在热处理时不能再溶入 δ(Mg) 固溶体中，所以抗拉强度和条件屈服强度不再继续增加。Mg-Zn 二元合金在不平衡状态下的最大结晶温度间隔处的成分约为 3.5% Zn。当锌量大于 3.5% 时，随着锌量的增加，合金组织中的共晶体量也增多。按一般理论来说，合金的热裂和缩松倾向似乎也应不断下降，但实际情况却并非如此。试验表明，当将 Mg-Zn-Zr 合金中的锌量由 2% 增加到 6% 时，其缩松和热裂倾向均不断增加。其原因是，当合金中含锌量增高时，其后凝固的富锌的合金液的密度亦增大，而先凝固的 δ(Mg) 固溶体晶体的密度却比较小，在凝固过程中就容易使 δ(Mg) 晶体不断上浮，而富锌的合金液却向下移动，在一定的小范围内，中间不容易得到补缩，因此锌量升高时反使缩松更加严重。同时，锌量增多时还会使合金组织中出现粗大的树枝状晶体，例如含 8% Zn 时，即使合金中有锆存在也不能使树枝晶消除，而粗大的树枝状晶体亦将促使缩松加剧。锌量增加时合金的热裂倾向变大，这与 Mg-Zn 共晶体中的 γ′(MgZn) 相的热脆性有关；同时锌量增加时合金的缩松加剧也使合金容易热裂。正因为如此，和其他合金相比，Mg-Zn 系合金的热裂倾向一般来说是比较大的。而锌在镁中的固溶度在 342℃ 时可达 8.4%。通常锌在镁中的加入量很小。

4.4.2.6　Zn-Fe 合金

当 $w(Fe) > 0.001\%$ 时，可以在金相显微镜下观察到化合物 $FeZn_7$ 的存在。这种化合物在一定量范围内对锌合金是有益的。因为它可以抑制晶粒的长大，因而提高了材料的强度。如果含量超过了 0.08%，则延性降低、脆性增大。铁对锌的耐蚀性有影响。如果超过 0.004%，就在锌阳极上产生一个高电阻的富铁层，以保护铁水中的铁结构。如果含铁量超过 0.0025%，会增加酸对锌的腐蚀程度。

4.4.2.7　Zn-Pb 合金体系

铅几乎不能固溶于锌中。即使 Zn-Pb 合金体系含有 0.001% 的 Pb，在锌晶界上也可以看到铅粒。因此，铅对锌的力学性能影响不大。但是，它的存在降低了锌的工作温度。在某些情况下，如在干电池中，铅可减少锌的腐蚀，延长其使用寿命。

4.4.3　锌铝基三元及多元合金体系

4.4.3.1　Zn-Al-Ag 合金体系

该系合金有两个反应。一个为共晶反应，即 L + Al→ZnAl + (AlZn)Ag。另一个为包共晶反应，即：L + (AlZn) Ag→ZnAl + Zn。在275℃ 化合物 ZnAl 可分解为 Zn 和 Al。在低于275℃，相图铝角处仅有 (AlZn) Ag、Al 和 Zn。

4.4.3.2　Zn-Al-Cd 合金体系

该系合金在 $w(Cd) = 82.2\%$、$w(Al) = 0.1\%$ 及在277℃ 时会发生三元共晶反应。在三元相图中，大部分区域中的合金在固态下有三个相，即 Cd、Zn 及铝固溶体。随着温度降低，两相区（Cd + 铝固溶体）会显著缩小。

4.4.3.3　Zn-Al-Co 合金体系

该系合金没有三元化合物。体系中有一个三元共晶反应、一个包共晶反应及一个二元包晶反应。它们分别为 $L→ZnAl + Zn + Co_2Al_9$、$L + Al→ZnAl + Co_2Al_9$ 及 $L + Al→ZnAl$。

4.4.3.4　Zn-Al-Cr 合金体系

该系合金没有三元化合物。体系在 $w(Al) = 5.19\%$、$w(Cr) = 0.007\%$ 及381.25℃ 时有三元共晶反应，即：$L→ZnAl + Zn + CrAl_7$。在 $w(Zn) = 50\%$ 左右，出现包共晶反应，即：$L→CrAl_2 + CrAl_4 + CrAl_7$。Cr 在铝中的溶解度随锌含量的增加而降低。

4.4.3.5　Zn-Al-Cu 合金体系

图 4 – 11 为 Zn-Al-Cu 合金相图。在该合金体系中，有如下反应，即：$L\text{-}Al + CuAl_2$（548℃）；$L + Al→CuAl$（533℃）；$L→Al + CuAl$（382℃）；$L + CuZn_5→Zn$（424℃）；$L + CuAl_2 →Al + T$（420℃）；$L + T→Al + CuZn_3$（420℃）；$L + Al→ZnAl + CuZn_3$ 及 $L→ZnAl + CuZn_3 + Zn$（652.5℃）。三元相 T 在三元相图的铜锌一侧，其成分范围（质量分数, %）为：Cu56 ~ 58，Zn10 ~ 30。T 相分子式为 $Cu_5Al_2Zn_3$，属于立方晶系。在三元相图的铝角，有 T′ 相。

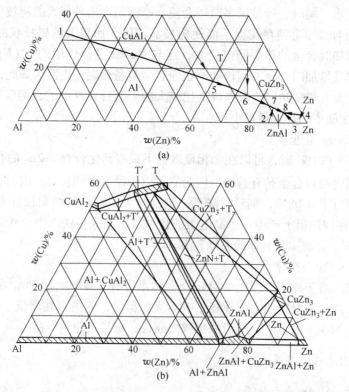

图 4 – 11　Zn-Al-Cu 合金相图

T′相的分子式为 Cu_5ZnAl_3，是变形的体心立方结构。$CuZn_3$ 相为密排六方结构，用 ε 表示。

4.4.3.6　Zn-Al-Fe 合金体系

图 4-12 为 Zn-Al-Fe 三元系相图。在合金体系中，有如下反应，即：

$$L \longrightarrow Al + FeAl_3 \quad (562℃)$$

$$L \longrightarrow Fe_2Al_5 + FeAl_3 \quad (652℃)$$

$$L \longrightarrow Fe_2Al_5 + \varepsilon \quad (1153℃)$$

$$L \longrightarrow Al + ZnAl \quad (382℃)$$

$$L \longrightarrow Al + ZnAl \quad (443℃)$$

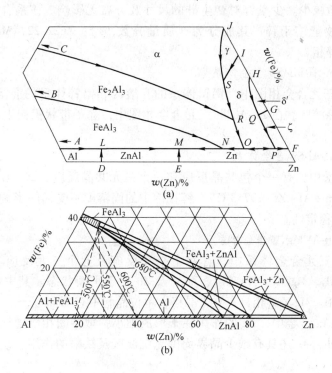

图 4 – 12　Zn-Al-Fe 相图

4.4.3.7　Zn-Al-Ti/Zr/Hf 合金体系

在 Zn-Al-Ti、Zn-Al-Zr 和 Zn-Al-Hf 三个体系中，有 $HfZnAl_2$、$Ti_{25}Zn_9Al_{66}$、Ti_4ZnAl_{11} 及 $ZrZnAl_2$ 化合物。这些化合物被认为是 $HfAl_3$、$TiAl_3$ 及 $ZrAl_3$ 中的少量铝被锌置换而形成的。

4.4.3.8　Zn-Al-Li 合金体系

在该合金体系中，在铝锌侧有如下反应，即：$L \rightarrow Al + LiZn(567℃)$；$L + (AlZn)_2Li \rightarrow Li_2Zn_5 + Al447℃$；$L + Al \rightarrow Li_2Zn_5 + ZnAl(442℃)$；$L + Li_5Zn_5 \rightarrow \beta(LiZn) + ZnAl(382℃)$；$L \rightarrow Zn + Al + \beta(LiZn)(342℃)$。其中 $(AlZn)_2Li$ 化合物的成分范围较大。

4.4.3.9　Zn-Al-Mn 合金体系

在该三元合金体系中，有如下反应，即：$L + MnAl_6 \rightarrow Al + T:(294℃)$；$L + MnAl_4 \rightarrow MnAl_6 + T:(507℃)$；$L \rightarrow MnAl_3 + ZnAl + Zn(378℃)$。其中，T: 相的表达式为 Mn_5ZnAl_{24}，

具有斜方晶格。在该体系中，还有 T_2 相及 T_3 相。其表达式分别为：Mn_2ZnAl_9 和 $Mn_{2.8}Zn22Al_{11}$。

4.4.3.10　Zn-Al-Ni 合金体系

在该三元体系中，有包共晶反应 $L + Al \rightarrow ZnAl + NiAl_3$（$w(Zn) = 80, w(Ni) = 1 \sim 2$）。镍对锌在铝中的固溶度影响不大。

4.4.3.11　Zn-Al-Si 合金体系

该三元体系中，有包共晶反应 $L + Al \rightarrow ZnAl + Si$（$w(Zn) = 80, w(Si) = 3 \sim 4$ 和 440℃）和三元共晶反应 $L + Al \rightarrow ZnAl + Si + Zn$（$w(Zn) = 95$、$w(Si) = 0.05$ 和 380℃）。锌使硅在铝中的固溶度稍微减少。少量锌对初生硅的尺寸及分布无影响。该系合金中有 Mn_3SiAl_5 化合物。该化合物能溶于锌，其成分为（质量分数，%）：Zn22.22，Mn10.83，Si3.56。该合金系中无富锌相。

4.4.3.12　Zn-Al-Pb/Sb 合金体系

在 Zn-Al-Pb 三元合金相图中，铝铅体系的互溶区和铅锌体系的混溶区占主要部分。仅在铅角有液体混溶区。在 Zn-Al-Pb 三元合金相图中，除了带状铝初生区外，还有 SbAl 化合物的初生区。

4.4.3.13　Zn-Al-Sn 合金体系

在该三元体系中，有一个包共晶反应和一个三元共晶反应，即：$L + ZnAl \rightarrow Al + Zn$（280℃）和 $L \rightarrow Sn + Al + Zn$（197.3℃），锌在铝中的固溶度不受锡的影响。但是，锡能降低 ZnAl 化合物的稳定性。

4.4.3.14　Zn-Al-Mg 基合金体系

在 Zn-Al-Mg 三元合金体系中，有六个二元反应及七个三元反应。固态的铝能与 Mg_5Al_8、$Mg_3Zn_3Al_2$、$MgZn_2$、Mg_2Zn_{11}、ZnAl 及 Zn 处于平衡状态。其中 $MgZn_2$ 是典型的六角晶格拉维斯相。Mg_2Zn_{11} 相具有立方晶格，单位晶胞中有 39 个原子。

在 Zn-Al-Mg-Ag 合金中，Ag 的作用在于形成细小弥散中间相以增加合金的抗拉强度及疲劳强度。另外，Ag 还具有减少晶界周围无沉淀区及缺陷的作用。镁和锌降低银在铝中的固溶度。

在 Zn-Al-Mg-Be 合金中，不存在四元相。在大部分合金中，铍是初生相。在固态合金中，有 Mg_5Al_8、$Mg_3Zn_3Al_2$ 及 $MgZn_2$ 化合物。

在 Zn-Al-Mg-Cr 合金中，增加铬会形成 $Cr_2Mg_3Al_{18}$ 化合物，可增加 Zn-Al-Mg 合金的时效硬化能力。

在 Zn-Al-Mg-Fe 合金中，铁稍使合金强化，锌能使合金中的 $FeAl_3$ 初生晶范围扩大。

在 Zn-Al-Mg-Li 合金中，锂提高合金的人工时效效果。

在 Zn-Al-Mg-Mn 合金中，锰提高合金的电阻率，也使再结晶温度增高。在该合金体系中，$MgAl_6$ 初晶范围较大。而 $MgAl_8$、$Mg_3Zn_3Al_2$、$MgZn_2$、Mg_2Zn_{11}、ZnAl、Mn_5ZnAl_{24} 及 $(MgMn)_3Al_{10}$ 都沿相图的锌镁边结晶，初晶区较窄。

Zn-Al-Mg-Cu 合金相图的特点是，有三组成对的相能形成完全互溶的固溶体，即：$CuMg_4Al_{16}$ 与 $Mg_3Zn_3Al_2$；$MgZn_2$ 与 $CuMgAl$；$Cu_6Mg_2Al_6$ 与 $MgZn_{11}$。$CaMgAl$ 及 $MgZn_2$ 具有六方晶格。$Cu_6Mg_2Al_6$ 及 $MgZn_{11}$ 属立方晶系。$Cu_6Mg_2Al_6$ 与 $Mg_3Zn_3Al_2$，也属立方晶系。加入铜，对 Zn-Al-Mg 合金的时效作用无根本性影响。加入质量分数 1.5% Cu 可形成 $CuAl_2$

或 $CuMgAl_2$。在含 $w(Zn) = 5\% \sim 8\%$ 及 $w(Mg) = 2\% \sim 3\%$ 的合金中，主要沉淀相为 $MgZn_2$ 与 $CuMgAl$ 或 $Cu_6Mg_2Al_6$ 与 $MgZn_{11}$。

在 Zn-Al-Mg-Si 合金中，无四元化合物。锌降低铝的熔点及共晶反应（$L \rightarrow Al + Si + Mg_2Si$）的温度。$Mg_2Si$ 初生晶区较大。在固态下，Mg_2Si 和 $MgAl_8$、$Mg_3Zn_3Al_2$、$MgZn_2$、Mg_2Zn_{11}、$ZnAl$、Si 及 Zn 处于平衡状态。过剩的镁会使 Mg_2Si 的固溶度降低。硅对 Zn-Al-Mg 合金的力学性能及抗蚀性的影响较小。

4.4.4 锌合金的熔炼和热处理

4.4.4.1 锌合金的熔炼

实际生产中所用的各种熔炉均可用于熔炼锌合金，但为避免铁对合金的污染，采用铁质坩埚。

A 常规熔炼法

采用 YB/T 282—2010 中 Al-Cu50 中间合金，或自配含铜 30% 的铝铜合金，备用。操作步骤见表 4 – 92。

表 4 – 92 锌合金的常规熔炼法

步 骤	操 作 内 容
1	预热坩埚到暗红色（500~600℃）
2	装应加锌锭的 90% 和回炉料的 90%，同时装入铝铜合金
3	熔化后加入镁锭和需补加的铝锭
4	加热到 650℃ 以上，用占合金重 0.10%~0.15% 的 $ZnCl_2$ 精炼
5	加入剩余的锌锭和回炉料使合金液降温，搅拌、扒渣、出炉

B 合金锭重熔法

按 GB/T 8738—1988 "铸造锌合金锭"，购买相应牌号的锌合金锭重熔，熔化后加入占炉料重 0.10%~0.15% 的氯化锌精炼。

C 一次熔炼法

不预配中间合金，合金元素以铜锭、铝锭和镁块直接加入，操作步骤见表 4 – 93。

表 4 – 93 锌合金的一次熔炼法

步 骤	操 作 内 容
1	预热坩埚到暗红色（500~600℃）
2	加入电解铜或铜锭，熔化后用占铜重 0.6%~1.0% 的磷铜脱氧
3	加入铝锭
4	铝熔后，加入应加锌锭的 90%，回炉料的 90%
5	加入镁
6	合金液温度在 650℃ 以上时，加入占炉料重 0.10%~0.15% 的 $ZnCl_2$ 精炼
7	加入剩余的锌锭和回炉料使合金液降温、搅拌、除渣、出炉

4.4.4.2　锌合金铸件的热处理

锌合金铸件的热得理有两种，即稳定化处理和均匀化处理。

（1）稳定化处理。铸造锌合金中的固相脱溶分解和共析转变因冷却速率和铜、镁的作用而受到抑制，铸态下得到的是不稳定的组织。所以，铸件的尺寸和性能，会因组织缓慢时效而变化。在低温下进行稳定化处理，可加速这种组织转变，使尺寸性能稳定。处理的温度愈高，则稳定化所需的时间愈短。100℃下保温，需 3 ~ 6h；85℃下，需 5 ~ 10h；70℃则 10 ~ 20h。

（2）均匀化处理。均匀化处理可改善枝晶偏析并得到细片共析组织，结果是强度降低而塑性提高。

锌合金铸件的均匀化，在 300 ~ 400℃下进行，需保持此温度 5 ~ 8h。

任务 4.5　铸造钛合金

【任务描述】

钛和钛合金在熔融状态下具有很高的化学活性，会与常用的各种耐火材料发生化学反应，熔炼和铸造成型难度大，导致其加工条件复杂，成本较昂贵，在很大程度上限制了它们的应用。

【任务分析】

铸造钛合金的性能及熔铸工艺。

【知识准备】

4.5.1　发展概况

钛合金铸造工艺的发展落后于压力加工工艺，因此在铸钛发展初期，人们首先选择已有的一些变形钛合金进行了浇注试验研究。结果表明，大部分变形合金都具有较为满意的铸造工艺性能，如 Ti-6Al-4V，Ti-5Al-2.5Sn 等。但也应当指出，并不是所有的变形钛合金都适合于用作铸造合金，如美国早期使用的 Ti-8Mn 及 Ti-4Al-4Mn 合金的铸造性能都很差。

起初，人们曾对发展专用的铸造钛合金抱着很大的希望，研究了含高铝的钛合金和 Ti-Si 共晶合金。例如，苏联早期发展了专用铸造钛合金 BTJL1（Ti5-Al-1Si）。后来不少人认为，既然大部分变形钛合金都具有良好的铸造性能和力学性能，能满足铸钛发展的需要，就没有必要再发展专门的铸造钛合金系统了。因此，专用铸造钛合金的研究工作，在二战时期内并未大力开展。随着铸钛的发展，新问题不断出现，发展专门的铸钛合金又被提到日程上来了，1971 年在伦敦召开的第一届国际铸钛会议上，把发展新型的铸造钛合金视为三大发展方向之一。

就钛的熔点来说，目前钛合金的使用温度并不算高，一般在 550℃以下，其他金属铸造合金的使用温度，都稍高于变形合金（如镍基合金高 50℃），钛也应如此。因此，发展符合铸造合金强化特点的耐热性高的钛合金，应是今后努力方向。

从改进铸造工艺的角度来发展专门的铸造钛合金也是一个方向，美国曾研究过 Ti-

13Cu-3Al 低熔点钛合金，其目标是有利于采用成本低廉的熔炼造型工艺和减少铸件表面沾污等缺陷。随着钛铸件向复杂化和大型化发展，势必要求发展一些对铸件冷却速度不敏感，在不同截面及部位都能保持均匀力学性能的合金。

近年来，TiAl 金属间化合物越来越为人们所重视，随着它的研究进一步深入与发展，完全有可能研制出新型的专用铸造钛合金。表 4-94 列出了各国铸造钛合金。如同变形合金一样，铸造钛合金按相的组成可分为 α 合金、近 α 合金、α + β 合金及 β 合金；按应用情况可分为中温中强合金、高强合金、高温合金、低温合金、抗腐蚀合金及生物工程合金（见表 4-95）。

表 4-94　各国铸造钛合金

类型	名义成分	中国	美国	俄罗斯	德国	日本
α 合金	纯钛	ZTA1	C-1	BT1JI	G-Ti99.2	KS50-C
		ZTA2	C-2		G-Ti99.4	KS50-LFC
		ZTA3	C-4			KS70-C
	Ti-0.2Pd		C-7A			
			C-7B			
			C-8A			
			C-8B			
	Ti-5Al-2.5Sn	ZT2	C-6（ZTA7）		G-TiAl5Sn2.2	KS115AS-C
	Ti-5Al	ZTA5		BT5JI		
近 α 合金	Ti-6Al-2Sn-4Zr-2Mo	ZT6	Ti6242		G-TiAl6Sn2Zr4Mo2	
	Ti-SAl-1Si			BTJI1		
	Ti-6Al-2Zr-1Mo-1V			BT20JI		
	Ti-6Al-5Zr-0.7Mo-1V-0.3Cr-0.2Sn			BT21JI		
	Ti-5.5Al-3.5Sn-3Zr-1Nb-0.3Mo-0.3Si				G-TiAl5.5-Sn3.5-Zr3Nb1MoSi	
α + β 合金	Ti-5Al-5Mo-2Sn-0.25Si-0.02Ce	ZT3				
	Ti-6Al-4V	ZT4	Ti64（ZTC4）	BT6JI	G-TiAl6V4	KS130AV-C
	Ti-6Al-6V-2Sn		Ti662			
	Ti-6Al-2.5Mo-2Cr-0.4Fe-0.2Si			BT3-1JI		
	Ti-6.5Al-3.5Mo2Zr-0.3Si			BT9JI		
	Ti4Al-3Mo-1V			BT14JI		
	Ti-5.5Al-3Mo-1.5V-0.8Fe-1Cu-1.5n-3.5Zr	ZT5				
	Ti-6Al-2Sn-4Zr-6Mo		Ti6246			
	Ti-5Al-2.5Fe				G-TiAl5Fe2.5	

类型	名义成分	中国	美国	俄罗斯	德国	日本
β 合金	Ti-15V-3Cr-3Al-3Sn		Ti-15-3		G-Ti15Cr3Al3Sn	
	Ti-15Mo-5Zr					KS130MZ-C
	Ti-32Mo	ZTB32				
	Ti-3Al-8V-6Cr-4Mo-4Zr		Ti-38-6-44 (β-C)			

表 4 – 95　铸造钛合金用途分类

序号	类　别	合　金	牌　号
1	中强结构合金	Ti-6Al-4V	ZT4，Ti64
		Ti-5Al-2.5Sn	ZT2
		Ti-5Al	BT5JI
2	高温合金	Ti-5Al-5Mo-2Sn-0.3Si-0.02Ce	ZT3
		Ti-6Al-2Sn-4Zr-2Mo	Ti6242
		Ti-6.5Al-3.5Mo-22V-0.3Si	BT9JI
3	高强合金	Ti-5.5Al-3Mo-1.5V-0.8Fe-1Cu-1.5Sn-3.5Zr	ZT5
		Ti-15V-3Cr-3Al-3Sn	Ti-15-3
4	耐蚀合金	Ti-0.2Pd	C-7A
		Ti-15Mo-5Zr	KS130M2-C
		Ti-32Mo	ZTB32
5	生物工程合金	Ti-5Al-2.5Fe	
6	低温合金	Ti-6Al-4VELI	Ti64ELI

4.5.2　合金技术条件

表 4 – 96 列出了美国铸造合金标准 ASTM B367—09。这是一个民用标准,其中包括四个工业纯钛牌号,它们是根据氧含量不同分类的。工业纯钛主要用于铸造化工耐腐蚀的泵、阀、叶轮及其他民用工业铸件。为了提高抗腐蚀性能,发明了纯钛加 0.2% 钯的耐腐蚀合金。

表 4 – 96　美国铸造钛合金成分（ASTM B367—09）

元　素	成分（质量分数）/%									
	C-1 级	C-2 级	C-3 级	C-4 级	C-5 级	C-6 级	C-7A 级	C-7B 级	C-8A 级	C-8B 级
氮，max	0.03	0.03	0.05	0.05	0.05	0.05	0.03	0.03	0.05	0.05
碳，max	0.10	0.10	0.10	0.10	0.10	0.10	0.10	0.10	0.10	0.10
氢，max	0.0100	0.0100	0.0100	0.0100	0.0100	0.0100	0.0100	0.0100	0.0100	0.0100
铁，max	0.20	0.30	0.30	0.50	0.40	0.50	0.20	0.30	0.30	0.50
氧，max	0.18	0.25	0.35	0.40	0.25	0.20	0.18	0.25	0.35	0.40
铝					5.5 ~ 6.75	4.00 ~ 6.00				

元　素	成分（质量分数）/%									
	C-1 级	C-2 级	C-3 级	C-4 级	C-5 级	C-6 级	C-7A 级	C-7B 级	C-8A 级	C-8B 级
钒					3.5 ~ 4.5					
锡						2.0 ~ 3.0				
钯，min							0.12	0.12	0.12	0.12
其他，max（每个）	0.10	0.10	0.10	0.10	0.10	0.10	0.10	0.10	0.10	0.10
（总计）	0.40	0.40	0.40	0.40	0.40	0.40	0.40	0.40	0.40	0.40
钛	基	基	基	基	基	基	基	基	基	基

在美国军标 MIL-81915（见表 4 – 97）中只列出四个合金，除氧含量较低的工业纯钛外，Ti5-Al-2.5Sn 和 Ti-6Al-4V 是应用范围最广的结构钛合金，尤其是 Ti-6Al-4V 铸件的总产量在美国超过 90%，而工业纯钛铸件只占 5%。铸造 Ti-6Al-4V 这个 α + β 合金可在 350℃ 以下使用，具有良好的力学综合性能和优异的铸造工艺性能。它的热处理简单，组织性能稳定，焊接性能良好，广泛用于航空发动机压气机零件及飞机、导弹的结构零件。表 4 – 98 列出了美国 Ti-6Al-4V 航标及一些厂标所规定的元素与杂质含量，从中可以看出，它们在杂质含量控制上有些差异，尤其是美国航空标准已将钇列入应加以控制的杂质元素行列。铸造 Ti5-Al-2.5Sn 合金在强度上稍逊于 Ti-6Al-4V 合金，但它作为单相 α 合金，具有优异的焊接性能。铸造 Ti6242 合金可在 500℃ 以下的温度工作，主要用于航空发动机压气机部位，它在美国铸钛总用量中约占 2%。近年铸造 β 高强合金 Ti-15-13 和 β-C 合金已开始在美国飞机结构上获得应用。

表 4 – 97　美国军用铸造钛合金成分（MIL-T-81915）　　　　　（%）

类别	牌　号	成分（质量分数）					杂质（质量分数）					
		Al	Sn	Mo	V	Zr	Fe	C	N	H	O	其他总量
Ⅰ	工业纯钛						0.20	0.08	0.05	0.015	0.20	0.60
Ⅱ	Ti-5Al-2.5Sn	4.50 ~ 5.75	2.0 ~ 3.0				0.50	0.08	0.05	0.020	0.20	0.40
Ⅲ	Ti-6Al-4V	5.5 ~ 6.75			3.5 ~ 4.5		0.30	0.08	0.05	0.015	0.20	0.40
Ⅳ	Ti-6Al-2Sn-4Zr-2Mo	5.5 ~ 6.5	1.5 ~ 2.5	1.5 ~ 2.5		3.6 ~ 4.4	0.35	0.08	0.05	0.015	0.12	0.40

表 4 – 98　美国 Ti-6Al-4V 铸造合金标准所规定的元素、杂质含量　　　　　　（％）

技术条件	部门公司	铸造工艺	成分（质量分数）		杂质（质量分数）						其他	
			Al	V	Fe	C	N	H	O	Y	每个	总量
AMS 4985B	航标	精铸	5.5 ~ 6.75	3.5 ~ 4.5	0.30	0.10	0.05	0.015	0.20	0.005	0.10	0.40
BMS 7-181C	Boeing	精铸，石墨捣实	5.5 ~ 6.75	3.5 ~ 4.5	0.30	0.10	0.07	0.0125	0.20			0.40
B50 TF102	General Eleclric		5.5 ~ 6.75	3.5 ~ 4.5	0.30	0.10	0.05	0.015	0.20	0.005		0.40
MET-RMD-1	Hownmet	精铸	5.5 ~ 6.75	3.5 ~ 4.5	0.30	0.10	0.07	0.015	0.20		0.05	0.40
OMC-164B	Oregon	石墨捣实	5.5 ~ 6.75	3.5 ~ 4.5	0.30	0.10	0.07	0.015	0.25			0.40

　　在俄国应用最为广泛的铸造合金是工业纯钛 BT1JI 和含铝的钛合金 BT5JI，主要用于化学工业，制造耐腐蚀的铸件。强化了的 BT5JI 具有良塑性和冲击韧性，它作为 α 合金，其铸造性能和焊接性能突出，是前苏联航空工业应用的第一个铸造合金。在 Ti-Al 基础上添加少量 Mo、V、Zr 的 BT20JI，具有比 BT5JI 更高的强度，但仍保持较好的铸造性能与焊接性能，目前它在航空工业中的应用范围呈扩大趋势，已在某些方面，取代了 BT5JI 合金。BT13-1JI 与 BT9JI 是发动机领域里应用的高温铸造钛合金。

　　在 20 世纪 90 年代公布的航空技术条件中，再也没有列入初期应用的两个老牌号合金 BT3-1JI 和 BT14JI（表 4 –99）。

表 4 –99　俄国航空铸造钛合金（按 TY1-92-184—91）　　　　　　（％）

合金牌号	主要元素（质量分数）						杂质（质量分数）（≤）						其他杂质总量
	Ti	Al	Mo	V	Zr	Si	C	Fe	Si	O	N	H	
BT5JI	余	4.1 ~ 6.2					0.18	0.30	0.20	0.21	0.05	0.01	0.3
BT6JI	余	5.4 ~ 6.8		3.5 ~ 5.3			0.12	0.30	0.12	0.16	0.05	0.01	0.3
BT9JI	余	5.6 ~ 7.0	2.8 ~ 3.8		0.8 ~ 2.0	0.2 ~ 0.35	0.13	0.30		0.16	0.05	0.01	0.3
BT20JI	余	5.5 ~ 6.8	0.8 ~ 2.5	1.5 ~ 2.5			0.13	0.30	0.15	0.16	0.05	0.01	0.3

　　欧洲的铸钛工业是在美国的帮助下建立起来的，其铸造合金系统也基本与美国相一致。例如 Ti-6Al-4V 合金也是欧洲使用最为广泛的合金。表 4 – 100 列出了德国标准 DIN 17851 的铸造钛合金成分。从中可以发现，除 Ti-6Al-4V 合金外，G-TiAl6Sn2Zr4Mo2Si 也

是美国常用的铸造合金，在该合金中，硅已作为合金元素加入，而不是杂质。C-TiAl6Sn2Zr4Mo0.5Si 合金是从英国的变形合金 IMI1685 移植过来的。该合金具有比美国 Ti4Al-2Sn-4Zr-2Mo 合金更高的高温抗蠕变性能，使用温度可达 550℃。

表 4-100　德国铸造钛合金成分（按 DIN 17851）　　　　　（%）

合金牌号	成分上下线	成分与杂质（质量分数）											
		Al	V	Sn	Zr	Mo	Si	Fe	O	N	C	H	其他杂质	Ti
C-TiAl6Sn-2Zr4Mo2Si	min	5.5		1.8	3.6	1.8	0.06							基
	max	6.5		2.2	4.4	2.2	0.12	0.25	0.20	0.05	0.10	0.015	0.40	基
C-TiAlV4	min	5.5	3.5											基
	max	6.75	4.5					0.40	0.25	0.05	0.10	0.015	0.40	基
C-TiAl6Zr5-Mo0.5Si	min	5.7			4.0	0.25	0.25							基
	max	6.3			6.0	0.75	0.75	0.20	0.30	0.05	0.10	0.015	0.40	基
G-TiAl5Fe2.5	min	4.5						2.0						基
	max	5.5						3.0	0.30	0.05	0.10	0.015	0.40	基

G-TiAl5Fe2.5 合金是德国专门研究的人工关节合金，它不含对人体有害的钒元素。该合金具有良好的强度与工艺性能，对人体组织具有突出的相容性能。

1994 年发布的铸造钛合金国家标准 GB/T 15073—1994（见表 4-101），是参考了美国 ASTM 367—78，结合中国铸钛技术具体情况而制订的。和 ASTM 367—78 一样，国标 GB/T 15073—1994 中的铸造钛合金，主要也是应用于民用工业。ZTB32 合金是专用的耐腐蚀合金。中国航空和军用铸造钛合金的化学成分见表 4-102。

表 4-101　铸造钛合金化学成分（按 GB/T 15073—1994）　　　　　（%）

牌号	主要成分（质量分数）					杂质含量（质量分数）（≤）						其他元素	
	Ti	Al	Mo	Sn	V	Fe	Si	C	N	H	O	单个	总和
ZTA1	基					0.25	0.1	0.1	0.03	0.015	0.25	0.10	0.40
ZTA2	基					0.30	0.15	0.1	0.05	0.015	0.35	0.10	0.40
ZTA3	基					0.30	0.15	0.1	0.05	0.015	0.40	0.10	0.40
ZTA5	基	3.3~4.7				0.30	0.15	0.1	0.04	0.015	0.20	0.10	0.40
ZTA7	基	4.0~6.0		2.0~3.0		0.50	0.15	0.1	0.05	0.015	0.20	0.10	0.40
ZTC4	基	5.5~6.8			3.5~4.5	0.40	0.15	0.1	0.05	0.015	0.25	0.10	0.40
ZTB32	基		30.0~34.0			0.30	0.15	0.1	0.05	0.015	0.15	0.10	0.40
ZTC21	基	5.5~6.5	1.0~2.0	4.0~5.0	Nb1.5~2.0	0.30	0.15	0.1	0.05	0.015	0.20	0.10	0.40

表 4 – 102　中国航空和军用铸造钛合金的化学成分　　　　　　（%）

GJB 2896—97 代号	HB 5447—90 牌号	合金元素（质量分数）					杂质（质量分数）（≤）						其他杂质	
		Al	V	Sn	Mo	Ce	Fe	Si	C	N	H	O	总和	单个
ZTA1							0.2	0.15	0.1	0.05	0.015	0.2	0.4	0.1
ZTA7	ZT2	4.0 ~ 6.0	2.0 ~ 3.0				0.5	0.15	0.1	0.05	0.015	0.15	0.4	0.1
ZTC3	ZT3	4.5 ~ 5.5	Si 0.2 ~ 0.35	1.5 ~ 2.5	4.5 ~ 5.5	0.015 ~ 0.03	0.2		0.1	0.05	0.0125	0.18	0.3	0.1
ZTC4	ZT4	5.5 ~ 6.8	3.5 ~ 4.5				0.3	0.15	0.1	0.05	0.015	0.15	0.4	0.1
	ZT4 – 1	5.5 ~ 6.8	3.5 ~ 4.5				0.3	0.15	0.1	0.05	0.015	0.2	0.4	0.1
ZTC5		5.0 ~ 6.0	1.0 ~ 2.0	1.0 ~ 2.0	2.5 ~ 3.5 Cu 0.3 ~ 1.2	Zr 3.0 ~ 4.0 Fe 0.5 ~ 1.5		0.15	0.1	0.05	0.015	0.20	0.4	—
ZTC6		5.75 ~ 6.5	1.75 ~ 2.25	1.75 ~ 2.25	Zr 3.5 ~ 4.5		0.12	0.13	0.1	0.05	0.0125	0.15	0.3	—

国军标 GJB 2896A—2007《钛及钛合金熔模精密铸件规范》适用于航空、航天及其他军用工业，所公布的合金牌号、代号与航标有些差异。它首次将北京航空材料所研制的 ZTC5 与 ZTC6 合金列入标准。TiAl 系金属间化合物特性见表 4 – 103。

表 4 – 103　TiAl 系金属间化合物特性

特　性	钛合金	Ti$_3$Al	TiAl	高温合金
密度/g·cm^{-3}	4.5	4.15 ~ 4.7	3.76	8.3
杨氏模量/GPa	100 ~ 96	145 ~ 110	176	206
最高蠕变温度/K	811	1088	1311	1366
最高的抗氧化温度/K	866	922	1311	1366
室温塑性/%	~ 20	2 ~ 5	1 ~ 2	3 ~ 5

中国最早研究的也是 Ti-6Al-4V 与 Ti-5Al-2.5Sn。目前 Ti-6Al-4V 合金在中国航空航天工业的用量，已超过钛铸件总量的 80%。铸造 Ti-6Al-4V 合金具有中等强度和良好的综合力学性能，它的铸造性能优良，焊接性能良好，在退火状态下可在 350℃ 以下温度长期工作。

航标 HB 5447—1990 列出了铸造 Ti-6Al-4V 合金两个牌号 ZT4 与 ZT4-1。我国生产的海绵钛质量比较好，杂质含量低。长期以来，使用这种原料生产的 Ti-6Al-4V 合金铸件塑性好，使用可靠，但其强度比国外同类合金稍低一些。人们称该合金牌号为 ZT4。如果在母合金制备过程中适当提高氧含量，包括采用部分回炉料，所研制出的 ZT4-1 合金在强度上有所提高，完全达到国外同类合金的强度性能水平。

铸造 Ti-5Al-2.5Sn 合金（ZT2）是一种具有中等强度的合金，它是单相合金，具有非常好的焊接性能。在退火状态下，可在 350℃ 以下温度长期工作。由于它的抗氧化能力优于其他合金，可在较高的温度下短时间的工作。

ZTC3 合金是北京航空材料研究院根据钛合金铸造特点，专门研究的航空用高温铸造钛合金。ZTC3 是在 Ti-Al-Mo-Si 系的基础上，添加了稀土元素铈。这样，在传统的固溶和弥散强化的基础上，使合金凝固结晶时形成难熔质点（Ce_2O_3），从而获得了新的强化效应。这样 ZT3 不但具有较高的耐热性能，而且也保持了良好的热稳定性能。可用于制造 500℃ 下长期工作的发动机压气机铸造零件。

ZTC5 合金属 Ti-Al-Mo-Sn-Zr 系，它是在广泛使用的耐热钛合金成分系统的基础上，发展成的一种组织结构稳定的高强 α + β 铸造钛合金。快速共析元素的加入，提高了合金时效时的强度。ZTC5 合金不仅在常温下具有高强高韧性，而且可以在 350℃ 下长期使用，具有良好的热稳定性。可用于飞机结构铸件。

ZT6 是仿制美国的 Ti6242 合金，它是一种近 α 型铸造钛合金，合金中铝含量在 8% 以下。该合金高温性能良好，并具有良好的热稳定性能。可用于 500℃ 以下温度工作的航空发动机零件。

4.5.3　铸造 γ-TiAl 化合物合金

早在 20 世纪 50 年代，人们首次发现了 γ-TiAl 金属间化合物具有良好的高温持久性能与抗氧化性能，这给发展新型耐热铸造钛合金带来了希望（见表 4 - 103）。1975 ~ 1983 年美国空军材料研究所与普拉特·惠特尼（Pratt-Whitney）公司实施了第一个 γ 合金开发计划，研制出 Ti-48Al-1V（-0.1C）合金，并且浇出了铸件。试验结果表明，合金具有粗大的铸造层状组织，其延性很差。第二个主要合金开发计划仍是由美国空军材料研究所开始，并与通用电气公司（GE）合作完成，最后确定了 Ti-48Al-2Cr（或 Mn）-Nb 合金是二代最佳合金成分。该合金铸态的延性、强度都很低，这主要是由于粗大的、不均匀的铸造层状组织所造成。通过热处理，可使 γ - 晶粒和剩余层状区构成所谓铸造双重显微组织，并使晶粒细化至 100 ~ 2μm，以此来控制层状组织。双重组织的 γ 合金铸件表现出一定的综合力学性能，虽然水平还比较低，但通过发动机试验，证明它可以作为工程材料用于 1994 年由通用电气公司研制的铸造 γ 合金低压涡轮（LPT）叶片，通过了严格的考验，两台发动机成功地模拟试验了 1500 个飞行周期，证明它完全有可能在发动机某些部件上取代镍基合金。当然铸造 γ 合金的正式批量使用，还有很多问题需要解决，如它的室温塑性、抗氧化性能及性能稳定性等。

1990 年 Howmet 首先开发了 XD 合金，在 Ti-46Al-2Mn-2Nb 中添加了 0.8%（体积分数）的 TiB_2，并获得满意的效果，从而开创了 γ 合金发展的新途径。

4.5.4　钛及钛合金的熔炼

目前，用于钛合金熔炼浇注的设备种类很多，其中包括：真空自耗电弧凝壳炉、真空非自耗凝壳炉、电子束凝壳炉、冷壁坩埚感应炉、等离子凝壳炉等。它们的共同特点是都采用"凝壳"坩埚，即使用强制水冷的铜坩埚或石墨坩埚，熔炼时钛在坩埚上形成一个薄薄的凝固壳体，保护钛在融熔状态下不受污染，从而获得足够浇注铸件用的"纯净"液体钛。

真空自耗电弧凝壳炉是最早用于钛铸件生产的设备，虽然它存在自己的缺点，但在众多新的熔铸方法竞争的形势下，仍然是目前用于生产的主要工艺设备。

4.5.4.1　真空自耗电弧凝壳炉

A　概述

利用电弧作热能，在低压环境下熔炼金属，始于 1839 年。到 1930 年，首次利用自耗电极和水冷结晶器，在低压氩气保护下熔炼了钽金属。从 1937 年起，真空自耗电弧重熔的方法获得了很大的进展，这是与钛冶金的发展紧密相联的。1949 年后，大型真空电弧熔炼，已具备了工业生产的规模，工艺与设备也日趋完备。真空电弧熔炼的热能来源于电弧。电弧的行为与特性，是影响熔炼工艺参数和产品质量的主要因素。从本质上讲，电弧属于无数放电形式的一种。稳态的电弧，在正负两极加上直流电压后，用接触或其他方法引发出来。电弧由三大部分组成：阴极区、弧柱区和阳极区（见图 4 – 13）。

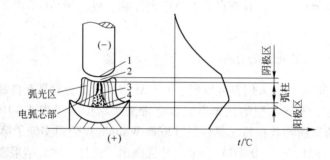

图 4 – 13　电弧构造示意图

1—阴极斑点；2—正离子层；3—弧柱；4—阳极斑点

阴极区实际由阴极斑点和正离子层组成。前者为电极端面的一个光亮点，电子集中在这里向外发射而产生弧光放电；后者是在电极端面附近与弧柱交界的正离子层。它与电极端面之间构成很大的电位降（见图 4 – 14），这种电位降促成电子从电极端而自发射，用以维持电弧有正常燃烧。

弧柱区是明亮的发光体，是由电子和离子混合组成的高温等离子体。在阴极与阳极之间，呈钟形分布。它的亮度很大，温度高达 4700℃左右。

阳极区位于阳极表面附近，也有一个斑点，但由于阳极区气体介质压强较低，阳极斑点面积扩大而近似"消失"。阳极斑点在来自阴极的电子和弧柱负离子高速运动的轰击下，获得了大量的能量，被加热到很高的温度，使整个阳极区的温度，超过了阴极表面温度。

在大气下燃烧的电弧，其弧柱等离子体主要由电子与空气的离子化粒子组成；而真空下的电弧，则是由电子与正负极材料离子化蒸气组成。大气下电弧的阴极斑点面积小，弧柱与周围空气的界面清晰。随着弧区气压降低，阴极斑点迅速增大，它已不局限停留在电极端部，还覆盖了邻近的电极圆柱表面，这时弧柱界面已逐渐变得模糊。由于能量的分散，阴极斑点的温度下降。在一定的临界压力下，则发生了辉光放电，这时电子离子的等离子体四处扩散，还产生升压效应，很有可能导致很危险的后果。电弧熔炼时的辉光放电的临界压力，与放电场周围气体与蒸气性质及数量有关，一般为 1365Pa。当真空度进一步提高，弧长尽量缩短时，就可进行正常的电弧熔炼。虽然与大气电弧相比，真空电弧的阴极斑点和弧柱的温度还相对比较低。但在真空条件下，由于电子自由行程长度大大增加，在弧柱中运动的功能大幅度的增长，结果它们以巨大的速度冲击阳极斑点，使正极熔池获得比大气压力下更多的热能。

电弧燃烧的不稳定性是真空熔炼的重大问题，除了采取自动化控制，维持较短的电弧，防止侧弧、散弧外，安装稳弧磁场，使弧柱轴向旋转，对稳定电弧熔炼，起到了积极作用。

真空自耗电弧凝壳炉是在真空自耗电弧熔炼炉的基础上发展起来的。20 世纪 50 年代初期，美国矿业局阿巴尼试验站，在研究普通自耗电极电弧炉熔炼时，意外地发现了深熔池，若将熔池中熔融金属倾注出来，则剩下了一个凝固的金属壳，这样便发展了凝壳炉。与自耗电弧熔炼炉一样，凝壳炉同样采用直流电源，用自耗电极作负极，水冷坩埚作正极，起弧后将钛电极熔化滴入坩埚熔池内；所不同的是水冷铜坩埚可以翻转倾动，如图 4-15 所示。当熔炼所形成的熔池足够大时，电极快速提升，随即翻转坩埚，使熔融钛迅速通过浇嘴注入铸型中，根据铸件要求的不同，可以进行静止浇注或离心浇注。

1965 年北京航空材料研究所建立起中国第一台自耗电弧凝壳炉，供研究试验，额定浇注量为 8kg。

现在全世界上生产用电弧凝壳炉已超过 100 台，俄罗斯最多，美国次之，最大炉子的浇注量为 1000kg。中国已超过 15 台，最大炉子 400kg。表 4-104 列出了几种典型的真空自耗电弧凝壳炉的技术特性。

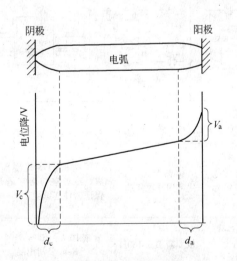

图 4-14　电弧的典型电位分布
d_c—阴极区；d_a—阳极区；
V_c—阴极电位降；V_a—阳极电位降

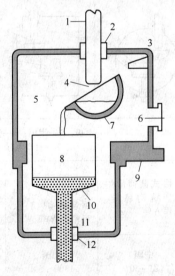

图 4-15　自耗凝壳炉示意图
1—自耗电极；2—密封；3—加料斗；4—电弧；
5—炉体；6—真空系统；7—坩埚；8—铸型；
9—闸板阀；10—升降离心盘；11—浇注室；12—密封

表 4-104　几种真空自耗电弧凝壳炉的技术特性

型号 国别 特性	ZJ-30	ZN-250	L-100SM	L1000SM	Titech	OKB-934	OKB-1007	OKB-1024
	中国	中国	德国	美国	美国	俄罗斯	俄罗斯	俄罗斯
浇注量/kg	50	250	100	1000	360	60	250	1000
最大电流/A	12000	34000	18000	54000		14000	25000	3000
电压/V		$20 \sim 45$	$25 \sim 45$			25	25	30
极限真空度/Pa	1.3×10^{-1}	1.3×10^{-1}	1.3×10^{-1}			1.3×10^{-1}	1.3×10^{-1}	1.3×10^{-1}
熔炼真空度/Pa	$6.5 \sim 1.3$	$6.5 \sim 1.3$	$6.5 \sim 1.3$	$6.5 \sim 1.3$				
电极直径/mm	160	300	350			300	460	770
最大铸型尺寸（ϕ/h）	1000/500	1500/1200	900/750		1828/965	600/400	1000/1200	2200/1800
最高离心转速/r·min^{-1}		500	$400 \sim 800$	600				400
周期/h	$1.5 \sim 2$	$2 \sim 4$	1.5			3	2.5	2.2

B　自耗电弧凝壳炉类型

自耗电弧凝壳炉根据其用途可分为五种类型：卧式炉、立式炉、双室炉、多室炉与连续炉（见表 4-105）。

表 4-105　各种类型真空自耗电弧凝壳炉示意图

类型	卧式炉	立式炉	双室炉	多室炉	连续炉
示意图					
	1—电极；2—坩埚；3—铸型；4，5—熔铸室；6—铸型冷却室；7—闸板室；8—真空系统；9—滚轮；10—导轨；11—铸型预热室				
特点	卧式圆筒形炉体，结构稳定，操作方便	立式方形炉，有效空间大。坩埚装在炉门上，可移出清理	离心盘可升降，用闸板阀将铸型冷却室与熔铸室隔开	多铸型室、熔化室用导轨移动	用闸板阀将铸型预热室、冷却室与熔室隔开，保证铸件连续生产
国别型号	中国 ZJ-30	德国 1300 SM	俄罗斯 Bдл-4 美国 Titech 公司出品	俄罗斯 Bдл-160M	德国 L-100S 美国 Rem 公司出品

a　卧式炉

卧式炉为铸钛发展初期设计开发的一种凝壳炉，它的特点是炉膛为卧式圆筒，坩埚与浇注离心盘都装在同一室内，根据大小，可以采用一个炉门或两个炉门。这种炉子结构紧凑、密封可靠，制造容易。为了克服在炉内生产操作的不便，可安装专用起吊装置（见图 4-16），用于装卸电极和铸型装配箱。这样，炉外铸型装配与炉内的电极焊接同时进行，从而缩短生产周期。

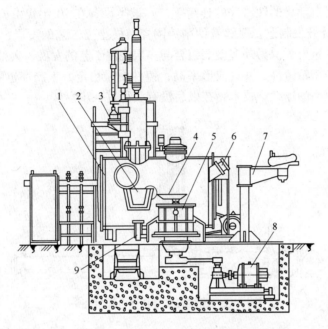

图 4-16　卧式真空电弧自耗凝壳炉结构

1—真空室；2—坩埚；3—电极传动装置；4—浇口杯；5—铸型装配箱；
6—观察窗；7—转动吊车；8—马达；9—电极焊接台

b　立式炉

立式炉也是一种单室炉。考虑到卧式炉铸型高度受到限制，100kg 以上的凝壳炉，为了浇注更大或更多的铸件，采用立式结构比较合理。立式凝壳炉炉膛空间利用率高，减少了真空系统的功率消耗。立式炉有圆形与方形两种。圆形炉制造较为方便；而方形炉需要采用强度较高的炉壁设计，以防止在负压工作下变形，但方形立式炉便于凝壳炉各系统的设计布置与装配，使炉子制造得更为紧凑，操作更为方便。德国 L-H 公司为欧洲和日本制造的铸钛凝壳炉，属这种类型。

c　双室炉与多室炉

在自耗电弧凝壳炉熔铸周期中，铸件冷却时间，占据很大的比例，尤其对于大型优质钛合金铸件，冷却时间几乎占整个熔铸周期的一半。为了缩短熔铸周期，提高生产效率，发展了将炉子熔炼浇注室与铸型室用真空闸板阀隔开的双室炉。如图 4-15 所示，铸型在熔炼浇注后，通过升降机构下降至铸型冷却室，关闭闸板阀，铸型可在真空下或惰性气氛下继续冷却，而熔铸室则可提前打开进行清理和下一个炉次的准备。这种 100~200kg 的凝壳炉，熔铸周期一般可缩短 30%。闸板阀的设计与制造质量，往往是这一类型炉子的技术关键。

多室炉是大型批量生产的炉型。它拥有两个以上的固定式铸型室，活动的熔铸室采用吊车或行车机构移动，从一个已浇注的铸型室转移到另外一个准备浇注的铸型室。俄罗斯

的 ДВП 凝壳炉，属于这种设备。

连续炉是大批量生产钛合金精密铸件的凝壳炉类型（见图 4 - 17）。它配置有多工位的铸型预热室与冷却室，这两个室与中心熔注室用闸板阀隔开，按流水线将铸型预热、浇注、冷却，进行高自动化的钛铸件的连续生产。该类设备在 70 年代由德国 L - H 公司与美国 Rem 公司设计开发制造。但随着钛精铸陶瓷熔模型壳工艺的发展，制造薄壁件的铸型预热变得不那么重要了。另外多型壳组合与多层浇注工艺的发展，大型凝壳炉早就能够浇注数量众多的小型精铸件，并且成形率高，铸件质量稳定，生产率也随之提高。这样，结构复杂和造价很高的连续炉技术，在以后没有获得进一步发展。

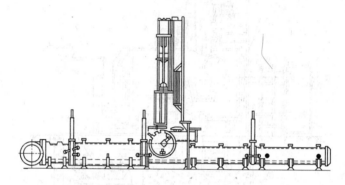

图 4 - 17　连续式真空自耗电弧凝壳炉

C　结构

凝壳炉通常由炉体、电极升降机构、真空系统、坩埚、离心浇注盘、电源系统、电控系统、冷却系统及电弧观察系统等部分组成。

a　炉体

炉体是炉子的主体。包括炉膛、炉门及联结其他系统的窗口与法兰。由于熔炼浇注是在炉膛中进行，炉体承受很大的辐射热与大量的金属飞溅，因此它必须充分冷却，尤其在靠近真空密封圈的炉门及连结法兰部位。它们一般应当冷却到 40℃ 以下。炉体冷却方式有三种：双壁水冷式，其冷却效果最佳，卧式炉和一些圆筒形炉体一般采用这种结构；半双壁水冷式，其只冷却熔炼辐射最强的炉体上部和临近真空密封圈的法兰部位，方形立式炉与多室炉都采用这种结构；焊接管冷却，即在炉体外侧壁上缠绕与焊接上薄壁钢管，用于通水冷却，这种冷却效果不大，但对于熔炼时间不长的小炉子，完全适用。

b　坩埚系统

坩埚系统是炉子的心脏。它包括坩埚、水冷套和翻转机构。坩埚是电弧炉通过强大直流电的一极（正极），与从上方下降、逐步接近的自耗电极（负极）放电，发生强大电弧，熔化电极与坩埚内的炉料，逐步形成熔池。由于坩埚的强烈冷却，坩埚壁上的钛液迅速冷却，形成一层凝固了的钛壳，这个凝壳保护了熔池内的钛液免受坩埚材料的沾污。在电弧熔炼过程中，通过熔池表面的热流密度达 $150 \sim 180 W/m^2$。而电弧热量的 40% ~ 70% 是通过坩埚传导出去的，因此电弧凝壳炉坩埚系统是在高热应力的条件下工作。坩埚的结构、尺寸、材料和冷却系统，在很大程度上决定了凝壳炉的熔铸金属质量、技术经济特性和工作的安全性。

在工业生产中，广泛使用的有石墨坩埚和水冷铜坩埚。石墨坩埚主要应用于俄罗斯。图 4-18 示出了典型的石墨凝壳坩埚。带锥度（4°~5°）的石墨坩埚装置在一个侧壁有水冷的水套中。水套上的坩埚翻转轴颈，应该设置在接近浇嘴部位，以便浇注时保持金属流最小的位置变动。石墨坩埚一般由整体人造石墨车制而成，壁厚约为 20~60mm，底厚达100mm。在大型凝壳炉，坩埚是用块状石墨拼合而成。在一个不锈钢套上，内壁衬上厚度为 10~40mm 的石墨块，抹上石墨腻子将其固定，干燥除气后，形成所需尺寸的坩埚。

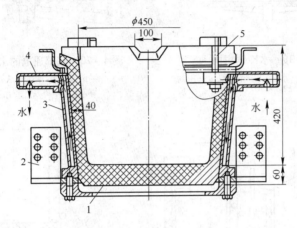

图 4-18　典型石墨坩埚

1—石墨坩埚；2—导电板；3—钢制水冷套；4—轴颈；5—坩埚固定

石墨坩埚的使用寿命，取决于正确的熔铸工艺，一般可达几百次。石墨坩埚熔炼的主要优点是安全，能耗相对也较低，缺点是钛合金增碳（每炉次 0.02%）。

水冷铜坩埚应用最为广泛，欧美、中国都主要采用这种坩埚。铜坩埚的直径 D 由炉子容量与电极直径 d 所决定，一般为 $d/D = 0.45~0.75$，而坩埚合理深度 H 则与电流强度有关，一般铜坩埚的深度直径比 $H/D = 1.2~1.5$。

图 4-19 示出了典型倾注式水冷铜坩埚的示意图，它由铜坩埚与水冷套组成。前者是用紫铜模压件机加工而成，坩埚内壁加工粗糙度 Ra 应达 $0.8\mu m$；后者则由不锈钢件焊接而成。选择优质橡皮密封，用密排的铜螺栓将坩埚与水套紧固组装。这种装配要求非常严格细致，因为它不但要保证高压水与真空室之间的可靠密封，而且要通过这些螺栓，传导强大的熔炼电流。水冷套的尺寸选择、冷却水进出口和隔板的设计，不但要保证冷却水水流畅通并有足够的流量，而且要使坩埚各部位冷却均匀，避免产生气泡。坩埚与法兰的转角区是个关键部位，它接受大量电弧热能，又接近密封内圈，是冷却水最高位置，如果设计不当，这个部位很容易缺水，或产生水的气化，造成坩埚烧穿的可怕后果。坩埚导电一般从两侧边部进入，电流从一边通入往往在熔炼中容易产生偏弧。另一种电流直接从坩埚底进入的设计（见图 4-20），不但减少了因密封螺栓电阻而带来的能量消耗，而且保证了电弧稳定。

对于一些大型炉和特殊用途的炉子，可以应用底浇式坩埚。图 4-21 示出了石墨底注坩埚，浇注口设置在侧面。熔炼金属达到一定量后，可翻转坩埚，浇口朝下，浇注出金属，这时电弧不断，继续加热熔池，维持金属较高的温度。图 4-22 示出了底注式铜坩埚，坩埚由筒体与底板组成，电弧熔炼形成一定深度的熔池后，转动打开底板。无冷却的

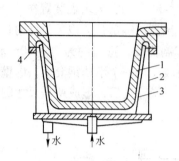

图 4 – 19　水冷铜坩埚
1—铜坩埚；2—水套；3—隔板；4—密封

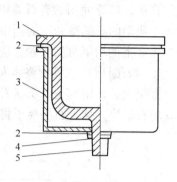

图 4 – 20　底部通电的水冷铜坩埚
1—坩埚；2—密封；3—水套；
4—螺帽；5—导电柱

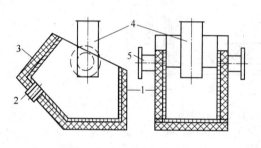

图 4 – 21　石墨底注坩埚
1—坩埚衬；2—浇口；3—壳体；
4—电极；5—坩埚倾动轴

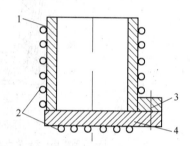

图 4 – 22　底注式铜坩埚
1—铜坩埚筒体；2—冰冷管；
3—底板转动轴；4—底板

凝壳底部，在电弧继续加热熔池的情况下，逐步烧穿。通过底穿孔，熔融金属迅速泄出坩埚。底注坩埚熔炼的关键在于正确选择电流、熔炼时间等工艺参数。

　　c　电极升降系统

　　电极升降系统又称炉顶机构，包括导电杆、传动机构与电极夹头。电极杆在装卡自耗电极，接通电流，通过传动机构下降电极，作为负极，与坩埚接近后，起弧进行熔炼。熔炼结束熄弧后，通过快速提升机构将电极接头迅速升离熔炼区，便于坩埚翻转。

　　进给母合金电极的机构有两种：机械升降与液压升降。前者采用直流电机或交流电机加直流电极（伺服马达）混配驱动系统；后者采用液压系统。为了便于电极停弧后快速提升，配合机械升降机构还装配了气动提升系统。液压系统的电极快速提升，则可通过液压阀实现。

　　d　真空系统

　　真空系统用于确保钛合金熔炼浇注在高真空下进行，它包括机械泵、罗茨泵、油增压泵或扩散泵以及各种真空阀门和真空室测量仪器。真空系统首先要保证装料封炉后，迅速将炉子抽到额定真空度（约 1.3×10^{-1} Pa）。在熔炼时，不论炉料放气量大小，也应将炉内真空度维持在 $6.5 \sim 1.3$ Pa。浇注时，铸型与炉体加热瞬时，放出大量气体，这是考验真空系统设计的重要阶段。合理的真空系统应保证浇注后真空度下降较小，或下降后迅速回升。为了减少能量的消耗和减小炉子占地面积，不能盲目地加大真空泵的抽气能力。不同类型真空泵的有效抽气特性各不相同（见图 4－23），必须根据凝壳炉的大小及类型，合理设计真空系统。图 4－24 示出了电弧凝壳炉典型的真空系统。

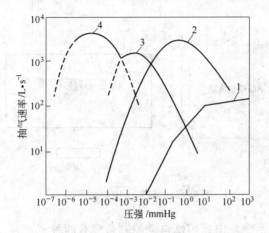

图 4－23　各种真空泵抽气速率与入口压强的关系
1—机械泵；2—罗茨泵；3—油增压泵；4—扩散泵
（1mmHg＝133.322Pa）

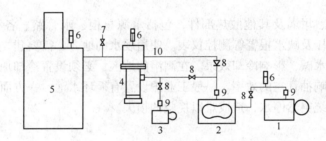

图 4－24　典型电弧凝壳炉真空系统
1—机械泵；2—罗茨泵；3—维持机械泵；4—油增压泵；5—凝壳炉；6—真空管；
7—放气阀；8—真空阀；9—减震波纹管；10—闸板阀

　　e　离心浇注盘
　　用于放置铸型，在采用离心浇注工艺时，可旋转固定在盘上的铸型，加快注入金属充填速度。离心浇注系统包括：铸型托盘、离心盘轴、离心传动机构、离心盘升降机构和转速器等。离心浇注机有机械传动与液压传动机两种：前者结构简单；后者便于变化转动速率，并可以满足铸型快速旋转起动与停止的特殊浇注工艺要求。
　　f　电源系统
　　供电弧熔炼用的是直流低电压大电流。电源相对比较独立，它包括电源发生器、电控开关与导电排。电弧熔炼的直流电的发生，可采用整流发电机或硅整流器（见图 4－25），现代工业凝壳炉一般采用后者。
　　g　电控系统
　　用于启动和控制各炉子功能系统的运转。它包括电控柜和操作台，及上面安装的各种控制元部件和显示仪表。电极升降的熔炼控制，是电弧炉的关键部分，一般工业炉都装备

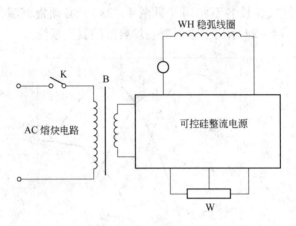

图 4 - 25　硅整流电源示意图

有手动与自动控制两套系统。电弧熔炼自动控制系统有两种：一种是根据电弧电压信号来控制电极升降，叫电压控制法；另一种是根据电极头熔化的金属滴掉入熔池时所造成的瞬间短路电脉冲，来控制电极升降传动机构，称脉冲控制法。目前钛合金电弧凝壳炉，大多数采用电压控制系统。

h　水冷系统

用于冷却炉体、坩埚及其他散热部件，包括水源总柜、水管路、各种手动或自动阀门，以及水温、水压及缺水报警等测控仪表。使用硬水的地方，需要建立软化水装置，以防止坩埚外壁沉积水碱，影响冷却效果。在潮湿的地区，必须设置冷却加温系统，以防止炉膛凝结水气，影响抽真空的效率。一般工业炉设置有循环水池，一方面节约用水，另一方面避免自来水系统突然停水，造成难以挽救的损失。

i　观察系统

在熔铸过程，除了通过观察口直接肉眼观察外，对于控制台远离炉体的大型工业炉，为了便于操作，装备有光学观察系统或电视观察系统。

4.5.4.2　钛合金真空自耗电弧凝壳熔炼浇注工艺

A　炉料准备

自耗电极是电弧凝壳熔铸的炉料，另外在坩埚里还可预置少量的炉料。自耗电极又称铸钛母合金棒，它的合金成分应严格符合铸件要求。母合金来源主要有三种：

（1）铸锭：航空铸件应当采用真空自耗电弧炉生产的二次自耗熔炼铸锭，用作凝壳炉电极；而一般铸件则可采用一次锭。每炉批铸锭应检查其化学成分及杂质。铸锭直径和长度应符合所使用凝壳炉的技术条件，短锭可用焊接或螺纹机械联结。铸锭两端必须机加工成平面，锭身可带原始铸造表面使用，但必须仔细清除锭身沾污物；如果表面氧化严重，必须以机加工方法去除。

（2）棒料：大铸锭可锻造成圆棒，经加工去除氧化皮至规定尺寸，用作凝壳炉母合金电极使用。加工棒料表面光洁，熔炼中不易引发侧弧。铸锭经锻造变形后，合金成分可望得到均匀化。从成本计算，锻棒电极的整体成本低于小型铸锭的成本。因此，在钛铸件大批量生产中，大都使用扒皮钛合金棒料。

（3）回炉料：利用钛铸件废品和浇冒口等回炉料，是降低铸件生产成本的重要途径。

用处理干净的回炉料制造的母合金电极有两种。一种方法是将切成小块的回炉料，经吹砂酸洗后，装填入人造石墨的锭模中，在凝壳熔炼炉中浇入部分钛液（约30%，质量分数），镶合成符合电极尺寸的棒料（见图4-26），它的密度虽然只有致密金属的70%～80%，但已具有足够的强度与导电率，完全符合自耗电极的使用要求；另一种方法是将回炉料一块一块地焊接成一根棒料（见图4-27）。这样的自耗电极，表面不规则，在熔炼过程中，容易出现爬弧、侧弧，因此应尽量控制较短的电弧，保持较低的熔炼电压，避免因侧弧引发击穿坩埚的危险。

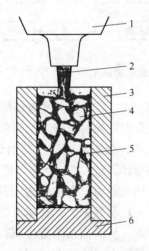

图4-26　炉料镶铸电极

1—浇口杯；2—浇注金属；3—石墨锭模；

4—回炉料；5—金属；6—底模

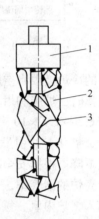

图4-27　回炉料焊接电极棒

1—电极头；2—料块；3—焊点

钛合金铸造产生的废料，一般占母合金投入的70%～80%。废料一般由以下部分组成：铸件浇冒系统（75%～80%）；报废铸件浇口杯制壳、废凝壳、炉内飞溅物和铸件初加工钛屑。通常，用作回炉料的是化学成分合格的前面三个部分。

回炉料的充分应用，可降低钛合金铸件成本。为了保证优质钛铸件的生产，所选用的回炉料必须经过严格的处理。去除表面粘砂、氧化层及油污。图4-28列出清理检验工序。

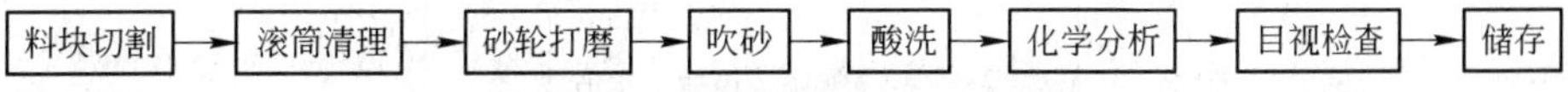

料块切割 → 滚筒清理 → 砂轮打磨 → 吹砂 → 酸洗 → 化学分析 → 目视检查 → 储存

图4-28　回炉料预处理流水线

回炉料除主要用于电极外，在每个炉次中，也可在坩埚凝壳内放置一部分。一般铜坩埚可放置浇注量的约5%；而石墨坩埚可放置浇注量的约10%。

B　电弧凝壳熔炼工序

图4-29列出了电弧凝壳熔炼的浇注工序。

C　自耗电弧凝壳熔炼工艺

正确的选择与控制熔炼工艺参数，是保证获得优质钛铸件的关键环节。

a　真空度

电弧凝壳熔炼过程中的真空度对金属的抗氧化、除气、电弧的行为及操作安全均有直

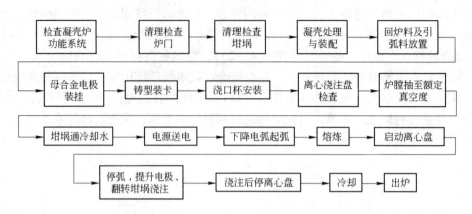

图 4 - 29　钛合金电弧凝壳熔炼浇注工序

接影响，凝壳炉的冷炉极限真空度一般为 1.3×10^{-1} Pa。熔炼真空度与熔炼速度及炉料质量有关，熔炼起弧时，炉膛和坩埚加热放气，引起真空度短时下降，然后保持一定水平的真空度，一般为 $6.5 \sim 1.3 \times 10^{-1}$ Pa。熔炼真空度过高，会引起蒸气压高的合金元素挥发；过低会造成钛合金氧化，并引发电弧辉光放电。在断弧浇注时，金属与铸型作用大量放气，真空度急剧下降。根据安全凝壳炉真空系统的抽气能力，真空度的回升需要 10 ~ 60s。

　　真空电弧凝壳炉的漏气率，是主要技术参数之一。漏气率大，意味着熔炼过程中，炉外空气不断地渗入，炉内氧、氢、氮和水气分压增大，从而沾污熔融金属，影响铸件的力学性能。按规定，熔炼钛合金的真空自耗凝壳炉的漏气率应小于 20μmHg·L/s。

　　b　电参数

　　电弧凝壳熔炼采用低电压大电流，它的额定电流是由炉子型号大小确定的。为了进行有效的钛合金电弧熔炼，通过自耗电极的电流密度，一般选择为 $0.4 \sim 0.6$A/mm²。熔炼起弧有一个瞬时短路过程，为了避免线路过载，应设置较小的起弧电负荷（见图 4 - 30）。起弧后，维持一个较小的电流（约为额定熔炼电流的 20%）进行工作（15 ~ 20s），以便通过电阻预热自耗电极，这样可以加快随后的熔化速率，预热时电弧不足以熔化电极，但通过辐射加热炉膛，尽早地蒸发掉一部分吸附气体，便于维持额定的熔炼真空度。

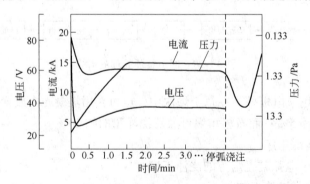

图 4 - 30　钛合金电弧凝壳熔炼电参数的变化

　　自耗电弧凝壳熔炼的熔化速率与电弧功率成正比：

$$v = KW$$

式中　　v——熔化速率，g/m；

　　　　W——电弧功率，kW；

　　　　K——系数，0.33g/(m·kW)。

熔化速率基本与电流强度成正比。较高的熔炼速率造成深的熔池，其深度随电流强度呈线性增加：

$$h = 4.5I/100$$

式中　　h——熔池深度；

　　　　I——电流强度。

但也必须注意，电流过大，将降低熔炼过程中的除气效率，增加坩埚烧穿的危险性。

凝壳熔炼空载电压一般为 45～60V，起弧后熔炼电压为 25～35V，这个数值，与电源特性及电弧长度有关。为了维持稳定的电弧、保持较快熔化速度，在不短路的情况下，尽可能保持较低的电压，将电弧控制得比较短。这样可防止侧弧，获得较高的金属过热度。

　c　电极的尺寸

电极尺寸主要由坩埚尺寸所决定（见表 4-106），坩埚与电极的尺寸设计，都是根据凝壳炉浇注量的要求及电流功率所确定的，即电极应通过一定的电流密度，以保证电弧熔炼的正常进行。

坩埚电极直径比，决定了电极距坩埚壁的间隙 δ：

$$\delta = \frac{D - d}{2}$$

当这个间隙尺寸低于电弧长度时，容易引发侧弧，造成击穿坩埚的危险。间隙过大，造成电弧热量的损失。因此，合理地选择坩埚电极直径比，是维持电弧凝壳熔炼正常进行的重要因素。

表 4-106　几种凝壳炉电极、坩埚尺寸等参数

参　　数	石墨坩埚凝壳炉			铜坩埚凝壳炉		
坩埚容量/kg	100	150	300	20	100	250
坩埚直径 D/mm	420	500	590	220	360	500
电极直径 d/mm	280	380	360	160	200	300
d/D	0.66	0.56	0.61	0.72	0.55	0.60
电极电流密度/A·cm^{-2}				40	57	42
熔化速率/kg·min^{-1}				5～8	8～10	18～22

　d　过热度

过热度不高，浇注温度又难以计算控制，这是电弧凝壳熔炼法的一大弱点。资料上对这一数据的报道，差异很大。有的报道为 60～80℃，有的报道则达 160～240℃。这当然与它们的测量方法不同有关。

电弧凝壳熔炼的特点是：电弧在熔池表面导入热能，达到一定的过热度；而熔池与凝壳交界处的温度为金属的结晶温度。这样池面与界面产生一个温度差，熔池形成一个变化的温度场。这个温度场的变化，决定于电弧输入能量——电流、电压、电弧长短与熔炼速度；池面辐射能量损失——电极直径及与坩埚的比例；坩埚冷却水热传导——温度、压力，坩埚材料与结构；熔池尺寸及搅拌——弧压搅拌和电磁搅拌。

　　熔池温度场及其体积平均温度决定了浇注金属真实的过热度。这是一个不易准确测定的参数。人们曾采用快速反应的红外光学高温计和在坩埚浇嘴设置热电偶的方法，进行过测量试验，但因其方法复杂，数据分散，在生产中都未能获得广泛应用。A. A. Heyctpyeb 等分析研究了各种因素的影响，制定了一种确定钛合金熔池表面平均过热温度的线解图（见图 4 – 31）。从图可以看出，通过熔炼电流的功率、电极直径与熔池平均直径之比 d_ε/d_B，就可确定熔池表面平均过热度 v_0。熔炼功率、熔池表面积和反映熔池表面热辐射的电极尺寸比，是影响熔池表面温度的主要因素。图 4 – 32 示出了确定熔池体积平均过热温度的线解图。图中纵坐标是熔池体积平均过热度与熔池表面平均过热度之比 v_{CP}/v_0，横坐标为熔池金属量。系数 K_x 按下列公式计算：

$$K_x = \frac{4\alpha k_B^2 d_B}{\varepsilon_K \lambda'}$$

式中　k_B——熔炼结束时熔池深度对平均直径之比；

　　α，ε_K——熔池金属特性系数；

　　d_B——熔池平均直径；

　　λ'——液态金属导热系数。

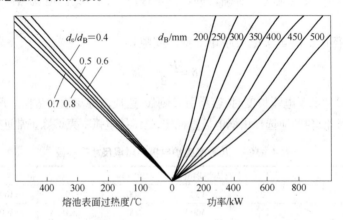

图 4 – 31　确定钛合金真空电弧凝壳熔炼熔池表面平均过热温度的线解图

d_B—熔池平均直径；d_ε—电极直径

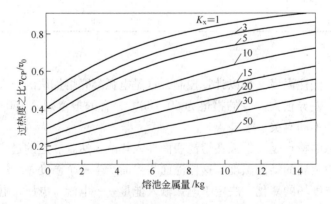

图 4 – 32　确定钛合金真空电弧凝壳熔炼熔池体积平均过热温度的线解图

v_{CP}—熔池体积平均过热度；v_0—熔池表面平均过热度；K_x—系数

可以认为，反映浇注温度的体积过热度，与熔池热交换有关，它的大小取决于熔池大小、熔炼速度和熔池搅拌的情况。

D　电弧凝壳炉操作的技术安全

在自耗电弧凝壳熔炼过程中，必须十分注意安全，避免发生炉子爆炸恶性事故。在电弧凝壳熔炼实践中，可能发生的爆炸事故有几种：清理炉膛后，悬浮在空气中的钛和镁的尘埃引起的爆炸；在熔炼过程中，真空泵停机，空气与真空泵油的混合物，进入炉膛而引发的爆炸；熔炼时，真空橡胶密封烧融，产生橡胶蒸气与空气混合物而引发的爆炸；水蒸气爆炸；氢－空气混合物爆炸。前三种爆炸威力不大，只要凝壳炉设计合理，操作得当，完全可以避免。后两种互相有联系，都是由于在熔炼操作时，电弧击穿水冷铜坩埚或电极杆，水进入炉内，与坩埚中高温液体钛发生作用。

如果坩埚被击穿的孔比较小，注入炉内的仅仅是水，它们与高温熔融钛接触，一部分气化，另一部分分解生成氢气：

$$Ti + H_2O \xlongequal{\quad\quad} TiO_2 + 2H_2$$

由于氢气的生成及水蒸气的形成，炉膛压力急剧增加。这个压力的大小，取决于进水量和坩埚中熔融钛的数量，当然也与真空系统的抽气效率有关。随着蒸气与氧气压力的增高，有可能引发爆炸。在熔炼过程中，当坩埚被电弧击穿进水时，在切断主电源的同时，注意让真空系统继续工作，高效率的抽气能力，可减缓这种蒸气爆炸。

最令人担心的是，在第四类的基础上发生第五类爆炸，即氢氧化合爆炸。当电弧击穿坩埚的孔洞足够大时，漏入炉内的不仅是水，还有大量空气，当熔池足够大时，第一个反应是水与液钛结合生成氢，在高温高压作用下，氢与空气中的氧混合，发生结合反应，生成水，放出大量生成热。

$$2H_2 + O_2 \xrightarrow{\text{高温、高压}} 2H_2O$$

这是一种比上述几种威力巨大得多的爆炸，这种氢氧混合物爆炸，足以使整个炉子炸上高空。当然迄今为止，虽然原理相同的大型自耗电弧炉恶性爆炸事故发生过几起，但电弧凝壳炉还没有发生过。随着电弧自耗炉熔炼钛合金自动控制系统的改进，氢氧混合物爆炸的可能性已经降低。为了预防发生意外，人们除在凝壳炉设计制造中采取必要的安全措施外，通常在炉子操作区修建防爆墙或防爆操作室（见图 4－33）。

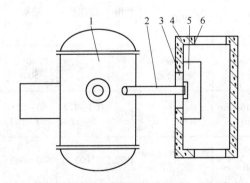

图 4－33　电弧凝壳炉防爆操作室

1—凝壳炉；2—光学观察系统；3—防爆玻璃窗；4—水泥防爆室；5—操作台；6—铁门

凝壳炉熔炼的事故及其预防措施见表 4 – 107。

表 4 – 107　凝壳炉熔炼的事故及其预防措施

事　故	后　　果	预　防　措　施
击穿坩埚	1. 坩埚损坏； 2. 炉膛与真空系统进水； 3. 可能引起爆炸	1. 采取短弧熔炼使用自动控制； 2. 提高真空度，$\leqslant 6.65 \times 10^{-1}$Pa； 3. 冷却水： 　出水温度：$\leqslant 35℃$； 　水质：pH = 5.5 ~ 6.7； 　$w(Fe) \leqslant 0.02 \times 10^{-6}$； 4. 坩埚熔铸 30 ~ 50 炉后，应拆卸检查，清理水垢； 5. 炉体上设计防爆窗； 6. 炉体与操作台间设置防爆墙
坩埚不能翻转浇注	1. 熔化的金属凝固在坩埚里； 2. 如因电极不能快速提升，造成坩埚翻转受阻，将会造成导电杆损伤	1. 装炉时严格检查电极升降机构和坩埚翻转机构； 2. 采取自动程序控制
浇注金属跑火	1. 铸件不成形； 2. 满炉膛飞溅金属，清理困难	1. 对准浇口杯位置； 2. 铸型装卡应牢固； 3. 铸型（或型壳）具有承受金属压力（尤其是离心浇注）的足够强度

4.5.4.3　钛合金其他熔炼浇注方法

A　电子束凝壳熔炼浇注法

早在 1905 年就开始研究利用电子束作为熔炼高熔点金属的能源了，但直到 60 ~ 70 年代，电子束熔炼才获得了工业规模的发展。1964 年，日本真空技术公司试制出一台 120kW 的电子束凝壳炉，能够浇注 4.5kg 的钛铸件。随后其他国家也相继建立了试验型与生产型的电子束凝壳炉，表 4 – 108 所列，其中，德国 Leybold – Heraeus 公司制造的、在意大利 dle Tirso 冶金工厂运转的 500kW 电子束炉，能浇注 100kg 液体钛，该炉子装备有铸型预热室和冷却室，可连续生产钛铸件。

表 4 – 108　各国电子束铸钛凝壳炉

国家	型号	制造厂	使用厂	使用年代	浇注量/kg	功率/W	最大铸型尺寸/mm	最大铸件/kg	熔炼时间/min
法国		Messier 铸造公司	Messier 铸造公司			40 500		12	
德国	ES1/3/60 ES1/3/150	Leybold-Heraeus 公司		1970	0.3 ~ 1.2 5 ~ 12	60 ~ 65 150 ~ 180			3 ~ 4
意大利		德国 Leybold Heraeus	意大利 del Tirso 冶金工厂	1972	100	500 ~ 600	800/800 700	10 ~ 100	20 ~ 30
日本		真空技术公司	真空技术公司		~5	120		4.5	

电子束炉的工作原理与电子管相类似，如图 4-34 所示。在高真空中，由高熔点金属构成的炽热灯丝阴极在高压下发射出电子束，通过磁透镜使电子束聚焦在炉料上，加热炉料，进行熔炼。电子束可以分散成较大面积的焦点，对熔池进行保温；也可以通过转动磁场，进行移动扫描，控制熔炼过程。

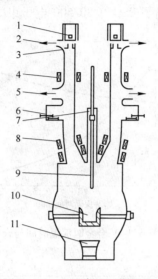

图 4-34　电子束炉工作原理

1—阴极；2,5—抽真空；3—阳极；4——级聚焦线圈；6—阀门；7—导电杆；8—二级聚焦线圈；
9—料棒；10—水冷铜坩埚；11—铸型

在电子束炉研制初期，采用的是环形电子枪，发射电子的阴极与熔炼坩埚放置在同一个真空室里，它们的距离比较近，在熔炼过程中，阴极灯丝很容易被金属飞溅与蒸气污损。为了克服这种缺点，有的设备将阴极灯丝安置在凝壳或坩埚下面，以免飞溅污损。环形枪电子束炉的另一个缺点是熔炼室要求比较高的真空度（$1.3 \times 10^{-2} \sim 1.3 \times 10^{-1}$Pa），致使钛合金中蒸气压高的元素挥发过大。

目前工业上广泛采用的是多室铣式电子枪，这种电子枪离金属液面较远，阴极灯丝、聚焦线圈和熔炼室分隔成单独的真空室，各有专门的真空系统，以保证所需要的真空度，其间隔的壁上均有一个通过电子束的小孔。各真空室之间存在一定的压力差。这样，熔炼室能保持适合于钛合金熔炼的真空度（$1.3 \times 10^{-2} \sim 1.3 \times 10^{-1}$Pa），熔炼时所产生的飞溅达不到阴极灯丝，因此这种电子枪的工作寿命较长。日本真空技术公司的这种装置，熔炼铸造钛合金 200 炉，其电子枪完好无损。

电子束熔炼可以控制熔炼冶金过程，提高金属过热度。试验表明，电子束熔炼时钛液面温度可高达 2145℃，一般比电弧加热时约高 200℃，因此电子束炉浇注出来的金属具有更佳的流动性，适合于浇注形状复杂的薄壁钛铸件。电子束炉的另一个突出优点是能有效地回收废料。自耗电弧凝壳炉虽然可以回收部分浇冒口，但对于切屑则无能为力；采用其他熔炼方式，如非自耗电弧凝壳炉和等离子炉，虽然也能解决废料回收问题，但往往因沾污而降低钛铸件的品级；而在用电子束炉浇注钛铸件时，使用经过酸洗清理的回炉料，其质量是稳定的。此外，使用电子束凝壳炉比较安全，操作容易实现自动化。

采用铣式电子枪虽然可使电子束炉的熔炼真空度保持在 $1.3 \times 10^{-2} \sim 1.3 \times 10^{-1}$Pa 范

围内，但由于其熔池液面是敞开的，金属的挥发量，尤其是蒸气压高的合金元素的挥发量要比自耗凝壳炉高得多，加上电子束炉保温时间长，所以浇注出来的铸件成分波动大，不易控制。图 4-35 示出了电子束熔炼的添加 6% Al、4% V 的钛合金铸件 Al、V 含量与熔池保温时间的关系。为了保证铸件成分的稳定，减少高蒸气压元素的损耗，往往将它们放在熔炼后期添加。图 4-36 示出了 ESG50/80/500 电子束凝壳炉熔炼工序设计。

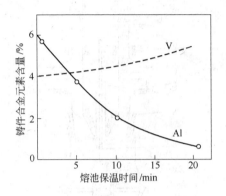

图 4-35　电子束炉熔炼 Ti-6Al-4V 合金时保温时间与合金元素 Al、V 含量的关系

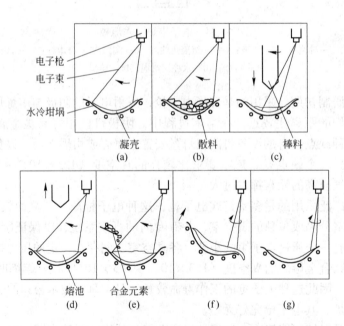

图 4-36　ESG50/80/500 电子束凝壳炉熔炼浇注工序设计
（a）加热凝壳；（b）加入散料；（c）熔化棒料；（d）形成熔池；（e）添加合金元素；（f）浇注；（g）清理浇嘴

相对地说，电子束凝壳炉设备的成本及维护费用较高，但它能大量利用价格低廉的回炉料。有人曾作过计算，说明用它浇注出来的钛铸件，成本还低于用自耗电弧凝壳炉生产的铸件。然而，在浇注复杂合金成分的铸件时，还存在很多有待解决的问题。因此，虽然电子束炉浇注的铸件性能已列入美国航空材料手册，不少铸件在某些飞机机种上已开始使用，但这种熔炼浇注钛铸件的工艺，在工业生产中应用仍不够广泛。

B　真空非自耗电极电弧凝壳熔炼浇注法

非自耗电极电弧熔炼法是在惰性气体保护下，在水冷铜结晶器上，采用钨棒或石墨棒作电极进行电弧熔炼的一种方法。早在 1937 年，W. J. Kroll 就用这一方法熔炼出了第一批钛，后来在 1949 年他又用同样的方法在美国浇注出了第一个钛铸件。图 4 - 37 为非自耗电弧炉的示意图。在熔炼前，将炉膛抽真空至 0.13 ~ 1.3Pa 然后输入高纯惰性气体进行一次或数次的反复冲刷，最后使压力保持在 $5 \times 10^4 ~ 1 \times 10^5 Pa$ 之间。电弧在易离子化的氩气中燃烧，比在氦气中更为稳定，然而在氦气中可产生较大的弧压，这样，在较小的电流下，熔池可获得较多的能量，熔池变得较大。为此人们通过混合两种惰性气体来突出它们的优点，最佳氦氩混合比为 8 : 1。

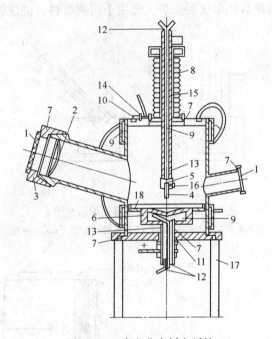

图 4 - 37　真空非自耗电弧炉

1—观察玻璃；2—保护屏；3—观察窗法兰；4—钨电极；5—电极头；6—铜坩埚；7—密封；
8—金属波纹软管；9—水冷系统；10—法兰；11—绝缘；12—水冷导管；13—电极杆；
14—通惰性气体阀；15—电极导管；16—电极夹头；17—炉架

试验证明，采用含钍的钨棒作为阴电极较好，它是具有良好电子发射率的高熔点材料。通常，电弧通过电极和装置在铜结晶器上的同类材料的端头引弧，然后将电弧转移到坩埚穴内的炉料上去。在熔炼合金时，需将熔化过的纽扣锭翻转一次或数次，进行重复熔炼，以保证其成分的均匀性。浇注时，将熔炼好的纽扣锭放置在带底浇孔的坩埚穴上，浇孔下放置石墨或铜锭模。熔炼时用非自耗电极在纽扣锭上扫描加热，靠其表面张力使金属全部熔化而不从浇口部分漏下去，只有当熔池温度升高后，金属流动性增加，才从浇孔很快地全部流出。采用此法，可熔炼浇注几十克至一二千克的铸锭。到目前为止，这种熔炼方法主要用于检验金属原料质量和试验研究。

20 世纪 70 年代，针对自耗电极电弧熔炼存在的问题，对非自耗电极电弧熔炼又重新进行了研究，重点是解决非自耗电弧熔炼对铸锭的沾污问题。在这个目标下发展了两种生产型的非自耗电极电弧熔炼装置（见图 4 - 38）：一种叫旋转电弧熔炼法（Durarc 法），即采用高压水冷铜电极，在电极头内腔安装一电磁线圈，利用磁场作用，使电弧沿电极表面不断旋转，避免电极局部过热，防止电极局部烧蚀，减小铸锭的沾污（见图 4 - 39）。试验表明，在熔炼速度为 4.5 kg/min 的情况下，铜沾污仅有 0.0006%。目前采用 "Durarc 法" 已能熔炼 6t 以上的半连续钛铸锭，美国钛技术公司装备了一台 362kg 的非自耗电极凝壳炉。另一种新型的非自耗电极电弧熔炼法称为旋转电极熔炼法（Schlinger 法）。这种方法与 Durarc 法的相同之处是尽量使电弧不要停留在电极的局部位置上；不同之处是采用自身旋转的铜电极，而不是用电磁线圈控制电弧旋转。电极一般与坩埚轴线成一定倾斜角度，以保证电极旋转时电极头只有局部与电弧接触。美国某公司安装了一台 200 磅的 Schlinger-Westinghouse 的非自耗电极凝壳炉，已用于回收废料，浇注铸锭。

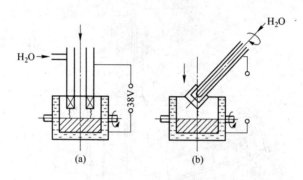

图 4 - 38　非自耗电弧凝壳炉示意图

（a）旋转电弧法（Durarc 法）；（b）旋转电极法（schlinger 法）

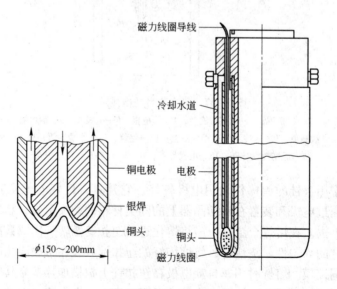

图 4 - 39　Durarc 电极

这两种方法的缺点是水冷电极需要消耗大量的热，因此炉子的能效较低，此外电极寿命仍是一个问题。由于非自耗电极电弧凝壳熔炼法能控制钛合金熔炼的浇注过程、大量回收废料，所以也是一种值得研究发展的方法。

C　等离子弧和等离子电子束熔炼浇注法

被称为"物质第四态"的等离子体，是一种由电子、离子及中性粒子组成的电离气体。虽然等离子体中存在自由电荷，但正、负电荷相互抵消，因此从整体来看，等离子体是电中性的。电流流经气体即可产生等离子体。

等离子弧熔炼法是利用等离子体加热熔化金属的一种方法。如图 4 - 40 所示，等离子枪体由含钍的钨电极和水冷的等离子体枪体组成。在高频（HF）放电的作用下，作为负极的钨棒与带正极的坩埚间产生等离子弧。所谓等离子弧，也是一种电弧，不过在惰性气体介质中，其电离度更高。等离子弧与自由电弧不同，是一种压缩电弧。在等离子枪中，等离子弧从纵向被氩气流吹向正极被熔金属；从横向则被水冷喷嘴壁或磁场作用压缩变细，从而形成一个能量集中、弧柱细长的高温等离子弧。与自由电弧相比，等离子弧具有较好的稳定性、较大的长度和较广的扫描能力，从而使它在熔炼铸造领域中具备了特有的优势。

等离子弧熔炼，可以利用散装料，如海绵钛、钛屑、浇道切块等，也可用料棒送料，即缓慢将料棒伸入等离子室使金属熔化，滴入坩埚。等离子弧熔炼法设备结构简单、操作方便、熔融金属温度高，它的缺点是：由于等离子体被引入炉膛，炉膛气压较高，不利于金属除气；又由于惰性气体纯度问题，金属难免会受到沾污。

20 世纪 80 年代，德国 L - H 制造了等离子凝壳炉，用于制造钛合金铸件。同一时期，苏联建立了大型等离子熔炼炉，用于生产大型民用和航天钛合金铸件。中国北京航空材料研究院利用等离子炉回收钛合金铸造浇冒口废料，取得了明显的技术经济效果。熔炼钛合金时，等离子凝壳炉的熔池较浅，池面较大，池面无遮盖，通过热辐射损失热量较多，因此浇注金属的过热度不高，不宜用于浇注钛合金薄壁精铸件。但等离子炉是一种良好的回收铸钛浇冒口废料的设备。

等离子电子束熔炼又名冷阴极放电熔炼法。这是一种新型的熔炼浇注设备。这种方法的原理是：使一定流量的氩气通过空心阴极（钽管或钨管），在高频电场下离子化，从而在空心阴极里形成由电子、正离子和氩分子组成的混合气体等离子。呈中性的等离子体中的正离子冲击阴极内壁，使阴极本身温度上升到发射出一股强的电子束，射向装料的正极坩埚；同时部分电子与气体分子相碰，使所产生的正离子又冲进空心阴极，使之进一步激发出电子束，如图 4 - 41 所示。

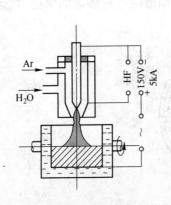

图 4 - 40　等离子弧凝壳熔炼法示意图

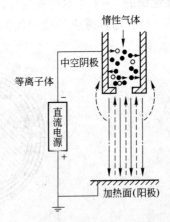

图 4 - 41　等离子电子束熔炼原理

等离子电子束炉具有高压电子束炉的优点，电子束形状、位置可以调节控制，便于回收废料。由于它采用低电压，所以与真空电子束炉相比，其设备结构简单，成本低廉，又无 X 射线的危害。日本不锈钢公司安装了一台由日本真空技术公司制造的 2400kW 等离子电子束炉，可熔炼 3t 重的扁钛锭。

等离子电子束熔炼法的缺点，一是中空阴极寿命短；二是氩气带来的沾污问题。因此生产用的凝壳浇注装置还未建立，目前这种方法仍只用于回收废料。

D　真空感应熔炼浇注法

在铸钛发展初期，人们首先考虑的是用真空感应炉浇注钛铸件。当时采用的是致密人造石墨机加工的坩埚。熔炼过程中，石墨表面生成碳化钛稳定层，阻止熔融金属与坩埚基体接触，碳在钛中的溶解只能通过碳化物层的扩散作用来进行，因而渗碳速率相对比较缓慢，但由于在熔炼中熔融钛与石墨长期作用，渗碳量仍是比较显著的。试验表明，真空感应炉用石墨坩埚浇注出来的钛铸件，碳含量高达 0.7% ~ 0.8%。这样高的碳含量当然会显著地影响钛铸件的力学性能，尤其是塑性。

在铸钛发展初期用感应炉生产了钛铸件，但这个方法很快被自耗电极电弧凝壳炉所替代。后来又有人将感应炉的石墨坩埚，涂覆 Y203 和 W 粉涂层（见图 4 - 42），这样可以减少钛沾污，但这种坩埚寿命较低。

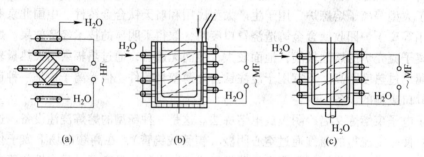

图 4 - 42　钛合金的真空感应熔炼浇注法
（a）悬浮熔炼法；（b）涂层石墨坩埚法；（c）冷壁坩埚法

20 世纪 60 年代，美国矿业局就开始研究水冷铜坩埚真空感应炉，其主要特点是将坩埚分割成相互绝缘的 2 ~ 4 个水冷铜扇片，使坩埚不形成感应电流的回路，从而避免了坩埚加热（见图 4 - 43）。这种感应炉使用较低的频率，以增加感应电流渗透的深度，在熔炼过程

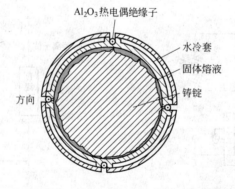

图 4 - 43　感应熔炼水冷扇片铜坩埚断面

中,添加 CaF_2 等覆盖剂,在熔池周围可形成渣壳保护。这种方法最大的问题是坩埚扇片绝缘缝隙容易渗入液钛,造成工艺上的不稳定性。到 80 年代,苏联与美国在此基础上,发展了冷壁坩埚感应凝壳炉,这种坩埚由 24 个水冷铜扇片组成。最大的浇注量可达 100kg。由于它能有效控制熔铸的冶金过程,现已成功地应用于金属间化合物的研究与制造。

任务4.6 铸造轴承合金

【任务描述】

轴承材料通常是软基体上均匀分布一定数量和大小的硬质点相,或者在硬基体上分布一定数量和大小的软质点相。这两类合金中,前者是早期的轴瓦材料,后者是近代发展起来的材料,具有较好的冲击韧性和疲劳性能。

【任务分析】

轴承合金的化学成分、力学性能、铸造性能及轴承合金的熔炼。

【知识准备】

4.6.1 铸造轴承合金的化学成分和力学性能

铸造轴承合金的化学成分和力学性能分别见 4 – 109 和表 4 – 110。

表 4 – 109　铸造轴承合金化学成分（GB/T 1174—1992）（质量分数）　（%）

种类	合金牌号	Sn	Pb	Cu	Zn	Al	Sb	Ni	Mn	Si	Fe	Bi	As	备注	其他元素总和
锡基	ZSnSb12Pb10Cu4	其余	9.0~11.0	2.5~5.0	0.01	0.01	11.0~13.0	—	—	—	0.1	0.08	0.1		0.55
	ZSnSb12Cu6Cd1		0.15	4.5~6.8	0.05	0.05	10.0~13.0	0.3~0.6	—	—	0.1	—	0.4~0.7	Cd 1.1~1.6 Fe+Al+Zn≤0.15	—
	ZSnSb11Cu6		0.35	5.5~6.5	0.01	0.01	10.0~12.0	—	—	—	0.1	0.03	0.1		0.55
	ZSnSb8Cu4		0.35	3.0~4.0	0.005	0.005	7.0~8.0	—	—	—	0.1	0.03	0.1		0.55
	ZSnSb4Cu4		0.35	4.0~5.0	0.01	0.01	4.0~5.0	—	—	—	0.1	0.08	0.1		0.50
铅基	ZPbSb16Sn16Cu2	15.0~17.0	其余	1.5~2.0	0.15		15.0~17.0				0.1	0.1	0.3		0.6
	ZPbSb15Sn5Cu3Cd2	5.0~6.0	其余	2.5~3.0	0.15		14.0~16.0				0.1	0.6~1.0		Cd 1.75~2.25	0.4

续表 4 – 109

种类	合金牌号	Sn	Pb	Cu	Zn	Al	Sb	Ni	Mn	Si	Fe	Bi	As	备注	其他元素总和
铅基	ZPbSb15Sn10	9.0~11.0	其余	0.7①	0.005	0.005	14.0~16.0	—	—	—	0.1	0.1	0.6	Cd 0.05	0.45
	ZPbSb15Sn5			0.5~1.0	0.15	0.01	14.0~15.5	—	—	—	0.1	0.1	0.2		0.75
	ZPbSb10Sn6	5.0~7.0		0.7①	0.005	0.005	9.0~11.0	—	—	—	0.1	0.1	0.25	Cd 0.05	0.7
铜基	ZCuSn5Pb5Zn5	4.0~6.0	4.0~6.0	其余	4.0~6.0	0.01	0.25	2.5①		0.01	0.30			P 0.05 S 0.10	0.7
	ZCuSn10P1	9.0~11.5	0.25		0.05	0.01	0.05	0.10	0.05	0.02	0.10	0.005		P 0.5~1.0 S 0.05	0.7
	ZCuPb10Sn10	9.0~11.0	8.0~11.0		2.0①	0.01	0.5	2.0①	0.2	0.01	0.25	0.005		P 0.05 S 0.10	1.0
	ZCuPb15Sn8	7.0~9.0	13.0~17.0		2.0①	0.01	0.5	2.0①	0.2	0.01	0.25			P 0.10 S 0.10	1.0
	ZCuPb20Sn5	4.0~6.0	18.0~23.0		2.0①	0.01	0.75	2.5①	0.2	0.01	0.25			P 0.10 S 0.10	1.0
	ZCuPb30	1.0~	27.0~33.0			0.01	0.2		0.3	0.02	0.5	0.005	0.10	P0.08	1.0
	ZCuAl10Fe3	0.3	0.2	0.4		8.5~11.0	—	3.0①	1.0①	0.20	2.0~4.0				1.0
铝基	ZAlSn6Cu1Ni1	5.5~7.0	0.7~1.3		其余		—	0.7~1.3	0.1	0.7	0.7	—	—	Ti 0.2 Fe + Si + Mn≤1.0	1.5

注：凡表格中所列两个数值，系指该合金主要元素含量范围，表格中所列单一数值，系指允许的其他元素最高含量。

① 不计入其他元素总和。

表 4 – 110　铸造轴承合金力学性能（GB/T 1174—1992）

种类	合金牌号	铸造方法	力学性能（≥）		
			抗拉强度 /MPa	伸长率/%	布氏硬度（HBS） /MPa
锡基	ZSnSb12Pb10Cu4	J	—	—	29
	ZSnSb12Pu6Cd1	J	—	—	34
	ZSnSb11Cu6	J	—	—	27
	ZSnSb8Cu4	J	—	—	24
	ZSnSb4Cu4	J	—	—	20

种类	合金牌号	铸造方法	力学性能（≥）		
			抗拉强度/MPa	伸长率/%	布氏硬度（HBS）/MPa
铅基	ZPbSb16Sn16Cu2	J	—	—	30
	ZPbSb15Sn5Cu3Cd2	J	—	—	32
	ZPbSb15Sn10	J	—	—	24
	ZPbSb15Sn5	J	—	—	20
	ZPbSb10Sn6	J	—	—	18
铜基	ZCuSn5Pb5Zn5	S、J	200	13	60[①]
		Li	250	13	65[①]
	ZCuSn10P1	S	200	3	80[①]
		J	310	2	90[①]
		Li	330	4	90[①]
	ZCuPb10Sn10	S	180	7	65
		J	220	5	70
		Li	220	6	70
	ZCuPb15Sn8	S	170	5	65[①]
		J	200	6	65[①]
		Li	220	8	65[①]
	ZCuPb20Sn5	S	150	5	45[①]
		J	150	6	55[①]
	ZCuPb30	J	—	—	25[①]
	ZCuAl10Fe3	S	490	13	100[①]
		J、Li	540	15	110[①]
铝基	ZAlSn6Cu1Ni1	S	110	10	35[①]
		J	130	15	40[①]

① 参考数值。

4.6.2 锡基轴承合金的铸造性能

锡基轴承合金的铸造性能见表 4 - 111。

表 4 - 111 锡基轴承合金的铸造性能

牌　　号	液相线/℃	固相线/℃	最合适浇注温度/℃	线收缩率/%	流动性，螺旋长度/cm
ZSnb12Pb10Cu4	380	217	450	—	—
ZSnSb11Cu6	370	240	440	0.65	73
ZSnSb8Cu4	354	241	430	—	—
ZSnSb4Cu4	371	223	440	—	—

4.6.3　铅锑轴承合金的铸造性能

铅锑轴承合金的铸造性能见表 4-112。

表 4-112　铅锑轴承合金的铸造性能

牌　　号	液相线 /℃	固相线 /℃	浇注温度 /℃	体收缩率 /℃	流动性，螺旋长度/cm
ZPbSb16Sn16Cu2	410	240	450～470	—	54
ZPbSb15Sn5Cd3	416	232	450～470	—	
ZPbSb15Sn10	268	240	380～400	2.3	
ZPbSb15Sn5	380	237	450～470	2	
ZPbSb10Sn6	256	240	380～400	2	
ZSnSb11Cu6	370	240	440	0.65	73
ZSnSb8Cu4	354	241	430		
ZSnSb4Cu4	371	223	440	—	

4.6.4　锡基、铅基轴承合金的熔炼

（1）钢壳的清洗与镀锡。其工艺流程为：脱脂→ 水洗→ 酸洗→水洗→ 沸水清洗 → 涂保护层→ 涂熔剂→ 镀锡。

（2）合金的熔炼。熔炼设备可以用电炉、油炉或焦炭炉，熔炼工艺见表 4-113。

表 4-113　锡基、铅基轴承合金熔炼工艺

合金种类	熔 炼 工 艺 要 点	特　　点
锡基轴承合金	工艺一： 1. 先熔炼锑、铜质量分数各为 50% 的中间合金，将电解铜加入预热的石墨坩埚内，上面覆盖木炭，当铜熔化并升温到约 1200℃时，加入质量分数为 0.1%～0.3% 磷铜脱氧。然后分批加入块度为 5～10mm 的锑块，同时用铁棒不断搅拌，促其熔化。待金属液冷却到约 800℃，立即除渣，浇注成锭； 2. 熔炼锡基轴承合金，先加锡和旧料（质量分数≤ 30%），上面覆盖木炭。化清后加入中间合金、锑及其他金属料。升温至浇注温度，充分搅拌合金液，再用脱水氯化铵精炼，用量为合金质量分数的 0.05%～0.1%，静置一定时间后，扒去熔渣，即可浇注	第一种工艺是传统的熔炼工艺，铜熔点高，因而先熔制 Cu-Sb 中间合金锭，再熔炼轴承合金。合金成分容易掌握，但工时长，能耗大
	工艺二： 1. 熔炼 Cu-Sb 中间合金，将电解铜放入石墨坩埚内熔化并升温至 1100～1200℃，再分批加入经预热的锑块，同时不断搅拌合金液，使锑化清，然后将合金液保持在 900～950℃之间。 2. 在熔化中间合金的同时，将锡放入铁锅中熔化，使锡液温度保持在 400℃左右。 3. 用铁勺盛取 Cu-Sb 中间合金液，逐渐倒入盛锡液的铁锅内，用铁棒搅拌均匀，再在 500℃左右保温 1h，最后用质量分数为 0.05%～0.1% 的无水氯化铵精炼，静置一定时间后扒渣浇注	工艺二是混合分别熔炼的 Cu-Sb 中间合金液和锡液。中间合金液态时就加入锡液中，可节省时间和能耗。缺点是占用熔炼设备较多，熔炼温度较高，合金容易过热

合金种类	熔 炼 工 艺 要 点	特　　点
锡基轴承合金	工艺三： 1. 将干燥木炭加在坩埚底部，坩埚预热到200℃左右加入1/2的总锡量和全部铜。全部化清后加入经预热的锑粒，并不断搅拌，待锑化清后扒渣； 2. 加入剩余的锡，升温至浇注温度后，保温1h，使合金液成分均匀； 3. 用质量分数为0.05%～0.1%的脱水氯化铵精炼。如果长时间浇注，可以每隔1h精炼一次。静置一定时间后扒渣、浇注	特点是直接熔炼轴承合金，利用锡液和铜块合金化，促使铜块快速熔化。此法可缩短熔炼时间，减少能耗，避免合金过热
铅基轴承合金	工艺一： 熔炼工艺和锡基轴承合金熔炼工艺三基本相同，不同处为：1. 熔炼开始时，一次性加入全部锡和铜；2. 锑化清后清渣再加入全部铅	熔炼特点和锡基轴承合金熔炼工艺三相同，适用于含铜的铅锑合金
	工艺二： 1. 将坩埚预热到暗红色，先加入1/3纯铅，加热到700～750℃，然后分批加入锑粒，使锑化清； 2. 清除液面氧化渣，660℃左右加入砷块，用力搅拌促其熔化，然后加其余的铅，在420～450℃时最后加入镉和锡； 3. 如熔渣过多，可在液面撒适量的白蜡，使氧化渣还原，并与合金液分离； 4. 用质量分数为0.05%～0.1%的脱水氯水铵精炼，静置2～4min后扒渣浇注	此工艺适用于不含铜的铅锑合金。其成分主要是铅、锑和锡，其中锑的熔点最高，因而先熔部分铅再加锑，有助于锑的熔化，缩短熔炼时间，避免合金液过热

4.6.5　锡基、铅基轴承的浇注方法、特点及应用

锡基、铅基轴承合金的浇注方法、特点及应用见表4－114。

表 4－114　锡基、铅基轴承的浇注方法、特点、应用

项　目	浇 注 方 法	特　　点	应　　用
重力浇注	固定已镀锡的钢壳，然后浇注轴承合金	工艺装备简单易于投产，生产率低	单件小批量，大型轴承
离心铸造	合金液浇入旋转的钢壳内，在离心力作用下充型，凝固成双金属轴承	合金组织致密，力学性能高，无气孔、夹渣等缺陷，易产生偏析，生产率高	成批、大批量生产中小型轴承
双金属连续浇注	轴承合金液连续浇注在经清洗、镀锡的冷轧钢带上制成双金属带	合金组织致密、力学性能高，质量稳定，生产率高，但结构复杂一次性投资大	大批量生产轴瓦

4.6.6　铜铅轴承合金

铜铅轴承合金的铸造性能见表4－115。

表 4 – 115　铜铅轴承合金铸造性能

合金牌号	流动性，螺旋长度/mm	线收缩率/%	液相线温度/℃	开始熔化温度/℃	浇注温度/℃
ZCuPb10Sn10	—	1.40	920	326①	1020 ~ 1100
ZCuPb15Sn8	—	1.40	945	326	1100 ~ 1200
ZCuSn10P1	250	—	920	326	1150 ~ 1200
ZCuPb20Sn5	—	1.50	900	326	1050 ~ 1100
ZCuPb30	450	1.60	975	326	1060 ~ 1080
ZCuSn5Pb5Zn5	400	1.50	940	326	1100 ~ 1200

① 铅的熔点为 326℃。

4.6.7　铝基轴承合金

铝锡轴承合金的化学成分和力学性能见表 4 – 116 和表 4 – 117。

铝锡轴承合金的铸造性能，随含锡量的增加，液相线温度下降，结晶温度范围缩小，流动性显著增加，线收缩率在 1.5% ~ 1.75% 之间，铝锡合金凝固过程中易发生密度偏析，加入铜和镍可减少偏析。

表 4 – 116　铝锡轴承合金的代号和化学成分（质量分数）　　　　（%）

牌号	Sn	Cu	Al	Ni	Mn	Si	Fe	其　他	其他元素总和
ZAlSn6Cu1Ni1	5.5 ~7.0	0.7 ~ 1.3	其余	0.7 ~ 1.3	0.1	0.7	0.7	Ti 0.2Fe + Si + Mn≤1.0	1.5

表 4 – 117　铝锡轴承合金的力学性能（金属型、砂型铸造）

牌　　号	铸造方法	抗拉强度/MPa	伸长率/%	硬度（HBS）/MPa
ZAlSn6Cu1Ni1	砂型铸造 S	110	10	35
	金属型铸造 J	130	15	40

4.6.8　铝锑轴承合金

铝锑轴承合金的化学成分见表 4 – 118，典型力学性能见表 4 – 119，铸造、物理性能见表 4 – 120。

表 4 – 118　铝锑轴承合金的化学成分（质量分数）　　　　（%）

牌　号	化学成分			杂质质量（≤）					
	Sb	Mg	Al	Fe	Si	Cu	Mn	Zn	总和
LSb5 – 0.6	3.5 ~5.5	0.3 ~ 0.7	余量	0.75	0.5	0.1	0.2	0.1	1.5

表 4 – 119　铝锑轴承合金的典型力学性能

牌　号	硬度（HBS）	冲击韧性（无缺口）/kJ · m^{-2}	抗拉强度/MPa	屈服强度（0.2）/MPa	伸长率/%
LSb5-0.6	28.6	490	72.6	31.4	24.4

表 4 - 120　铝锑轴承合金的铸造、物理性能

牌　号	液相线温度/℃	固相线温度/℃	密度/g·cm⁻³	线胀系数/K⁻¹
LSb5-0.6	750	657	2.8	24×10^{-6}

4.6.9　轴承合金的熔炼和浇注

4.6.9.1　合金的熔炼要点

铜合金、铝合金和锌合金的熔炼已见于以前各节。锡基、铅基轴承合金的熔炼要点见表 4 - 121。

表 4 - 121　锡基、铅基轴承合金的熔炼要点

合　金	操　作　要　点
锡基轴承合金	1. 用铸铁坩埚，坩埚底加干燥的木炭，预热到 200℃； 2. 加入全部锡块的一半和中间合金 CuSb50（如不用中间合金，可在此时加入切成小块的铜）； 3. 铜（或中间合金）全部熔化后，加入经预热的锑； 4. 最后加入剩余的一半锡，保温 1h 以使合金成分均匀； 5. 用脱水 NH_4Cl（合金的 0.1%）精炼，如长时间浇注，每隔 1h 进行一次精炼
铅基轴承合金 （含铜）	1. 准备坩埚，同上述 1； 2. 加入全部的锡和中间合金 CuSb50（或铜块）； 3. 铜（或中间合金）全部熔化后，加入经预热的锑； 4. 最后加全部的铅； 5. 用脱水 NH_4Cl 精炼，同上述 5
铅基轴承合金 （不含铜）	1. 准备坩埚，同上述 1； 2. 加入一半的铅，熔化后升温到 700℃； 3. 加入锑块； 4. 最后加剩余的铅和锡； 5. 用脱水 NH_4Cl（合金的 0.05%）精炼

4.6.9.2　双金属轴承的浇注

A　锡基、铅基合金轴承

轴承的钢质背衬应认真地清理，以保证合金和背衬材料紧密黏结。清理的过程如下：

去油→水洗→酸洗→水洗→沸水洗→涂保护层→涂熔剂→镀锡

（1）去油。一般用苛性钠（NaOH）10% ~ 15% 质量分数的水溶液。

（2）酸洗。一般用质量分数 10% ~ 15% 的盐酸。

（3）涂保护层。在不挂合金的表面上涂涂料。通常用 2 份大白粉、1 份水玻璃、2 份水、搅拌均匀后刷涂并烘干。

（4）涂熔剂。在背衬挂合金的表面上涂饱和氯化锌水溶液，作为溶剂。

（5）镀锡。在待挂合金的表面上镀锡，在钢质背衬上形成 $FeSn_2$ 和 FeSn 过渡层。

一般用纯锡，铅基轴承合金的背衬可镀含铅的锡铅焊料。最好在热锡槽中浸镀，锡槽保持 270 ~ 300℃。特殊情况下，可用锡条涂镀。

表面镀锡质量良好，即可进行浇注。

B　铅青铜轴承

轴承钢质背衬的清理过程如下：

　　　　去油→ 水洗→ 酸洗 →水洗 →沸水洗→ 涂挂硼砂

　　去油和酸洗的作业同锡基、铅基合金轴承，涂挂硼砂的方法有两个：

　　（1）浸入法。将硼砂置坩埚中熔化，保持在 980 ~ 1000℃。将清洗过的钢背衬预热到 750 ~ 800℃，浸入硼砂液中，约 20s 后取出。

　　（2）刷涂法。将质量分数为 3% ~ 4%、温度为 80 ~ 90℃ 的硼砂水溶液刷在经清洗的钢背衬上，然后置于还原性气氛的炉中加热到 1000℃。

　　无论是重力浇注还是离心铸造，钢背衬涂硼砂后应趁热组型，立即浇注。浇注后数秒钟即应喷水冷却，冷却速率宜控制在 30 ~ 60℃/s。

任务 4.7　铸造纯镍和镍合金

【任务描述】

　　镍基合金是指在 650 ~ 1000℃ 高温下有较高的强度与一定的抗氧化腐蚀能力等综合性能的一类合金。按照主要性能又细分为镍基耐热合金，镍基耐蚀合金，镍基耐磨合金，镍基精密合金与镍基形状记忆合金等。

【任务分析】

　　镍基合金的化学成分及力学性能。

【知识准备】

　　我国目前尚未制订有关的标准。美国 ASTM A494M—99 "镍和镍合金铸件" 中列有 15 个牌号，规格比较齐全，现摘要列出，供参考。化学成分要求见表 4 – 122。

表 4 – 122　镍和镍合金的化学成分（质量分数）（未给范围者为最大值）　　　　（%）

合金牌号	C	Mn	Si	P	S	Cu	Mo	Fe	Ni	Cr	其他
CZ-100	1.00	1.50	2.00	0.03	0.03	1.25	—	3.00	≥95.0	—	—
M-35-1	0.35	1.50	1.25	0.03	0.03	26.0 ~ 33.0		3.50		—	Nb0.5
M-35-2	0.35	1.50	2.00	0.03	0.03	26.0 ~ 33.0		3.50			Nb0.5
M-30H	0.30	1.50	2.7 ~ 3.7	0.03	0.03	27.0 ~ 33.0		3.50			
M-25S	0.25	1.50	3.5 ~ 4.5	0.03	0.03	27.0 ~ 33.0		3.50	其余	—	Nb1.0 ~ 3.5
M30-C	0.30	1.50	1.0 ~ 2.0	0.03	0.03	26.0 ~ 33.0		3.50			
N-12MV	0.12	1.00	1.00	0.04	0.03		26.0 ~ 30.0	4.0 ~ 6.0		1.0	V0.20 ~ 0.60
N-7M	0.07	1.00	1.00	0.04	0.03		30.0 ~ 33.0	3.00		1.0	
CY-40	0.40	1.50	3.00	0.03		—	11.0			14.0 ~ 17.0	—

合金牌号	C	Mn	Si	P	S	Cu	Mo	Fe	Ni	Cr	其他
CW-12MW	0.12	1.00	1.00	0.04	0.03	—	16.0 ~ 18.0	4.5 ~ 7.5	其余	15.5 ~	W3.75 ~ 5.25 V0.20 ~ 0.40
CW-6M	0.07	1.00	1.00	0.04	0.03	—	17.0 ~ 20.0	3.0		17.0 ~ 20.0	—
CW-2M	0.02	1.00	0.80	0.03	0.03	—	15.0 ~ 17.5	2.0		15.0 ~ 17.5	W1.0
CW-6MC	0.06	1.00	1.00	0.015	0.015	—	8.0 ~ 10.0	5.0		20.0 ~ 23.0	Nb3.15 ~ 4.50
CY5SnBiM	0.05	1.50	0.50	0.03	0.03	—	2.0 ~ 3.5	2.0		11.0 ~ 14.0	Bi3.0 ~ 5.0 Sn3.0 ~ 5.0
CX2MW	0.02	1.00	0.80	0.025	0.025	—	12.5 ~ 14.5	2.0 ~ 6.0		20.0 ~ 22.5	W2.5 ~ 3.5 V0.35
CU5MCuC	0.05	1.0	1.0	0.030	0.030	1.5 ~ 3.50	2.5 ~ 3.5	其余	38.0 ~ 44.0	19.5 ~ 23.5	Nb0.60 ~ 1.20

　　为改善合金的耐蚀性能，或为达到力学性能要求，有些条件下铸件必须经热处理，因此规定了各类各级铸件的交货状态，见表 4 - 123。各牌号合金的力学性能要求见表 4 - 124。

表 4 - 123　镍和镍合金单铸试块的力学性能（最低值）

合金的牌号和等级	状　态
CZ-100，M35-1，M35-2，CY40 等牌号的 1 级 M-30H，M-30C，CY5SnBiM M-25S 的 1 级	铸态
M-25S 的 2 级	315℃ 以下装炉，缓慢加热到 870℃，保温 1h（铸件壁厚超过 25mm 者，每超过 13mm，增 0.5h），缓冷到 705℃，保温 30min 室温下淬油
M-25S 的 3 级	315℃ 以下装炉，缓慢加热到 605℃，保温，然后炉冷或空冷
N-12MV，N-7M	加热到 1095℃ 以上，保温，淬水或以其他方式速冷
CW-12MW，CW-6M，CW-6MC，CW-2M	加热到 1175℃ 以上，保温，淬水或以其他方式速冷
CY-40 的 2 级	加热到 1040℃ 以上，保温，淬水或以其他方式速冷
CX2MW	加热到 1205℃ 以上，保温，淬水或以其他方式速冷
CU5MCuC	加热到 1150℃，保持足够的时间，淬水。再在 940 ~ 990℃ 稳定化处理，保持足够的时间，淬水或以其他方式快速冷却

表 4 - 124　镍和镍合金单铸试块的力学性能（最低值）

合金牌号	抗拉强度/MPa	屈服强度/MPa	500mm 长度上的伸长率/%
CZ-100	345	125	10.0
M-35-1	450	170	25.0
M-35-2	450	205	25.0
M-30H	690	415	10.0
M-30C	450	225	25.0
N-12MN	525	275	6.0
CY-40	485	195	30.0
CW-12MW	495	275	4.0
CW-6M	495	275	25.0
CW-2M	495	275	20.0
CW-6MC	485	275	25.0
N-7M	525	275	20.0
CX2MW	550	280	20.0
CU5MCuC	520	240	20.0

【自我评估】

4 - 1　铸造铝合金共分几类？

4 - 2　铸造铝合金最常用的热处理规范有哪几种？

4 - 3　铝液精炼工艺分几类？

4 - 4　铝合金熔炼中常使用的变质剂及细化剂有哪些？

4 - 5　铸造铜合金共分几类？

4 - 6　铸造锡青铜有哪些优点？

4 - 7　锡青铜铸件中形成"锡汗"的主要原因是什么？

4 - 8　简述国标中铸造镁合金的分类、特点及用途。

4 - 9　何谓镁合金的氢化处理？

4 - 10　有几类锌合金得到了工业上的应用？

参 考 文 献

[1] 陆文华, 李隆盛, 黄良余. 铸造合金及其熔炼 [M]. 北京: 机械工业出版社, 2002.

[2] 中国机械工程学会铸造专业委员会. 铸造手册 (第 1 卷): 铸铁 [M]. 北京: 机械工业出版社, 1993.

[3] 李长龙, 赵忠魁, 王吉岱. 铸铁 [M]. 北京: 化学工业出版社, 2007.

[4] 方克明. 铸铁石墨形态和微观结构图谱 [M]. 北京: 科学出版社, 2000.

[5] 中国机械工程学会铸造专业委员会. 铸造手册 (第 2 卷): 铸钢 [M]. 北京: 机械工业出版社, 1993.

[6] 耿浩然, 张希胜, 陈俊华. 铸钢 [M]. 北京: 化学工业出版社, 2007.

[7] 蔡启舟, 吴树森. 铸造合金原理及熔炼 [M]. 北京: 化学工业出版社, 2010.

[8] 中国机械工程学会铸造专业委员会. 铸造手册 (第 3 卷): 铸造非铁合金 [M]. 北京: 机械工业出版社, 1993.

[9] 王晓江. 铸造合金及其熔炼 [M]. 北京: 机械工业出版社, 2011.

[10] 聂小武. 实用有色合金铸造技术 [M]. 沈阳: 辽宁科学技术出版社, 2009.

[11] 中国机械工程学会铸造分会. 铸造手册 (第 5 卷): 铸造工艺 [M]. 北京: 机械工业出版社, 2003.

[12] 潘复生, 张丁非. 铝合金及应用 [M]. 北京: 化学工业出版社, 2006.

[13] 刘淑云. 铜及铜合金热处理 [M]. 北京: 机械工业出版社, 1990.

[14] 陈振华. 镁合金 [M]. 北京: 化学工业出版社, 2004.

[15] 周彦邦. 钛合金铸造概论 [M]. 北京: 航空工业出版社, 2000.

[16] 赵浩峰, 王玲. 铸造锌合金及其复合材料 [M]. 北京: 中国标准出版社, 2002.

[17] 陈国桢, 肖柯则, 姜不居. 铸造缺陷和对策手册 [M]. 北京: 机械工业出版社, 2000.

[18] 刘兴国. 铸造过程质量控制与检验读本 [M]. 北京: 中国标准出版社, 2005.

冶金工业出版社部分图书推荐

书　名	作　者	定价(元)
物理化学（第3版）（本科国规教材）	王淑兰	35.00
冶金热工基础（本科教材）	朱光俊	36.00
冶金与材料热力学（本科教材）	李文超	65.00
钢铁冶金原理（第4版）（本科教材）	黄希祜	82.00
冶金原燃料及辅助材料（本科教材）	储满生	59.00
钢铁冶金学（炼铁部分）（第3版）（本科教材）	王筱留	60.00
现代冶金工艺学（钢铁冶金卷）（本科国规教材）	朱苗勇	49.00
炉外精炼教程（本科教材）	高泽平	39.00
连续铸钢（第2版）（本科教材）	贺道中	38.00
有色金属及合金的熔炼与铸锭（本科教材）	王文礼	39.00
冶金工厂设计基础（本科教材）	姜　澜	45.00
冶金设备（第2版）（本科教材）	朱　云	56.00
冶金设备课程设计（本科教材）	朱　云	19.00
冶金设备及自动化（本科教材）	王立萍	29.00
冶金科技英语口译教程（本科教材）	吴小力	45.00
冶金专业英语（第2版）（高职高专国规教材）	侯向东	估32.00
冶金基础知识（高职高专教材）	丁亚茹　等	36.00
冶金炉热工基础（高职高专教材）	杜效侠	37.00
冶金原理（高职高专教材）	卢宇飞	36.00
金属材料及热处理（高职高专教材）	王悦祥	35.00
工程材料（高职高专教材）	张　顺	22.00
炼铁技术（高职高专教材）	卢宇飞	29.00
高炉炼铁生产实训（高职高专教材）	高岗强　等	35.00
转炉炼钢生产仿真实训（高职高专教材）	陈　炜　等	21.00
高炉冶炼操作与控制（高职高专教材）	侯向东	49.00
转炉炼钢操作与控制（高职高专教材）	李　荣	39.00
连续铸钢操作与控制（高职高专教材）	冯　捷	39.00
炉外精炼操作与控制（高职高专教材）	高泽平	38.00
电解铝操作与控制（高职高专教材）	高岗强　等	39.00
铁合金生产工艺与设备（第2版）（高职高专国规教材）	刘　卫	估39.00
矿热炉控制与操作（第2版）（高职高专国规教材）	石　富　等	39.00
特种铸造技术（高职高专教材）	孙志娟　等	26.00
材料成型检测技术（高职高专教材）	云　璐　等	18.00
铝合金熔炼与铸造技术	唐　剑	32.00
铜及铜合金熔炼与铸造技术	肖恩奎	28.00
轻有色金属及其合金熔炼与铸造	谭劲峰	48.00
重有色金属及其合金熔炼与铸造	姚晓燕	28.00